风景园林理论·方法·技术系列丛书
西安建筑科技大学风景园林系　主编

西安都市区城郊乡村景观转型策略研究

吴　雷　著

中国建筑工业出版社

图书在版编目（CIP）数据

西安都市区城郊乡村景观转型策略研究 / 吴雷著
. —北京：中国建筑工业出版社，2022.7
（风景园林理论 · 方法 · 技术系列丛书）
ISBN 978-7-112-27516-8

Ⅰ. ①西… Ⅱ. ①吴… Ⅲ. ①郊区—景观—研究—西安 Ⅳ. ①TU983

中国版本图书馆CIP数据核字（2022）第101796号

本书以西安都市区为空间背景，以未来城乡关系变革为时间背景，以西安都市区城郊乡村景观转型策略作为研究对象，运用多学科知识，借助多种研究方法与技术手段，通过比对世界先行都市区城乡关系与空间发展轨迹，预测西安都市区城乡关系与空间发展趋势，提出城郊乡村发展战略；总结西安都市区城郊乡村适应性自发展的模式、演变、经验及瓶颈；开展西安都市区城郊乡村景观的类型化及其快速城镇化时期的演变、动力与存在问题研究；构建西安都市区城郊乡村发展模式，并实现空间区划；最终提出城郊乡村发展模式指导下的西安都市区城郊乡村景观转型类型，与空间异化转型策略。以此丰富都市区城郊乡村发展、乡村景观、国土空间规划等领域的原理与方法，也为西安都市区与其他类似都市区的实践提供了指导与借鉴。

责任编辑：王华月
版式设计：锋尚设计
责任校对：赵　菲

风景园林理论 · 方法 · 技术系列丛书
西安建筑科技大学风景园林系　主编
西安都市区城郊乡村景观转型策略研究
吴　雷　著
*
中国建筑工业出版社出版、发行（北京海淀三里河路9号）
各地新华书店、建筑书店经销
北京锋尚制版有限公司制版
北京君升印刷有限公司印刷
*
开本：787毫米×1092毫米　1/16　印张：16　字数：312千字
2022年8月第一版　2022年8月第一次印刷
定价：**78.00**元
ISBN 978-7-112-27516-8
（39662）
版权所有　翻印必究
如有印装质量问题，可寄本社图书出版中心退换
（邮政编码 100037）

总序

风景园林学是综合运用科学与艺术的手段，研究、规划、设计、管理自然和建成环境的应用型学科，以协调人与自然之间的关系为宗旨，保护和恢复自然环境，营造健康优美人居环境为目标。风景园林学研究人类居住的户外空间环境，其研究内容涉及户外自然和人工境域，是综合考虑气候、地形、水系、植物、场地容积、视景、交通、构筑物和居所等因素在内的景观区域的规划、设计、建设、保护和管理。风景园林的研究工作服务于社会发展过程中人们对于优美人居环境以及健康良好自然环境的需要，旨在解决人居环境建设中人与自然之间的矛盾和问题，诸如国家公园与自然保护地体系建设中的矛盾与问题、棕地修复中的技术与困难、气候变化背景下的城市生态环境问题、城市双修中的技术问题、新区建设以及城市更新中的景观需求与矛盾等。当前的生态文明建设和乡村振兴战略为风景园林的研究提供了更为广阔的舞台和更为迫切的社会需求，这既是风景园林学科的重大机遇，同时也给学科自身的发展带来巨大挑战。

西安建筑科技大学的历史可追溯至始建于1895年的北洋大学，从梁思成先生在东北大学开办建筑系到1956年全国高等院校院系调整、学校整体搬迁西安，由原东北工学院、西北工学院、青岛工学院和苏南工业专科学校的土木、建筑、市政系（科）整建制合并而成，积淀了我国近代高等教育史上最早的一批土木、建筑、市政类学科精华，形成当时的西安建筑工程学院及建筑系。我校风景园林学科的发展正是根植于这样历史深厚的建筑类教育土壤。1956至1980年代并校初期，开设园林课程，参与重大实践项目，考察探索地方园林风格；1980年代至2003年，招收风景园林方向硕士和博士研究生，搭建研究团队，确立以中国地景文化为代表的西部园林理论思想；2002年至今，从“景观专门化”到“风景园林”新专业，再到“风景园林学”新学科独立发展，形成地域性风景园林理论方法与实践的特色和优势。从开办专业到2011年风景园林一级学科成立以来，我院汇集了一批从事风景园林教学与研究的优秀中青年学者，这批中青年学者学缘背景丰富、年龄结构合理、研究领域全面、研究方向多元，已经成长为我校风景园林教学与科研的骨干力量。

“风景园林理论・方法・技术系列丛书”便是各位中青年学者多年研究成果的汇总，选题涉及黄土高原聚落场地雨洪管控、城市开放空间形态模式与数据分析、城郊乡村景观转型、传统山水景象空间模式、城市高密度区小微绿地更新营造、城市风环境与绿地空间协同规划、城市夜景、大遗址景观、城市街道微气候、地域农宅新模式、城市绿色生态系统服务以及朱鹮栖息生境保护等内容。在这些作者中：

杨建辉长期致力于地域性规划设计方法以及传统生态智慧的研究，建构了晋陕黄土高原沟壑型聚落场地适地性雨洪管控体系和场地规划设计模式与方法。

刘恺希对空间哲学与前沿方法应用有着强烈的兴趣，提出了“物质空间表象-内在动力机制”的研究范型，总结出四类形态模式并提出系统建构的方法。

包瑞清长期热衷于数字化、智能化规划设计方法研究，通过构建基础实验和专项研究的数据分析代码实现途径，形成了城市空间数据分析方法体系。

吴雷对西部地区乡村景观规划与设计研究充满兴趣，提出了未来城乡关系变革中西安都市区城郊乡村景观的空间异化转型策略。

董芦笛长期致力于中国传统园林及风景区规划设计研究，聚焦人居环境生态智慧，提出了“象思维”的空间模式建构方法，建构了传统山水景象空间基本空间单元模式和体系。

李莉华热心于探索西北城市高密度区绿地更新设计方法，从场地生境融合公众需求的角度研究了城市既有小微绿地更新营造的策略。

薛立尧热衷于我国北方城市绿地系统的生态耦合机制及规划方法研究，尤其在绿地与通风廊道协同建设方面取得了一定的积累。

孙婷长期致力于城市夜景规划与景观照明的设计与研究工作，研究了昼、夜光环境下街道空间景观构成特征及关系，提出了“双面街景”的设计模式。

段婷热心于文化遗产的保护工作，挖掘和再现了西汉帝陵空间格局的历史图景，揭示了其内在结构的组织规律，初步构建了西汉帝陵大遗址空间展示策略。

樊亚妮的研究聚焦于微气候与户外空间活动及空间形态的关联性，建立了户外空间相对热感觉评价方法，构建了基于微气候调控的城市街道空间设计模式。

沈葆菊对“遗址-绿地”的空间融合研究充满兴趣，阐述了遗址绿地与城市空间的耦合关系，提出了遗址绿地对城市空间的影响机制及城市设计策略。

孙自然长期致力于乡土景观与乡土建筑的研究，将传统建筑中绿色营建智慧经验进行当代转译，为今天乡村振兴服务。

王丁冉对数字技术与生态规划设计研究充满热情，基于多尺度生态系统服务供需测度，响应精细化城市更新，构建了绿色空间优化的技术框架。

赵红斌长期致力于朱鹮栖息生境保护与修复规划研究，基于栖息地生境的具体问题，分别从不同生境尺度，探讨朱鹮栖息地的保护与修复规划设计方法。

近年来本人作为西安建筑科技大学建筑学院的院长，目睹了上述中青年教师群体从科研的入门者逐渐成长为学科骨干的曲折历程。他（她）们在各自或擅长或热爱的领域潜心研究，努力开拓，积极进取，十年磨一剑，终于积淀而成的这套“风景园林理论·方法·技术系列丛书”，是对我校风景园林学科研究工作阶段性的、较为全面的总结。这套丛书的出版，是我校风景园林学科发展的里程碑，这批中青年学者，必将成为我国风景园林学科队伍中的骨干，未来必将为我国风景园林事业的进步贡献积极的力量。

值“风景园林理论·方法·技术系列丛书”出版之际，谨表祝贺，以为序。

刘加平

中国工程院院士，西安建筑科技大学教授

前言

在工业文明时代迈向生态文明时代之际，面对西安都市区发展进程中城乡关系巨变下，城郊乡村景观演变所出现的诸多困境，本书尝试以西安都市区为空间背景，以未来城乡关系变革为时间背景，综合运用人居环境科学、景观生态学、经济学、地理学等多学科的理论、原理、方法及技术，将城郊乡村发展模式与城郊乡村景观类型相结合，实现从都市区城郊地区整体，到各类型城郊乡村景观个体尺度，建构空间异化与类型异化的西安都市区城郊乡村景观转型策略，具体的研究包括如下部分：

第一，梳理近代以来西安都市区城乡空间格局的演变，并与西方都市区城乡空间格局演变轨迹进行对比；分析影响西安都市区城郊格局演变的影响因子；预测西安都市区未来的城乡空间格局趋势与城乡关系转型；提出城乡格局演变中出现的4种乡村；指出城郊乡村将作为西安都市区中“最后的乡村”，应采取“多样化主动适应”的战略实现乡村发展与景观转型。

第二，通过多种手段的乡村调研，把握西安都市区城郊乡村的整体现状；归类提出西安都市区城郊乡村面对城乡环境改变，自我调整发展方向，改变乡村子系统所产生缓慢演进型与剧烈演进型两类适应性自发展模式，其中剧烈演进型又分为：传统产业更新型、城镇功能承担型、乡村旅游接待型3类；并分析其各自的演变、经验与瓶颈。

第三，从风景园林学、景观生态学理论视角，理解乡村景观；按照西安都市区城郊地区的地形地貌分区，提出：平原型、台塬型、丘陵型与山地型的4类城郊典型乡村景观类型，总结其各自的分布与特征；并使用景观格局指数与景观感知比对的方法，探索快速城镇化时期4类乡村景观的典型演变，分析其变化动力与存在问题，剖析问题产生的根源。

第四，着眼未来的西安都市区城乡关系变革，为了适应都市区城乡系统改变，城郊乡村也必须实现职能转换；鉴于西安都市区城郊乡村众多，难以针对每个乡村制定转型策略，因此提出类型化的城郊乡村发展模式，以确定不同乡村的主要职能发展方向；通过总结国内外城郊乡村发展先进案例的经验，发掘乡村自身价值，拓展适应性自发展，耦合都市区需求，本书提出生态保育型、地区服务型、休闲游憩型与现代农业型的4种西安都市区城郊乡村发展模式；并运用多因素的综合区划体系，借助GIS技术，实现乡村发展模式在西安都市区城郊的空间区划。

第五，在今后城郊乡村发展模式的落实中，各类城郊乡村景观将会出现差异化的演化，因此将城郊乡村发展模式与城郊乡村典型景观进行耦合，形成16种城郊乡村景观转型类型，并构建起各自的转型策略；选择西安市蓝田县黄沟村，开展乡村案例的实践研究。

本书最终形成的西安都市区城郊乡村景观转型策略，面向于未来都市区城乡关系变革，涵盖了城郊乡村综合发展的路径与物质空间环境的落实，具备了较为完整的体系，可以为今后都市区发展、城郊地区发展、城郊乡村发展、乡村景观、乡村国土空间治理等研究领域的原理与方法进行了补充，也为西安都市区与其他类似都市区的实践提供了指导与借鉴。

目录

第1章 绪论

1.1 问题提出

1.1.1 研究背景

（1）城乡空间体系中乡村境况的差异

在中国的城乡空间体系中（图1-1），各个乡村的现实境况并不是趋同的，而是存在着明显的空间分布差异，处在“城市与乡村相互作用最为活跃的地区”[1]——大都市郊区的乡村存在最为复杂与迫切的发展问题。

从空间分布来看，中国城乡空间体系包括有各级城镇与乡村，城镇呈集中型分布，乡村呈分散型分布，其中乡村包括有乡村腹地的乡村与城镇郊区的乡村。地处乡村腹地的乡村，因缺乏对外的各种交流，受外界的社会、经济、文化等方面的影响小，本底资源与区位优势相对薄弱，这些乡村产业单一、经济发展落后、社会封闭、人口与资源持续外流，发展境况往往趋同，普遍处于缓慢的自我渐进性的更新发展状态。地处城市郊区的乡村，毗邻城市，受各级城镇体系的物质、信息、能量交流频繁，乡村区位条件在城镇扩展的过程中得到改善，非农产业兴起，人口内外流动频繁，社会结构复杂，乡村景观演变剧烈，发展境况异质性强。

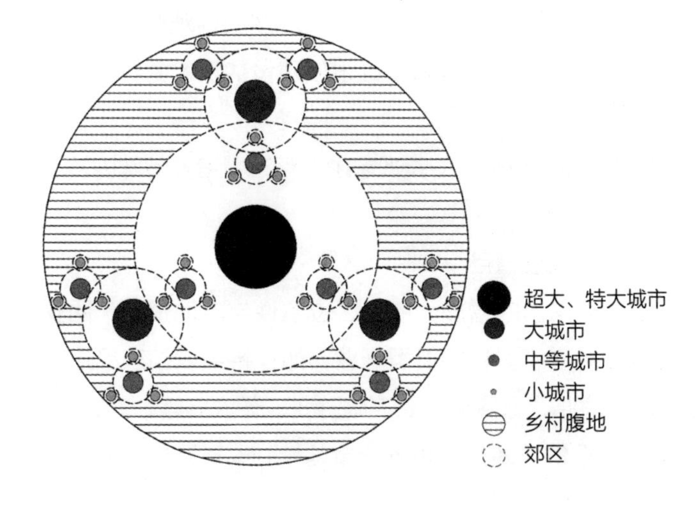

图1-1 中国城乡空间示意
（来源：自绘）

根据2014年国务院印发《关于调整城市规模划分标准的通知》，按照城区常住人口规模，城镇可分为超大城市、特大城市、大城市、中等城市、小城市。根据上述划分，按照不同规模等级，城郊乡村也可分为不同类型，其中处在超大、特大城市郊区的乡村可称为大都市郊区乡村。

大都市城郊受到城市强大的“向心力”与“离心力”作用，城市空间结构演变为多中心结构，城镇空间形态已经发展为中心大型团块与外围小型组团所构成的形态，城乡空间已经难辨边界。由大都市为核心所构成的城乡体系，其物质、信息、能源、人口、资本等各种要素的总量最大、流动最为活跃，并且不断地来往于城乡之间。处在大都市郊区的乡村，其乡村景观、经济、社会、文化受到城乡体系的影响处在急速演变中：一方面，乡村在城镇快速扩展中而逐渐消亡；另一方面，乡村出现了多样化的新型产业、景观特征、人口流动趋势等现象。因此导致大都市城郊乡村是当今中国各种乡村类型中发展问题最为严峻与复杂的。

（2）当今西安都市区城郊乡村的发展问题

西安都市区是西北地区最大的大都市，地处关中平原中部，自然地理环境优越，历史悠久，是中华文明和中华民族的重要发祥地。西安都市区的城乡聚落承载着丰富的历史印记，在朝代的更迭中逐渐发展。早在80万年前，蓝田古人便在此生活[2]。进入新石器时期，西安半坡、临潼姜寨等地出现了多处选址精巧、规划清晰的仰韶文化乡村聚落[3]，高陵杨官寨附近则出现了早期城市遗迹[4]。历经几千年的演进，进入近代时期，现代工业开始缓慢地推动西安都市区城镇扩展[5]。自20世纪90年代以来，工业化开始加速发展，西安都市区进入了快速城镇化阶段，尤其是自2001年开始的城市用地快速扩张[6]。截至2011年，西安市的城镇化率已达到70.01%（图1-2），逐渐形成了一个大的城市核心，以及周边多组团的城市空间结构[7]，城镇体系逐渐成熟。在城镇快速发展与都市区逐渐形成的同时，对西安都市区的乡村产生也产生了巨大的影响，新型乡村产业出现、乡村景观开始快速演进、“城中村”出现与“城中村”改造进行、乡村基础设施建设加快、乡村人口流动增速，乡村文化逐步演变。

在西安都市区中的城郊乡村，在乡村出现的新现象中，存在着诸多特殊的发展问题：

1）由本地投资的新型乡村产业发展盲目

随着整体经济的进步与都市区需求的增加，依托区位条件与本地资源，西安都市区城郊乡村通过自身投资发展出了多种的新型产业，如：特色农副产品生产加工、园林苗圃、小型工业、运输业、仓储物流业、旅游业、餐饮业等。“男耕女织”的自给自足经济，“耕读立家”的农耕文化传统一直延续到改革开放初期，乡

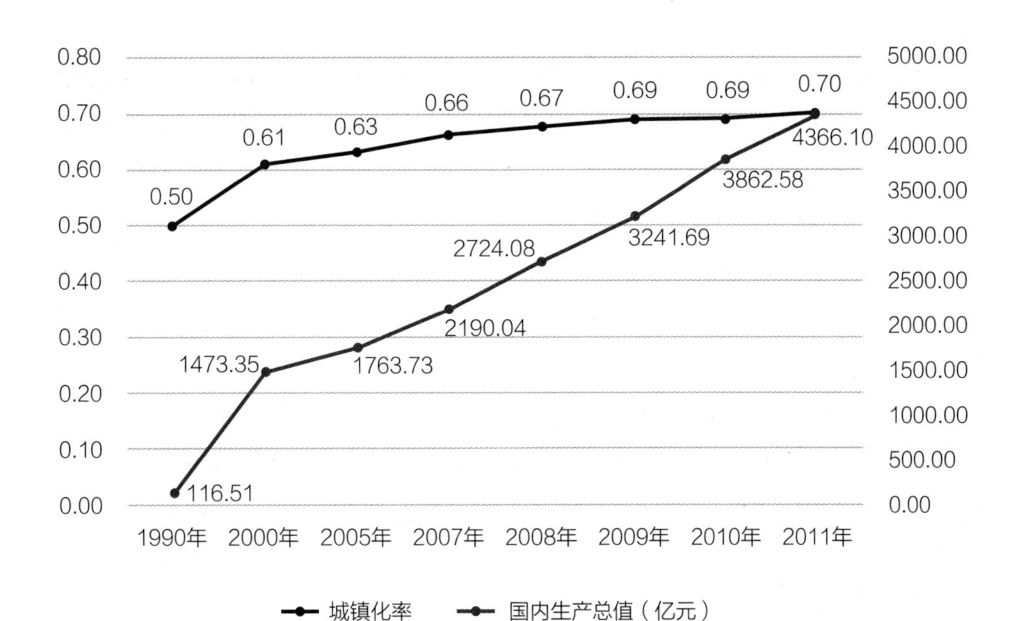

图1-2 1990年至2011年西安城镇化率与国内生产总值变化
（来源：西安市年鉴）

村人口缺少市场知识，对于市场的需求、走向、风险缺乏准确的判断，面临市场波动适应能力不足，加之“从众心理”、信息闭塞等因素的影响[8]，往往使得新型产业出现：不顾本地发展条件，“勉强”上马；不顾市场需求与走势，“盲目”上马；不顾市场竞合关系，“一窝蜂”上马。进而导致了产业同质化竞争严重、产业布局不合理、产业合作关系缺失、产品技术含量低、甚至破坏了原有的优势产业。如：户县所种植的“户太八号”葡萄品种，由于品质好，初期市场价格高，农民盲目种植，2014年的种植面积较2013年增长81%，严重的供大于求，致使2015年价格大跌[9]。又如：根据2011年西安统计年鉴的数据，西安市“挂牌”的“农家乐”就有4100家，数量庞大的“农家乐”普遍处在小型化、低端化、同质化经营，距市场健康运行的目标还有较大的差距[10]。

2）外部资本投入缺少空间引导

随着社会总资本极大增加，来自外部的资本逐渐流入西安都市区城郊乡村，促进了乡村经济的发展，在乡村中出现了外部投资的现代温室、新型农业产业园、旅游景区、工矿企业等。然而，对于外部资本而言，乡村地区与乡村产业仍然是一个陌生的领域，投资者限于知识与研究的匮乏，在没有科学指导下，缺少资本投入的空间引导，导致产业选址失败。一者，为了获得最大的增值，在交通便利、区位良好、本地资源丰富、交通的乡村中出现产业过度集中，进而引起公共利益受损与“市场失败”，令原有基础设施与自然生态无法承载，出现交通拥堵、乡村景观特色丧失、环境污染等现象。二者，为了减少投入，选择土地、人口价格相对低廉的乡村进行投资，忽视了本地区位条件差、交通不便、人口素质较低、本底资源薄弱等因素，产业发展难以“借势”。

3）乡村帮扶项目与乡村实际脱节

西安都市区城郊乡村的各项帮扶项目是由政府主导的，涉及乡村生产、社会发展、生态保护、基础设施与人居环境建设等各个方面，这些项目的开展存在与乡村实际脱节的情况。

一方面，同一种帮扶项目在空间选择上的不合理。帮扶项目主要由政府主导，在空间选择上往往考虑行政隶属关系、行政区划或仅仅考虑简单的地理分区，没能综合地考虑乡村之间的现状与趋势的复杂差异。如：秦岭山区等偏远的乡村，人口消减严重，聚落“空废化”现象严重，仍然大规模地修建道路、水利等基础设施，既浪费资金，又对自然生态环境产生破坏。

另一方面，不能根据乡村实际进行帮扶项目配置的调整。帮扶项目为了平衡各方利益，忽视乡村差异，往往采取公平原则，使用统一的标准。如：西安采取相同的农村体育设施的建设标准，每村“包括一个420m^{2}的标准篮球场、一个标准的乒乓球场和周边村民观看场地”[11]，并未考虑乡村人口的不同现状与未来发展，人口多的乡村土地使用紧张，大部分乡村则闲置严重。

4）乡村本底资源未得到高效利用

乡村本底资源是乡村自身所具有的能被人类开发利用，以提高自身福利水平或生存能力的、具有某种稀缺性的、受社会条件约束的各种环境要素或事物的总称[12]。虽然西安都市区城郊乡村经济快速发展，但乡村本底资源却存在着低效利用与破坏严重的现象，一系列的土地浪费、自然生境破坏、水资源浪费、矿产资源低效采掘等事件层出不穷。

立足于某一尺度的视野中，一些乡村本底资源的稀缺性难以体现，如：乡村中的优良耕地，往往因为粮棉作物的经济效益较低，而被改作他用或被弃置，从单个村民角度来看，这是符合经济规律的，但却影响了地区与国家的粮食安全战略。

处在市场经济发展的初期，经济腾飞速度快，对资源需求量大，加之资源利用监管的缺失，出现了“竭泽而渔”的开发。如：大量存在于秦岭中的采石业与河道中的采砂业，严重地破坏山体与河道，导致地表植被破坏与水土流失。

5）都市区对于乡村的需求不能被满足

当前，都市区对于乡村的需求包括生态保护、农副产品生产、休闲游憩等。近年来，西安都市区对于乡村的需求出现了明显的变动，乡村难以满足这些需求。

首先，从生态保护需求的角度来看，虽然近年来的“天然林保护工程”“退耕还林还草工程”的工作积极地开展，但从综合的生态效益衡量，这些工作仍存在着：造林树种单一，难以形成自然群落；强行的人工干预，缺少自然演替；景观斑块布局不合理，整体景观格局低效等问题。

其次，从农副产品生产需求的角度来看，农民的生产对于城镇居民的需求存在明显的滞后性，不能准确判断市场发展的趋势，更不能引导市场的需求，往往陷入“发现高价新品种，进而过度生产，导致价格暴跌”的恶性循环中。

最后，从休闲游憩需求的角度来看，西安都市区的乡村旅游业发展仍存在“质”与“量”的不足。一方面，城镇环境与生活的压力，迫使城镇居民走进乡村；另一方面，居民收入与消费水平提高，私人汽车逐渐普及，令居民主动走向乡村。然而乡村旅游业普遍存在低端化与同质化，精品旅游地数量不足，休闲游憩活动单一，造成少数优质乡村景点接待量严重饱和。如：仅在2015年国庆节七天的假期中著名乡村旅游景点：袁家村与马嵬驿，就分别接待游客105.5万与113.9万，景点超负荷运转，旅游品质严重下滑[13]。

（3）西安都市区城郊乡村景观演变存在诸多问题

伴随着城镇化的步伐，西安都市区的城乡景观开始了快速的演变，并存在诸多问题，具体表现在：

第一，乡村景观感知失去了本地乡土特色。西安都市区城郊乡村景观是受到本地自然气候、社会人文、政治经济的诸多因素的影响，在漫长的历史长河中逐渐演变形成的，其景观感知具有独特的地域性与乡土性。如今，西安都市区城郊乡村的景观感知没有继承自身的特色，反而在以城市文化为代表的工业文明冲击下，朝着“高密度”“大尺度”“强烈人工化”的特征演变，本地乡土特色的逐渐丧失，缺乏辨识度。如：乡村中出现了欧式别墅型的民居、修建整齐的城镇园林、高密度建设的乡村聚落、大尺度的基础设施。

第二，乡村景观破碎化明显升高。景观的破碎化是景观由单一、均质和连续的整体趋向于复杂、异质和不连续的斑块镶嵌体的过程[14]。在西安都市区城乡空间格局改变的过程中，主要受到人工干扰，城镇景观斑块进入城郊乡村，乡村人工景观增加，导致乡村景观的异质化与破碎度明显升高，土地利用构成更为多样[15]，造成自然生境抗干扰能力的下降，物种入侵，原生动、植物的栖息地缩小。

第三，乡村中人工景观、经营景观与自然景观，三种景观构成与格局失调。传统农耕社会中，农业生产需要与供给人口数量、外界自然生态环境相协调，因此三种景观的比例与格局存在着一个微妙的平衡。进入现代社会，一方面，工业化推动农业现代化发展，农业受自然生态的束缚减小；另一方面，农业逐渐丧失主导产业地位。乡村中既可无视自然景观的保护，又可侵占经营景观，导致三类景观在构成与格局上的失调，自然生态平衡破坏，同时城镇景观可持续扩大，鲸吞周边的乡村景观，出现“城中村”以及通过“城中村改造”彻底消灭乡村景观。

1.1.2 研究意义

立足中国都市区城乡发展背景上，分析西安都市区城郊乡村景观演变的现状困境，造成诸多问题的因素来自多个方面，涉及各行各业。从人居环境科学视角，引起诸多问题根本原因是：长期以来，学界与行业更关注都市区内的城镇景观发展，而忽视都市区城郊乡村景观转型的相关研究，尤其是缺乏城郊乡村景观差异化发展策略。

按照任何人居环境都存在空间异质性的基本原理，可见不同的西安都市区城郊地区中有着不同的乡村景观类型，也有着不同的本底资源、区位条件等发展条件，因此位于不同地区的乡村景观将在不同发展条件的支持下，形成不同的转型路径，正如城市中处在不同区位土地，会研究安排不同的用地性质。纵观之前的研究历程，我国从都市区视角，研究城郊乡村景观转型策略的原理、方法与实践成果一直较为欠缺，导致城郊乡村景观缺乏良性转型演变，进而引起一系列的资源浪费、恶性竞争、协同不利、景观恶化等现象。因此，本书的研究以西安都市区城郊乡村景观转型策略为对象进行探索，从而实现以下研究意义：

（1）理论与方法的意义

首先，随着中国快速城镇化的推进，城镇空间及其影响范围快速扩大，都市区研究与郊区研究成为当今人居环境科学、地理学、地理学等学科所关注的热点领域。本书以西安都市区为区域背景，探索其重要组成部分-城郊乡村，因此所得的研究成果可以丰富都市区研究和郊区研究的相关理论与方法。

其次，本书需要根据不同的城郊乡村发展条件，建立发展模式，由此引导不同类型城郊乡村景观实现未来的转型，因此本书可以丰富乡村发展的相关理论、原理与方法。

再次，本书建立于全域物质空间环境的乡村景观概念之上，以突破原有乡村规划的对象，为今后建立乡村景观规划与国土空间规划的方法提供研究基础，因此研究成果可以丰富乡村景观规划设计、乡村空间规划、乡村生态环境修复的相关理论与方法。

最后，本书针对西安都市区城乡体系中的薄弱环节，打破当前以城镇为主导的发展观念，将城乡共生、平等的观点作为研究站点，以乡村景观健康转型为主要关注点，进而促进城乡融合与统筹发展。因此，本书的成果也可丰富城乡统筹研究、城乡一体化研究的相关理论与方法。

（2）实践意义

本书以西安都市区为区域背景，以西安都市区城郊乡村景观转型策略作为研究对象，因此本书的研究有着确定的研究区域与研究对象，以破解西安都市区城郊乡村景观演变中的困境与指导未来发展而所展开，各个阶段的研究成果，都能够为西安各级政府及相关决策部门在制定郊区地区与乡村的各项战略、政策、措施时提供参考；为规划编制单位在编制各个尺度的乡村景观规划设计、国土空间规划、恢复与构建乡村生态环境时提供方法指导和典型示范；也可为其他大都市郊区与城郊乡村景观转型发展与规划设计的探索，提供案例借鉴。

1.2 国内外研究现状

1.2.1 国内研究现状

（1）近代以来西安都市区城乡空间格局演变研究

近代以来西安都市区城乡空间格局的演变，呈现出两个阶段。西安都市区的城乡空间格局先处于长期稳定的状态，20世纪90年代，西安都市区步入了快速城镇化时期，城镇空间急剧扩张，乡村空间持续减少。对于近代以来西安都市区城乡空间格局的演变，部分学者和机构开展了如下研究：1989年西安市地图集编纂委员会编制《西安市地图集》，对新中国成立以后至1989年之间西安各个时期的地图进行整理收集，可以从中梳理出新中国成立以后西安主城区空间发展与演变的情况[16]。1996年史念海主编的《西安历史地图集》通过史料考证，绘制了新中国成立以前，历史上不同时期的西安地图，从中可以梳理出清代至新中国成立期间的西安主城区空间布局的演变[17]。2005年，任云英在其博士论文中运用历史地理学与相关学科的理论和方法，以城市近代化为主线，从宏观、中观、微观三个层面，对1840～1949年，西安城市空间结构相关的要素以及作用进行了综合梳理与分析，揭示了城市空间结构近代化的演变及其机理，文中将近郊村镇体系作为城市发展的基础，也进行了演变研究[18]。2006年，杨彦龙在其硕士论文中对近现代西安城市地域结构进行了分析，对主城区空间形态扩张的脉络进行了梳理[19]。2009年，杨敏在其硕士论文中也做了类似杨彦龙的梳理，且更为细致[20]。2009年，马强与魏宗财分别对1995年与2005年西安50km半径内的城市景观格局，借助RS与GIS技术，进行景观指数的对比研究，发现城市景观扩大，斑块丰富度、多样性与均匀性提高[14]。2014年，史红帅在《近代西方人视野中的西安城乡景观研究（1840～1949）》一书中，结合大量的中外文献，系统地复原了近代期间西方人与日本人对于西安及周边地区的自然环境、城乡物质空间环境、文化、人口、民族等自然与人文景观[21]。

以上研究取得了诸多成果，能够部分支撑本书的研究，但也存在以下局限：多站在城镇视角，以城镇空间研究，尤其偏重主城区空间形态的演变，对城郊乡村区域与城乡联系方面涉及较少；多为近代以来某一个时间段或时间节点的研究，还未能形成较为完整的时间脉络；还未出现城乡空间形态与西方类似都市区演变特征的对比研究，以此作为预测西安都市区未来城乡空间格局的依据。

（2）关于西安都市区或其他都市区的乡村整体发展战略研究

都市区乡村整体发展战略是立足于都市区全域，涉及乡村发展的总体布局、体系结构、职能安排等诸多方面的乡村综合性长期安排。关于西安都市区及其他都市区乡村发展战略的研究有如下方面：1992年，骆华松运用主成分分析和系统聚类分析的定量分析方法将上海城郊划分出九个乡村经济类型，“在分析城郊乡村经济类型形成机制的基础之上，提出大城市城郊乡村经济理论区位模式”[22]。2000年，杜一馨等按照各个区县的资源特征对北京城郊乡村产业发展进行划分，提出差异化的发展道路[23]。2008年，裴博在其硕士论文中，从游憩角度，将西安大都市圈划分为都市边缘区、游憩腹地区、远程游憩区，并在都市区提出不同特征的15个旅游区，与其中相应的乡村旅游业发展模式[24]。

该领域的研究总量较少，立足的角度较为多元，因此形成了多种战略模式；从整体都市区角度，统筹、统一的乡村转型战略研究还较少。

（3）西安都市区或其他地区关于城郊乡村发展动力的研究

推动城郊乡村发展动力因素涉及政策、经济、交通、区位、城镇化等诸多方面，关于该方向的研究，国内学者有如下成果：2004年，李翅等以北京平谷区城郊乡村为研究对象，在分析旧村改造所面临的问题、机遇与挑战，探讨旧村改造的发展动力与运行机制，提出了创新的发展模式和不同条件下的改造方案[25]。2007年，秦砚瑶在其硕士学位论文中以云南4个村落为案例，分别论证了交通要素、资源要素、民族手工业与旅游业对乡村聚落发展的影响[26]。2008年，黄秋燕等借助GIS技术分析南宁市城市边缘区典型样区的乡村农用地转换特征及其驱动因素，研究表示主要动因为城市化、人口增长、经济发展和政策导向[27]。2008年，聂仲秋在其博士论文中以西安为例，从基础动力、主要动力、间接动力、潜在动力四个部分，构建起城乡接合部中城乡发展动力机制，并将“城乡接合部作为农村向城市转化的示范区和承载地”[28]。2011年，李阳等运用灰色关联度模型分析了陕西省陕北、关中、陕南典型区县的村域经济发展因素，提出贷款余额、城镇化率与农业总产值为影响经济发展的关键因素[29]。2011年，高更和等以豫西南3个专业村为案例，认为地理环境对于乡村发展起到基础作用，村中“能人”起到核心作用，政府行为可加快发展过程，资本注入也具有重要影响[30]。2012年，周嫚在其硕士论文中比对皖北地区发展条件趋同的两个村庄不同的发展轨迹，剖析其乡村发展动力，提出积极的民主意识与强有力的领导是乡村发展的重要动力因素[31]。2012年，雷娟运用规范分析法研究陕西村域经济发展，提出了村域经济的演进动力主要包括政府推动型、区位优势型、资源禀赋型、工程建设拉动型四种类型[32]。2013年，尚盼盼在其硕士学位论文中，以重庆城乡统筹为背景，提出乡动力机制分为四种常见途径：即“市场资本带动下的特色旅游开发、市场政府合作下的农业升级、政府市场合作下的土地资源资本转化与政府投入下的生态保护”[33]。

以上研究有着多种研究视角，其研究方法与成果为本书的研究提供了丰富的借鉴意义，但也未能完全支撑本书的研究，主要存在：多以乡村腹地中的乡村作为研究对象，从乡村角度探讨发展动力因素的较多，较少的将乡村放置于都市区城郊地区之中，还未能出现以完整都市区或城郊地区乡村的系统研究；对于政策、经济发展角度关注较多，景观演进动力的研究还不足。

（4）西安都市区或其他地区关于城郊乡村发展模式的研究

城郊乡村发展模式的研究是依照城郊乡村发展现状，归纳乡村发展典型特征类型或提出新的发展道路，目前国内主要研究有：1996年，吴国清等提出市民消费观念转变与周末“双休日”将会刺激郊区旅游发展，应积极发展旅游型乡村[34]。1998年，傅桦等提出乡村旅游业要服务低价位客源，乡村建设要以乡村旅游为核心，不能照搬城市模式，要保持浓厚自然与乡土气息，同时保护好生态环境与旅游资源[35]。2005年，何景明等通过演变研究，提出了成都周边的“农家乐”正朝着规模化方向发展，并出现了娱乐服务逐渐与度假村趋同等现象[36]。2011年，刘彦随在《中国新农村建设地理论》中，按照城镇近郊区与远郊区，提出理想模式下的7类农村发展模式[37]；2011年，余侃华在其博士论文中以西安乡村为实证，提出了不同城市区划中的乡村聚落空间发展模式[38]；2013年，金锡顺提出可以利用城郊农村建立生态养老村，以接纳城市老龄人口[39]。

从以上成果可见，对于城郊乡村发展模式的研究主要围绕于乡村旅游业，对于承接新型城市功能的乡村模式探索才刚起步，也未出现从某一都市区角度提出完整的、联系城乡的郊区乡村发展模式体系。

（5）西安都市区或其他地区关于乡村空间发展条件评价与区划的研究

乡村空间发展条件评价与区划涉及评价体系的建立与区划方法的确定等方面，

国内关于西安都市区或其他地区城郊乡村空间发展条件评价的研究有以下方面：2004年，刘海斌在其硕士论文中以黄土高原中南部村落为研究对象，主要研究了村级土地生态经济评价与土地利用评级，以便指导规划设计的相关问题[40]。2008年，瞿媛在其硕士论文中以乡村度假发展条件为研究对象，从生态条件、资源条件、社会条件、经济条件和开发利用条件等方面，建构其乡村度假发展条件评价指标体系[41]。2009年，刘英姿借助SPSS软件，对比层次分析法和主成分分析法在评价村镇发展条件中的适用性，认为前者更为准确，但计算方法更为复杂[42]。2011年，蔚霖等通过建立村庄综合发展潜力评价指标体系，计算村庄的综合发展潜力分值，并结合耕作半径，确定未来中心村[43]。2000年，王云才等借助"罗多曼模式和Clawson&J.Knetsch模式，分析都市郊区的游憩地的规律性，并以北京市郊区为例，研究了乡村游憩地的配置"[44]。

以上研究角度多元，方法各异，但多采用数据分析的方法，对空间发展因素的评价还较少涉及；所研究的区域主要为乡村腹地，大都市郊区涉及较少，尤其是西北地区的都市区研究更是难寻。

（6）西安都市区或其他地区关于城郊乡村景观转型策略研究

关于西安都市区或其他地区城郊乡村景观转型策略的研究有以下方面：

1988年，吴遗成将乡村居民点绿化分为：林场型、随意型、菜园型、田野型，分析各种优缺点，提出绿化设计应注意的原则[45]。1990年，董新通过阐述意义与原则，提出指标体系，以划分乡村景观类型[46]。1991年，张润武等提出旅游类乡村的规划建设应以宁静的田园乡村为目标，通过建筑语言的变异与裂变，改变原有民居的单调形象，并符合乡土特点，同时在交通、景观、空间布局上综合考虑旅游业的发展[47]。1992年，俞孔坚在总结中国传统盆地生态经验与文化的基础上，提出乡村建设中的边缘优先原则、"风水林"与水资源合理利用都基于农业生态节制行为[48]。1993年高建华在分析边缘效应对农村景观的影响，提出利用其调控农村景观[49]。1994年，杨德育分析了当时村镇建设的问题，提出建设应改善生态环境为目的，并运用定量模式实现生态环境控制[50]。1994年，赵雪提出旅游业对坝上草地生态环境产生了较大的影响，提出乡村应疏解人口与减少建设用地[51]。2014年纪瑞琪等提出了盘锦市西安镇四种休闲农业旅游开发的模式与发展，即乡村民俗文化旅游、现代农业综合示范园、特色产业展示观光、资源依赖型观光休闲[52]。2014年，金姝兰等基于乡村旅游角度，在分析鄱阳湖流域区域背景的基础上，提出生产型乡村景观、乡村建筑景观以及综合性乡村景观的设计思路[53]。1997年李贞等提出广州城郊景观今后应完善城乡空间模式、保护景观绿地、保护特色景观、发展生态旅游[54]。1998年，周武忠等认为农村园林化可以缩小城乡差距，并以江阴市为例，提出农村园林设计的方法[55]。2000年，段至辉等提出乡村旅游景区应从宏观层次建立综合性乡村旅游区与从微观层次建立乡村度假基地，通过开发条件分析，确定景区性质和分区开发导向[56]。2000年，刘滨谊等初探了中国乡村景观园林研究体系，认为应在继承传统的基础上，融合多学科的角度，创造“满足乡村功能要求、景观要求和经济条件”的现代中国乡村景观园林[57]。2001年，刘黎明系统的总结了“乡村景观规划的发展历史及其在我国的发展前景”[58]，同年他还基于生态原则与方法对初探了北京近郊乡村景观规划方法[59]。2003年，王云才等运用综合观点，系统探讨了乡村景观与乡村景观规划的概念，规划的原则、意义，并将当前核心内容确定为“乡村景观意象、景观适宜地带、景观功能区、田园公园与主题景观和人类聚居环境等”[60]。2003年，谢花林等基于乡村景观规划的诸多理论基础，提出了较为全面的乡村景观规划的原则与方法。2004年，粟驰等以北京城郊山区的北宅村为例，探索生态村建设的新模式[61]。2006年，张晋石在其博士学位论文中的第四章节，详细介绍了部分国家乡村地区与大城市郊区的乡村景观规划发展与案例[62]。2006年，刘黎明等提出运用景观生态学方法建设城市边缘区乡村景观生态，并提出该区域乡村景观转型发展方向[63]。2006年，朱良文提出休闲旅游类城郊乡村建设要避免过度开发，旅游收入应更多惠及村民，同时不能单纯为了保持村落的原真性而阻止村落生活设施的更新[64]。2007年，齐增湘等系统的总结了国内外乡村景观规划的研究发展与现状，也提出了今后研究的展望[65]。2007年，李金苹等针对目前中国乡村景观的现状问题，提出要借鉴国外经验，完善政策法规与监管，并突出乡土特色[66]。2008年于真真在其硕士论文中以莱芜市玉石门村为例，对山地型乡村景观规划的方法进行了研究[67]。2008年，许慧等认为应将人居环境理论与观光农业纳入乡村景观规划[68]。2010年，黄春华等提出生态型乡村景观转型策略应体现在节地、节能、治污、保护方面[69]。2010年邱磊在其硕士论文中以重庆市沙坪坝区金刚村为例，探讨了城市近郊区乡村景观转型策略与规划方法[70]。2010年，崔丽丽在其硕士论文中，在总结陕北地区乡村景观的特征的基础上，探讨了该地区新农村景观转型途径与规划方法[71]。2012年陈英瑾在其博士论文中系统地建立起景观规划框架，提出乡村景观分类策略，并对景观要素与行为体系两个规划内容进行规划设计[72]。2013年，李伯华等以湖南光明村为案例，探索转型时期的城郊型乡村人居环境建设特征、模式和优化路径，并从地域空间、生态环境和乡村景观角度进行探索，强调乡村功能对接，培育多元化产业，打造生态化农庄[73]。

从以上研究可以看出，从初期各学科研究的彼此分离，到21世纪初逐渐走向融合；从单纯探讨乡村绿化营造，到乡村景观方方面面的规划安排，可以说该领域研究在几十年的研究中成果累累。但以上研究成果多集中在单个乡村，还没能把乡村放在区域背景中，基于乡村发展定位，探讨乡村景观与都市区需求之间的耦合关系，寻求乡村景观转型策略的构建。同时，针对西安都市区的乡村景观转型研究还很少。

（7）涉及本书的研究对象的其他角度国内研究

目前，从其他研究尺度、角度、背景，研究对象涉及城郊乡村，探讨发展模式与规划方法的研究有以下方面：

1）“绿带”政策下的乡村发展策略及乡村景观转型研究

“绿带（绿环）是指环绕城市建成区的乡村开敞地带，包括农田、林地、小村镇、国家公园、公墓及其他开敞用地，其为居民提供户外运动和休闲的开敞空间，改善居住环境、保护自然，其内的开发建设受到严格的限定”[74]。绿带源自英国的绿带政策（Green Belt Policy）（1938）[75]。自英国制定绿带政策之后，世界多个国家也效仿英国，开始制定本国的城市绿带政策。随着我国城市化快速推进，如天津、北京、上海等大城市出现了扩张无度的现象，绿带作为限制城市空间无约束发展的重要措施也被引入我国。

纵观各国制定的绿带政策，绿带并不是一个单纯的非建设性质的绿地，其中包括了大量的乡村。在绿带政策背景下，针对其中的乡村景观，我国研究者提出了相应的发展政策与转型策略，主要集中于以下几个方面：第一、如何限制乡村地区的建设，调整各方利益冲突与平衡，以维护绿带完整性，限制城市的无序拓展（陈爽，2003[76]；温全平，2010[77]；张振龙，2010[78]；闫水玉，2010[79]；等）；第二、如何保护与发展绿带中的乡村农业，为城市就近提供农副产品（闫水玉，2010[80]）；第三、如何保护地域特色乡村景观，发展旅游业，为市民提供公共开放空间（汪永华，2004[81]；杨玲，2010[82]；张卓林，2011[83]；等）。

该领域的研究历时长，研究内容丰富而深入，对保护大城市周边乡村的人居环境、农业景观、生态环境，发展乡村旅游业，促进农村经济等方面，都起到了非常积极的作用。由于绿带研究立足于促进城市健康发展，因此绿带中乡村被限制部分利益，用于满足城市的健康有序发展。因此，现有研究往往不能很好的以一个共生、平等、博弈的视角对待“城”与“乡”。

2）“城乡统筹”政策下的乡村发展策略及规划研究

2002年，中国共产党第十六次全国代表大会根据新世纪初我国经济社会发展的时代特征和主要矛盾，致力于突破城乡二元结构，破解“三农”难题，提出“统筹城乡经济社会发展，建设现代农业，发展农村经济，增加农民收入，是全面建设小康社会的重大任务”[84]。2003年，中国共产党第十六届中央委员会第三次全体会议又提出“统筹城乡发展、统筹区域发展、统筹经济社会发展、统筹人与自然和谐发展、统筹国内发展和对外开放”[85]的五个统筹新要求。至此，城乡统筹成为我国城市与乡村共同发展的基本思路，各省市开展本地区的城乡统筹编制与实践。城乡统筹规划是指对未来一定时间和城乡空间范围内经济、社会、空间、资源、环境保护和项目建设等所做的总体部署，其实质是把城市和农村的发展作为整体，进行统一规划，通盘考虑。

目前，“城乡统筹”政策下的乡村发展策略及规划研究，主要集中在以下方面：第一，基于城乡一体化的产业经济发展与市场化管理机制，探索乡村产业的多元途径（田洁，2006[86]；安慧，2008[87]；孟亚凡，2013[88]；等）；第二，将乡村用地与城市用地统筹安排，研究建立城乡地区的统一的土地利用机制与整体空间布局（林坚，2012[89]；田莉，2013[90]；等）；第三，将乡村设施纳入城乡大系统中，构建城乡一体化的基础设施与公共服务设施（周林洁，2009[91]；倪嵩卉，2011[92]等）；第四，立足城乡整体可持续发展的视角来合理配置城乡资源与人口，促进乡村资源能够充分利用，生态环境得到有效保护，人口可以在城乡之间自由流动（马璇，2011[93]，石崝，2013[94]；陈轶，2013[95]；等）；第五，对实现城乡统筹为目的的各项政策与社会保障制度进行探索与研究，进行顶层设计（仇保兴，2005[96]；赵英丽，2006[97]；陶德凯，2010[98]；叶裕民，2013[99]；等）；第六，在城乡统筹视角下，对乡村人居环境建设与规划的研究（丁国华，2005[100]；李祥龙，2009[101]；李欢，2010[102]；杜白操，2012[103]；官卫华，2013[104]；等）；第七，在城乡统筹下，重构村庄体系与空间布局（孙建欣，2009[105]；荣丽华，2013[106]；等）。

十余年的城乡统筹政策下的乡村研究与实践，对突破城乡二元结构，实现空间与资源的合理利用，改善和发展乡村社会经济与人居环境，推动城乡共融，促进社会和谐都产生了积极的作用。目前，这方面的研究范围多偏重于单一的县域与市域，较少突破行政区范围，尤其是考虑实际的城市密切联系区。由于当今城市化的审美取向、私人汽车交通的兴起、级差地租的加大等一系列因素的影响，使得如今的城乡统筹实践也促进了城市空间迅速扩大，一些传统乡村景观迅速破坏与消亡。对于乡村与各级城镇体系之间的关系、更大范围内的乡村体系构建与战略部署方面的研究也有待完善。

3）“新农村建设”政策下的乡村发展策略及规划方法研究

“社会主义新农村建设”最早于20世纪50年代提出。20世纪80年代初，我国提出的“小康社会”概念，将社会主义新农村建设作为小康社会的重要内容，但限于当时国力因素，这项工作并没有全面的铺开。21世纪初，随着国力增长，第二、三产业的快速发展，我国已经初步具备了工业反哺农业、城市支持农村的实力，在新的时代背景下，学术界开始重新为新农村建设赋予新的含义。2005年中国共产党第十六届中央委员会第五次全体会议重新将建设社会主义新农村作为我国现代化进程中的重大历史任务。至此，大规模的新农村建设在我国铺开。

针对“社会主义新农村建设”的相关研究经历了几十年的时间，内容从单纯的村貌整治，发展到涉及乡村建设的方方面面，各个学科领域均开展了深入的探讨。主要的研究内容有以下几个方面：第一，如何发展乡村产业。针对传统农业的现代化改造，同时突破单一的农业，发展到多元乡村产业（刘继，2008[107]；顾哲，2008[108]；吴锋，2009[109]；等）。第二，适应当今时代需求的新农村民居研究。从满足新功能、利用新技术以及传承传统文化等方面探索新型民居建筑的设计方法（吴怀静，2007[110]；徐建光，2007[111]；宣亚强，2008[112]；赵全儒，2009[113]；等）。第三，满足新农村发展需要的公共服务设施与基础设施。立足于新的需求与新的技术，探索新型的乡村公共服务体系建立与基础设施建设（潘发如，2007[114]；张晓凤，2007[115]；司马文卉，2011[116]；等）。第四，乡村风貌与景观环境的保护与重建。从整体角度，研究乡村周边环境的保护，延续村庄传统风貌，重建乡土景观（李春涛，2007[117]；刘静霞，2007[118]；麻欣瑶，2009[119]；潘渤文，2012[120]；等）。

该领域的研究对改善破败的村容村貌、传承乡土文化、发展农村生产力、构建现代化的乡村公共服务设施与基础设施体系，促进乡村景观的良性演进等都起到了积极的作用。该领域的研究主要是就乡村论乡村，常以单个乡村为例，更多的关注村容村貌的整治，乡村物质与空间的建设，对乡村产业、区域联系、土地空间等研究还有待增强。

4）“城市边缘区”研究背景下的乡村发展策略及规划方法研究

“城市边缘区是城市建成区与周边广大农业用地融合渐变的地域，城市边缘区在空间上的连续性，土地特征向量的渐变性，以及社会、经济、人口、环境等方面的复杂性，使之成为介于城市与乡村之间独立的地域空间单元。”[121]城市边缘区是都市区中重要的人居环境组成部分，是城乡激烈演变与博弈的场所，针对该区域乡村的发展策略与规划方法研究主要包括以下方面：第一、探索如何将边缘区的乡村与城市纳入一个统一的发展体系中，实现城乡共同发展（裴丹，2006[122]；张正芬，2008[123]）；第二、通过控制边缘区乡村的建设，保护乡村景观，实现阻止城市无序蔓延，维护城市边缘区的生态环境（彭建，2004[124]）；第三、研究城市边缘区乡村在城镇化过程中，其人居环境、土地结构、社会特征、产业构成等变动的特点、机制及问题（张磊，2008[125]；马鹏，2008[126]；王莉霞，2008[127]；李传

喜，2013[128]；等）；第四、研究城市边缘区乡村人居环境更新与改造的模式（单德启，1999[129]；何鸿鹄，2005[130]；等）；第五、研究城市边缘区乡村的旅游发展（李辉，2009[131]；程芳欣，2011[132]；）。

以上研究对协调城市边缘区中城乡发展矛盾；保护其中的乡村聚落、农业景观与生态环境；促进边缘区乡村健康有序的城镇化；改善乡村人居环境；发展近郊乡村旅游业等都起到了积极的作用。但城市边缘区是都市区中的一个特殊片段，其范围是动态变化的，随着区域交通系统的发展、社会经济交流的频繁，边缘区的城乡问题也会被带入更大范围，无法仅从边缘区范畴进行单独研究，因此需要把城市边缘区的乡村放在区域尺度进行研究。

5）"村庄布点与规划"的研究

"村庄布点规划是20世纪90年代末提出的，其主要内容是从区域范围内的村庄现状分析和背景分析入手，尤其要通过大量的以行政村为单位的数据分析，得出区域村庄的规模、产业和职能、空间、设施分布的类型与特点。并结合当地城市化发展途径、城镇体系规划及城镇总体布局，明确当地城乡职能与空间的关系，结合各类自然资源与人文资源、区域性基础设施与社会服务设施的保护与开发、分布与发展要求，明确村庄功能与空间的关系"[133]。结合不同的时代与政策背景，有关村庄布点规划的研究内容主要集中在以下方向：第一，从区域层面着眼，对于村庄布点规划编制内容与方法的探索（章建明，2005[134]；吕谨益，2006[135]；田洁，2007[136]；邓勇，2007[137]；王操，2008[138]；刘科伟，2008[139]；石会娟，2010[140]；宋小冬，2010[141]；王瑾，2010[142]；黎智辉，2013[143]）。第二，由村庄布点规划所引起的乡村社会，村镇体系变化与发展的解析（张强，2005[144]；唐燕，2006[145]；丁琼，2008[146]；等）。第三，对村庄布点规划编制流程与编制工作的探索与反思（吕谨益，2006[147]；唐厚明，2007[148]；李沛锋，2008[149]；梅红霞，2008[150]）。第四，对村庄布点规划的编制技术与手段的探索（王恒山，1999[151]；闫健康，2007[152]；曹志纯，2007[153]；陈晓莹，2009[154]；）。

以上研究对协调乡村体系发展，形成合作的机制；确定未来中心村，为今后集约布置乡村公共服务设施与基础设施提供基础。但该领域研究多着眼于乡村腹地中的县域与镇域层面，对村庄与都市区的互动联系方面研究还有待加强。

6）"环城游憩带"的研究

环城游憩带（ReBAM，Recreational Belt Around Metropolis）是吴必虎在1999年首先提出的，他将其定义为"发生于大城市郊区，主要为城市居民光顾的游憩设施、场所和公共空间，特定情况下还包括位于城郊的外来旅游者经常光顾的各级旅游目的地，一起形成的环大都市游憩活动频发地带"[155]。环城游憩带的研究最早的起源来自两个方面，一方面为古今中外普遍零散存在的城市周围旅游的思想，另一方面是从17世纪兴起到1938年建成的英国环城绿带理论[156]。截至20世纪80年代，城市经济发达国家的学者，普遍发现大城市周边存在着周末游憩点的环形分布，并对该现象进行了深入的研究，如英国的Conzen[157]、美国的Gay[158]、苏联的普列奥布拉曾斯基[159]等。

从20世纪80年代起，中国的北京、上海、深圳等大城市周边开始出现环城游憩行为与目的地[160]。自20世纪90年代开始，国内关于该领域的研究出现。截至目前，国内该领域的研究主要在如下方面：第一，环城游憩带的起源与发展动向研究（吴必虎，2001[161]；石艳、何佳梅，2001[162]；王淑华，2006[163]；李连璞，2006[164]；李仁杰，2010[165]；冯晓华，2013[166]）。第二，环城游憩带的空间结构与规划研究（苏平、党宁，2004[167]；李江敏，2005[168]；赵明，2005[169]；乔海燕，2006[170]；李燕燕，2008[171]；李江敏，2009[172]）。第三，旅游市场开发研究。（张红，2004[173]；胡勇，2005[174]；李红超，2006[175]；周杰，2006[176]；王铁，2009[177]；王红兰，2007[178]；李仁杰，2010[179]；张述林，2011[180]；陈华荣，2011[181]；肖英，2012[182]）。

上述关于环城游憩带的研究，为城郊地区的乡村旅游产业及其他产业的综合开发；城郊地区经济发展模式；城郊地区空间结构；城郊地区发展差异化动力机制等方面领域提供了丰富的研究基础。环城游憩带的研究是立足于城郊乡村旅游产业，也只涉及受旅游影响的乡村地域，但就目前来看，城郊地带的范围与环城游憩带的范围并不重合，此外国内外的各种大城市郊区地带的产业是丰富多样的，城郊乡村的经济来源包括了全部的三次产业，因此城郊乡村的研究应该基于多个产业的角度。

1.2.2 国外研究现状

（1）西方乡村发展研究的新动向

在西方，虽然乡村发展的具体概念还未有通识的解释(Clark，1997[183])，但农村发展作为一个多层次、多行为和多元化的过程，是普遍的认知。在20世纪末，西方对乡村发展提出了新认知，这包括以下几个方面：

第一，从全球角度去思考农业和现代社会之间的相互关系。在欧洲，学者认为必须进行农业调整，以此迅速改变社会的需求（Delors，1994[184]；European Commission，1996[185]；Depoele，1996[186]）。如今的城市仅仅寄希望于周边农村提供廉价粮食的时代已经结束，全球化的农产品供给逐步开展。

第二，乡村农业已经脱离单一的生产功能。对农业新的期望与需求产生，西方农业广泛的成为“公共产品”，如：农业作为美丽景观与生态价值；以及将农业作为扶持对象，落实发展落后地区的“公共政策”。（Countryside Council，1997[187]）。

第三，乡村农业正在寻求新的发展模式。20世纪90年代初期，规模化、集约化、专业化、工业化，成为乡村农业发展的新趋势。同时，地区差异、乡村人口外流、农场数量和就业机会锐减更加刺激了上述趋势的发展。（Knickel，1990[188]；Meyer，1996[189]；Roep，2000[190]）。

第四，乡村发展涉及农村资源的重新配置。土地、劳动力、自然、生态系统、动物、植物、工艺、网络、市场合作伙伴和城镇乡村的关系都必须在乡村新的发展中得到重塑和重组（Ploeg，J.D. van der and J. Frouws，1999[191]）。在现代化范式的背景下，这些类型的资源，被视为日益过时和外部农业生产。因此，显然有需要一种新的农村建设模式，可以帮助澄清资源基础，探索如何利用新的创造，如何使不相关变成有价值的关系，以及如何与合并后的其他资源一同使用，从而形成对新的需求、观点和利益形成的定位。

第五，乡村与农业发展应体现城乡社会需求。在当今社会变革中，回应市场导向，体现城镇和乡村之间出现的新关系，将重新定义乡村与农业。在这个层面上，农村发展在身份、战略、实践、相互关系和网络上出现了定位。（Van Broekhuizen et. 1997[192]）。

第六，农村发展意味着创造新的产品和服务，新市场的相关发展。同时也涉及通过对新技术轨迹的制定，使得成本降低的新形式的发展。以及具体的生产和再生产过程。在这个背景下，已证明乡村产业成本降低的市场，与乡村发展的新形式战略，与整个社会的大致需求和期望是一致的。农村发展也意味着重建农业和乡村，与西方社会和文化需求相契合。因此，农村发展包括增加产品的价值，通过农村企业与市场建立新的联系，遵循资本运作与增值的规律。（Jimenez et al，1998[193]）

（2）英国城郊乡村发展与景观转型的探索

在英国，绝大多数的人口是居住在城郊地区，在郊区乡村居住的人口约占城郊总人口的五分之一，城郊乡村不但居住有本地农民，还居住着大量的城镇人口，如：1991年至2002年，乡村或乡村地区每年接受近6万外来人[194]。英国城郊乡村的发展是受制于严格的土地与空间规划管制的，自1945年所确立下来的农用地无人可以更改。通过积极的发展基础设施，使得部分城郊乡村的设施发展水平已经接近城市。总体来说，虽然城郊乡村的公共服务设施水平不及城市，但基础设施的水平略同于城市，但是自然环境与人文资源等方面远优于城市，使得城郊乡村成为极具吸引力的重要人居形式。

1942年颁布的《斯考特报告》[195]，是第二次世界大战以后英国第一部关于乡村规划与建设的指导性文件，决定了之后乡村发展的趋势，其影响一直延续至今。在该报告原则的指导下，英国制定的一系列的政策、法规的编制，开始影响到了城郊乡村土地[196][197]、乡村景观[198]、住房建设[199]、公共服务设施、基础设施、自然与文化遗产、农业等各个方面，使得战后英国城郊乡村发展与景观转型出现如下趋势：

1）城郊乡村土地的所有权和决定土地使用性质的权利分离，使得政府可以代表公众利益决定土地的用途，并可为了公共开发而强征私人用地[200]。

2）城郊乡村被划分为可扩展发展与不可扩展发展两类。对于可扩展发展的乡村，将采取财政集中投资的方式进行扩展建设，鼓励周边人口的进入。对于不可扩展的乡村则任其自由生存和消亡[201]。

3）改善与增加城郊乡村的居住、公共服务设施、基础设施的建设水平，以阻止乡村人口的大量流失。

4）限制工业在城郊乡村地区的发展；严格管制乡村中的住宅与建筑建设；鼓励乡村发展休闲旅游业，以吸引城市游客；对于需要整体保护的独特乡村景观地区，建设国家公园。

在《斯考特报告》的指导下，英国又推出了“中心居民点”政策，该政策以节约土地资源、减少投资、提供集中而高效的公共服务设施与基础设施、吸引人口进入为目的，“中心居民点”促进了乡村的发展，也极大地吸引了城市人口在城郊乡村购置第二套住房与养老住房，导致乡村住房紧缺，房价升高，本地居民无力承担。为了解决该问题，政府开始推行“乡村住宅”政策，提供建设经济型的乡村住宅，同时通过多种手段，改善住宅设施，盘活闲置住宅，提供公共服务，以实现城郊乡村人居环境的整体发展。

在直接探索城郊乡村发展并制定相关政策的同时，一系列影响城郊乡村的规划研究与法规制定也在进行。1946年制定的《新城法》旨在通过“卫星城”来疏解伦敦内城人口，新城建设采用霍华德的“田园城市”理论，城市外围保留了大量乡村景观与自然景观。1947年的《城乡规划法》将土地所有权和决定土地使用性质的权利分离，使得政府可以代表公众利益决定土地的用途，并可为了公共开发而强征私人用地，可有效保护传统的城郊乡村景观特征。第二次世界大战后编制的伦敦大都市区战略规划，为了阻止城市蔓延，严格确定了围绕伦敦建成区的绿带。1949年颁布的《国家公园和进入乡村法》，通过直接的法令来限制城市人口与城市特征建设进入受保护的乡村与国家公园地区。以上的法规与规划研究对英国城郊乡村地区的开发建设采取了严格的控制政策，有效地避免了郊区乡村的无序和过度开发，保存了英国都市郊区乡村的自然风貌。

（3）法国城郊乡村发展与景观转型的探索

法国是西方传统的农业大国，同中国一样有着灿烂的农耕文明。20世纪是法国乡村经历剧变的时代，第二次世界大战前，法国农业人口近1000万，战后随着现代农业的发展，生产力大幅提高，加之城镇的强烈吸引，截至2011年，农业生产人口不足百万。

法国巴黎都市区是法国最大的都市区，总面积12012km^2，截至2014年总人口逾1200万[202]，其中约有80%的人口居住在郊区。郊区人口中有55%的人口居住在乡村型的远郊区。75%的巴黎郊区的土地有近75%的面积是绿色空间，只有25%的面积是被建筑物所覆盖的。巴黎市中心外围的近郊地区为“绿带”，约有20km宽，其主要经营经济作物和间作型生态农业，少量经营养殖业。在20km以外广大远郊地区，主要经营大田农业。

法国的郊区乡村建设的管理是由国家集中管理与公社发散管理共同组成的。其中国家集中管理城镇规划是从1945年到1985年之间，管理的内容包括空间规划和经济发展、乡村建设、环境和可持续发展、文化、就业、住宅、公共卫生等。1985年把公社的规划和开发权利以法律形式确定下来。公社管理不能改变国家原先已经制定的土地使用规划的基本原则，只能在这个基础上制定自身的规划。至此，除了已有的城市、小镇和村庄居民点的建成区外，任何建成区之外的建设开发都是禁止的。

法国郊区乡村地区的发展与复苏，是通过出台了一系列的法规政策而实现。1995年的《空间规划和发展法》提出建立“乡村复苏规划区”的分区规划，把乡村划分为：郊区乡村、新乡村与落后乡村，针对不同区位的不同类乡村采取不同的发展政策。《2005年2月23日法》是法国有关乡村发展与保护的一项法律。该法律提出政府以减税奖励为核心的新的乡村复苏政策，鼓励人口到乡村或留在乡村经营农业、农产品加工业和手工业；通过乡村社区间的合作，提高乡村的基础设施和公共服务设施的水平，改善居住条件，以便有效地缓解农业人口衰退，解决乡村社会和经济的结构性问题。这种复苏也容易导致城市人口进入乡村，使乡村城镇化，并发展成为城市郊区。

法国十分重视发展城郊的乡村旅游业，可以说现代乡村旅游业最早兴起于法国。早在1955年，乡村旅游的构想便被提出，乡村在发展第一产业的同时，积极接待城市人口为主的旅游者，扩大乡村收入。乡村旅游主要以农场为单元发展，形成了多种不同旅游项目的特色农场，包括：露营农场、暂住农场、狩猎农场、探索农场、教学农场、骑马农场、农产品农场、农场客栈等。乡村旅游产品，与相适应的乡村景观都力图保证原真性与独特性。

（4）荷兰城郊乡村发展与景观转型的探索

荷兰有45%的人口居住在城市，55%的人口居住在乡村地区。在乡村地区集中了大量的非农业人口。兰斯塔德是荷兰乃至欧洲重要的都市区，由阿姆斯特丹、鹿特丹、海牙、乌得勒支市，以及这四个城市分属的南荷兰省、北荷兰省、乌得勒支省和弗莱福兰省的一部分地区组成。在都市区670万的人口中，有67万居住在广大乡村。兰斯塔德都市区在空间分布上呈现多中心结构，没有一个城市从政治、经济和社会方面成为该地区的核心。12个城市环列四周，形成城市圈，在中心留下一个近3000km^{2}的绿色核心，共享一个乡村型郊区。该绿色核心中有70%的土地用于养殖、种植以及民俗旅游产业，30%的土地为小城镇与村庄。自1958年开始规划绿色核心起，该绿色核心中的乡村建设与发展长期保持稳定状态，这得益于所确定的多项控制、引导的政策。首先，引导都市区外围地区的城镇化发展，避免城市侵蚀绿核中的乡村地区；其次，在绿色核心中规划开发固定的增长中心，完全限制其他村庄开发；再次，保护与开发并举，确定绿色核心中不只兼有农业功能，而且是休闲和自然保护的场所；最后，在绿色核心外围建设增长中心，严格控制“绿色核心”的边界。

（5）美国城郊乡村发展与景观转型的探索

截至2005年，美国城镇化率为78%。自1955年起，由于冷战的需求，美国联邦政府对城镇化和乡村发展的管理开始向欧洲模式转型，至此设立郊区乡村发展和村庄更新项目，而这些项目是在汽车、高速公路、住宅信贷系统影响下进行的。

政府对于乡村的发展政策包括了以下几方面[203]：

首先，联邦政府利用贷款担保、区位首选和建设标准决定了乡村社区的转变。具体的措施主要为：鼓励独门独院的住宅、鼓励人口向乡村流动、设定住宅和街区建设标准、通过住宅建设来刺激经济发展、建立乡村地区的购物中心、鼓励工业与企业总部向乡村地区迁移。

其次，联邦政府通过制定法令、编制设计指南与规范来直接干预乡村城镇化或郊区化，规定住宅与乡村建设标准等。如直接指导或间接指导和影响乡村地区发展的法令有：《洲际公路法》《清洁空气法》《清洁水法》《濒危物种法》等。

最后，政府通过规划管理与财政管理来管理与调控乡村地区的发展。针对不同层次的规划管理，配置不同的财政管理方案。规划层次包含有：综合规划，即构建未来形体发展的主要政策；分区规划，即通过把社区划分为“区”或“分区”，并规定每个区的使用规则。

1.3 研究范围与对象

（1）研究范围

1）西安都市区城郊

首先，将城市的范围确定为除去防护绿地的城镇规划建设用地。当今的西安都市区正在处在快速城镇化阶段，城镇建成区迅速扩张，将现状的城镇建成区边界作为未来城郊界线，难以符合城乡空间格局日新月异的变化。同时考虑到城镇防护绿地可以在发展中难以转变为城镇景观，并能够维持内部的乡村景观，因此本书将城市规划中包含乡村聚落的防护绿地划为“郊”的范畴，从属于城郊地区；而将其他城市规划建设用地划为“城”的范畴。

其次，将郊区的含义为“城市辖区范围内，受城区经济辐射、社会意识形态渗透和城市生态效应的影响，与城区经济发展、生活方式和生态系统密切联系”[204]，除去防护绿地的城镇规划建设用地以外的区域。中国早在西周时期就有郊区的概念，《周礼·地官司徒》中提到“以廛里任国中之地，以场圃任园地，以宅田、士田、贾田任近郊之地，以官田、牛田、赏田、牧田任远郊之地，以公邑之田任甸地，以家邑之田任稍地，以小都之田任县地，以大都之田任畺地”❶。《说文解字》中“郊”的解释为“距国百里为郊”❷。近现代以来，通常把城市行政区划分为城区与郊区，城区中主要为城镇景观，而郊区中以自然和经营景观为主。因此“郊区”是一个包含有两层意思：首先是“郊”位于城镇之外，即“邑外为郊”；其次是“郊”有一定范围，并不是城镇外围地区均是“郊”。

在研究范围划分定中，一方面，考虑到西安作为十三朝古都历史悠久，也是当今中国西北地区最大的城市，其密切联系区首先覆盖整个该市辖区；

另一方面，综合考虑到自古以来西安主城区与咸阳主城区距离较近，仅有25km，是中国距离最近的两个大城市，随着城市的扩张，两个城区逐渐毗邻，为了协调西安与咸阳的发展，2002年陕西省提出的“西咸一体化”战略构想。2010年又成立“西咸新区”，通过直接的开发建设，更加促进两个城区的快速融合。这种西安市与咸阳市在空间上的毗邻与发展上的融合，使得西安城区以外的密切联系区范围跨越西安市的行政界域，并覆盖到临近西安的部分咸阳市区县。

最终本书所确定的研究范围为西安市的行政范围与咸阳市的渭城区、秦都区、泾阳县、三原县的行政范围。本书中将该研究范围称之为西安都市区，将该范围之

---

❶［西周］周公旦：《周礼》。

❷［东汉］许慎：《说文解字》，［清］陈昌治刻本。

内的城市郊区称之为西安都市区城郊地区，或称西安都市区城郊与城郊。

2）城郊乡村

工业革命以后，城镇在空间上的快速扩张，使得各国的城镇与乡村之间的空间界线越来越模糊。在中国，由于多种因素的影响，乡村被城区包围形成“城中村”，城镇扩展使得郊区中出现城镇用地，这种情况在大都市区中尤其突显。如今的城郊并不仅仅包含乡村景观也有城镇景观、自然景观，而本书的研究只针对城郊地区内乡村景观的转型策略研究。

在中国古代“乡”有“基层行政区域单位”“城市以外地区”以及“出生地”[205]的含义，如今又有“区县以下的一级行政单位”[206]的含义。“村”意为“农民聚居的地方”[207]。“乡村”在《现代汉语辞海》的解释为“主要从事农业、人口分散的地方”[206]。1955年颁布的《国务院关于城乡划分标准的规定》是新中国成立以后从计划经济角度首次提出的城乡划分标准，“之后各行业与部门又多次对标准进行了调整”[208]。本书的研究属于人居环境科学范畴，人居环境科学中“乡村”的概念是相对于“城镇”而提出的，从经济角度理解，城镇是非农产业集中地域，而乡村是农业产业集聚的地域；从人口角度理解，城镇是非农人口聚居的地域，而乡村是农业人口聚居的地域；从行政角度理解，城镇包含城市与建制镇，而乡村包含非建制镇与村。

然而自2010年起，为了加强小城镇建设，西安与咸阳采取了大规模的“撤乡建镇”工作，使得“乡”的数量急剧减少，截至目前，仅有6个乡（图1-3）。加之

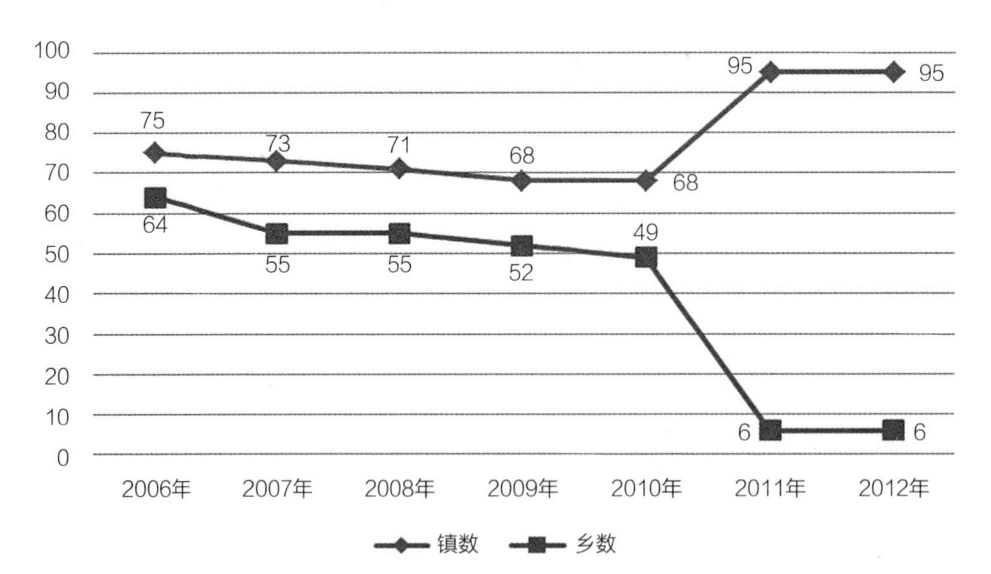

图1-3　2006年至2012年西安都市区乡、镇数的变化
（来源：陕西省统计年鉴）

“乡”是由“村”所构成的，人口现状、人居环境、主导产业、景观等特征均类似于“村”。因此本书研究的主要对象为西安都市区城郊地区的“村”。

（2）研究对象

本书的研究对象是西安都市区城郊乡村景观转型策略，即根据上文所界定的研究范围，对这些乡村行政范围内，乡村景观所包括的自然景观、人工景观以及经营景观，在未来一段时间内，进行系统优化与格局重构的统筹安排和综合部署。

1.4 研究目标与内容

1.4.1 研究目标

本书希望利用城郊乡村发展模式与乡村景观类型相结合的方式，在今后城乡空间格局演变与关系转型时期确定西安都市区城郊乡村景观转型策略（图1–4）。

首先，通过西安都市区城郊乡村发展模式明确城郊乡村不同的主要职能，及职能定位下的社会、经济、人居环境发展策略；同时按照乡村发展模式对西安都市区城郊地区进行区划，形成乡村职能的空间异化和全覆盖的城郊乡村空间发展战略。

其次，开展西安都市区城郊乡村景观的类型化研究，并针对不同类型的乡村景观，利用典型案例，开展演变、转型动力等研究，总结乡村物质空间环境的空间异化现象与转型规律。

最后，对城郊将城郊乡村发展模式与不同的城郊乡村景观类型相结合，形成差异化乡村景观转型策略。

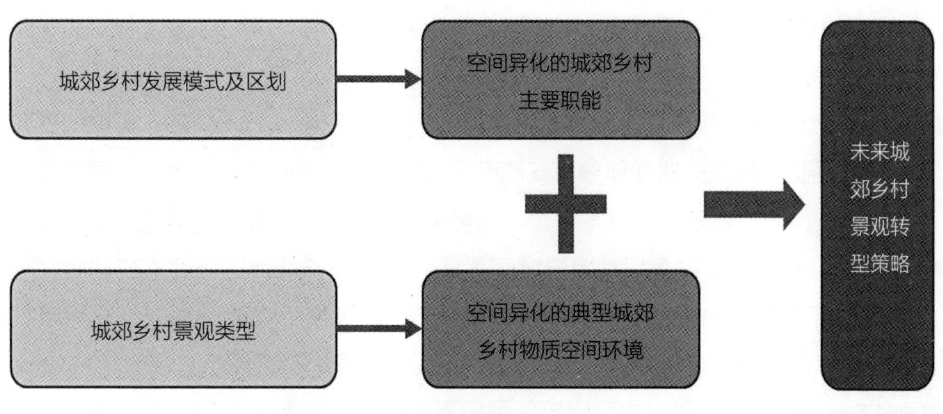

图1–4 研究目标图示
（来源：自绘）

1.4.2 研究内容

本书研究的主要内容包括以下部分：

第一，通过比对西安都市区与西方都市区的城乡空间格局演变轨迹与阶段，结合西安都市区中各级城乡规划及主要影响因子，预测未来西安都市区城乡空间格局与城乡关系，进而明确城郊乡村的整体发展战略，将其作为城郊乡村研究的时空背景。

第二，立足于乡村综合调查，整理出西安都市区城郊乡村的整体现状，对城郊乡村适应都市区城乡关系改变，自发的调整自身乡村系统的发展进行提炼与归类，并对这些类型的演变、经验进行梳理与总结。

第三，面向未来城乡关系转型，参考国内外城郊乡村发展案例与经验，分析都市区的城乡供需关系，提出西安都市区城郊乡村发展模式；研究建立乡村发展模式的空间区划评价体系，借助地理信息系统的空间分析技术与方法，区划西安都市区城郊地区，得出不同城郊乡村发展模式的空间分区。

第四，提出西安都市区城郊典型的乡村景观类型，总结城郊典型乡村景观的特征，并利用景观指数与景观感知比对方法，研究在快速城镇化时期，不同乡村景观的典型景观变化，分析其动因及问题；结合不同乡村发展模式落实中，不同类型的乡村景观将出现差异化的演变，并以此提出城郊乡村景观转型策略。

1.5 研究方法

针对不同研究阶段的特征与需求，本书采用了不同的研究方法。并在每一个研究阶段中，采取多种研究方法相结合的方式获取研究成果。

在理论研究中，主要采用文献综述、理论演绎的方法，通过系统地梳理相关理论体系，演绎出新的理论。

在调研中，采取了综合调查方法，具体包含以下方法：一、野外实地考察方法。通过随机、均质的抽样部分西安都市区城郊乡村，进行实地的考察，基于专业视角，通过观察、辨识、测绘等手段，掌握第一手的乡村景观感性认识；二、社会调查方法。利用问卷调查、社会统计等手段，收集西安都市区城郊乡村社会、经济、建设等方面相关资料；三、大数据调查方法。随着信息社会的发展，数字地图、GNSS（Global Navigation Satellite System）、博客、社交网络、LBS（Location Based Service）、云计算、物联网等新型信息发布方式与新技术的普及应用，使得“数据正以前所未有的速度在不断地增长和累积，大数据时代已经来到”[209]，关于西安都市区城乡的海量数据库也在迅速扩大，本书通过收集和利用这些大数据信息，以掌握西安都市区城乡空间格局分布、建设现状、公共设施点分布与评价以及乡村景观感知等信息。四、遥感调查方法。遥感技术兴起于20世纪70年代，是“使用传感器在空中远距离探测地面物体的特征，从而对其进行识别和分类的技术”[210]，在历经半个世纪的发展，目前西安都市区已经拥有大量而准确的遥感数据资料。本书主要使用美国谷歌公司公开发布的谷歌地图卫星遥感影像数据、美国微软公司公开发布的必应地图卫星遥感影像数据、日本经济产业省和美国航空航天局联合发布的ASTER GDEM（Advanced Spaceborne Thermal Emission and Reflection Radiometer Global Digital Elevation Model）数据，以了解西安都市区的地形地貌、城乡村空间、乡村景观等历史与现实情况。

在各个主要内容的研究中：使用史料与文献分析研究方法、计量分析方法、图形分析方法来掌握西安都市区城乡空间格局的演变、规律以及未来发展趋势；使用政治经济分析方法、区域规划研究方法、政策研究方法探索未来城乡发展战略；使用定量分析方法、定性描述方法、系统分析方法构建西安都市区城郊乡村发展动力与乡村发展模式；借助ArcGIS软件，使用地理空间分析方法，进行西安都市区城郊乡村空间发展条件的评价，并进行城郊发展模式的空间区划；使用景观格局分析方法、演绎法、地理分析方法、归纳法与案例实践方法，构建不同类型乡村景观类型，以及城郊乡村景观转型策略。

1.6 研究框架

研究框架如图1-5所示。

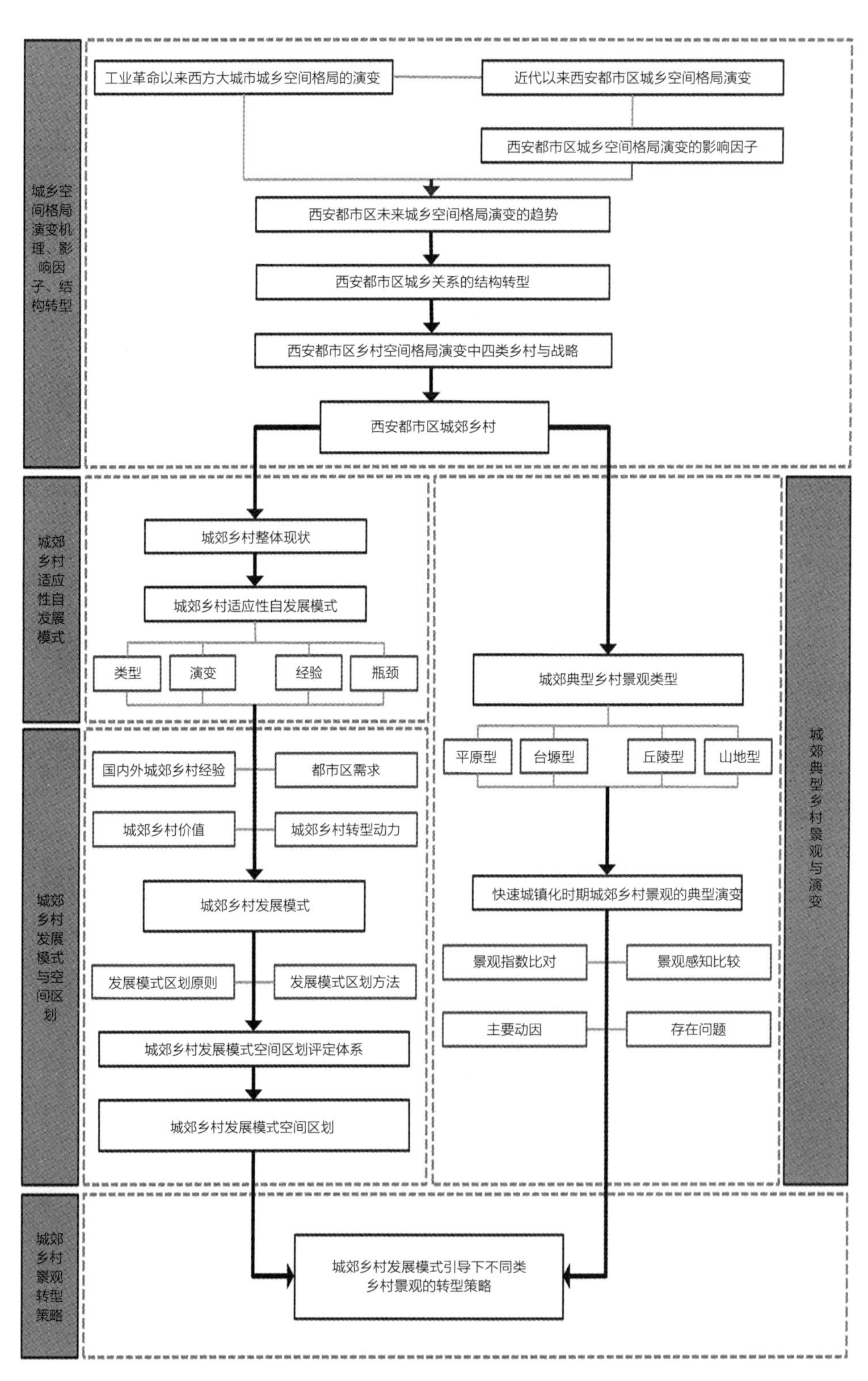

图1-5　研究框架

（来源：自绘）

第2章 西安都市区城乡空间格局演变机理、影响因子与关系转型

参考西方都市区在近现代以来乡村空间格局的演变，研究西安都市区城乡空间格局演变的机理与影响因子，预测未来演变趋势，提出未来城乡关系转型，确定城郊乡村的发展战略。

2.1 工业革命以来西方都市区城乡空间格局的演变

城乡空间格局是某一区域内城镇空间形态与乡村在空间上的排列和组合。西方都市区是近现代以来世界城市发展的先驱，梳理西方都市区与西安都市区的城乡空间格局演变，能够比对出西安都市区的城乡空间演变的阶段与未来趋势。

2.1.1 工业革命兴起到19世纪末西方都市区城乡空间格局演变

自18世纪中期至19世纪末，以蒸汽动力广泛运用的第一次工业革命开始深入地改变人类社会，也开启了由工业化推动下的城镇化进程，西方都市区出现了快速扩张，城乡空间格局发生了变革。

18世纪中期，英国人瓦特首先提高了蒸汽机的效率，使得蒸汽动力标志着第一次工业革命的开始。物理学、化学所取得的重大进步，推动着工业的大发展。蒸汽动力首先为英国的纺织业提供了新的动力来源，令纺织作坊摆脱了依靠水利能源的束缚，新型的纺织工厂离开河流两岸，来到了交通便利、人力资源众多、产业聚集的城市。动力工厂、机械制造、化学工业等配套的新型产业也同时在城市兴起。运河、铁路等新型的交通运输业发展为工业城市源源不断地输入资源、输出产品，长距离运输成为可能，城市打破了需要本地供给食品、燃料、原材料的空间束缚。这场工业革命席卷了西欧各国与美国等早期资本主义国家，整个社会开始追求利润最大化，资本不断扩大再生产，工厂越来越众多、交通方式越来越先进、人口越来越集中，这一切都让西方各个工业城市不断地扩张（表2–1），打破中世纪形成的封闭城市空间形态，开启了人类近现代历史上首个大规模的城乡空间格局变革的进程。

近代西方几个大城市人口规模变化表（万人） 表2-1

城市	年代		
	1800年	1850年	1900年
伦敦	86.5	226.3	453.6
巴黎	54.7	105.3	271.4
柏林	17.2	41.9	188.9
纽约	7.9	69.6	343.7

（数据来源：同济大学等，外国近代建筑史）

此时的西方都市区空间形态呈现的主要特点是中心城区的单核圈层扩张。以英国为例，“城市化水平在1801年时即达32%，1851年超过50%，在1900年的时候达到75%。”[211]其中首都伦敦，从1801年至1851年人口从大约100增加到了200万，到1851年增加到400万[212]。在人口快速增加的同时，由于缺乏有效的城市内部交通，限于步行交通方式的出行半径，导致19世纪前半叶，城市空间形态的增速并未同时出现。直到1870年开始，地下铁路、有轨马车、公共马车等公共交通方式的出现，才使得促使的城市人口通勤距离的增加，主城区出现了大规模的快速扩张。铁路线沿线的各级城镇也随之运输的繁忙而开始兴起（图2-1）。伴随着城市扩张的同时，伦敦周边乡村开始萎缩，乡村人口流入城市，乡村用地被主城区吞并，原本优美、自然、秩序的乡村景观遭到各种交通设施、工业景观、生产废弃物的破坏。

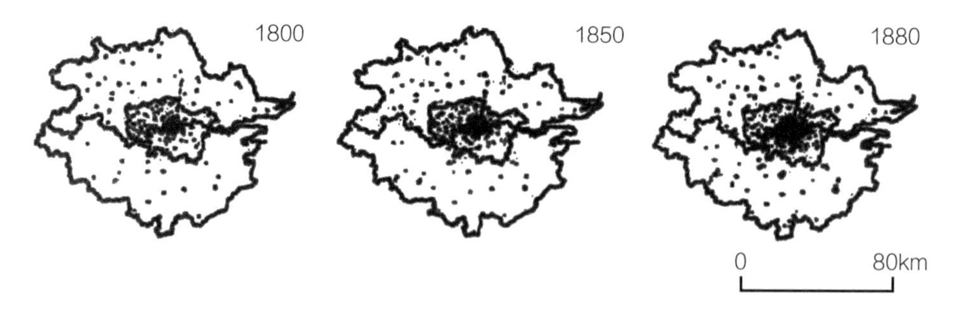

图2-1 英国伦敦城镇空间形态演变（1800~1880年）
（来源：彼得·霍尔，城市和区域规划）

2.1.2 19 世纪末到第二次世界大战前西方都市区城乡空间格局演变

19世纪中期到第二次世界大战，由电力广泛使用为标志的第二次工业革命爆发，再次促进了西方都市区在空间上的扩张，乡村空间进一步被压缩，面对城市的无序扩张与人居环境的恶化，现代城市规划诞生。

第二次工业革命让电力成为工业主要的动力，电力的使用让能源可以被远距离运输，工厂不必紧邻蒸汽动力源，工厂开始分散布置。同时以电力驱动的有轨电车、地铁开始出现在西方各个城市中出现。此外内燃机被发明和使用，1886年德国工程师本茨发明了第一辆汽车，1908年美国人福特利用流水线作业生产出了廉价的T型车，令汽车开始普及，从此汽车运输成为重要的交通方式，个人汽车交通的出行方式极大改变了人口聚居分布与城乡道路系统。

面对无序扩张的城市用地与日益恶化的城市人居环境，一些城市规划的先驱者开始思考城乡发展的出路，这些思想构建起了现代城乡规划的理论基础，并部分用于实践，改变着这个时期西方都市区的城乡空间格局。1898年英国的霍华德在《明天：走向真正改革的平和之路》一书中，在空想社会主义与无政府主义的思想基础上提出了田园城市的理论，将兼有城市、乡村优点的田园城市与配套的社会改革，作为破解那时大城市问题的方法，奠定日后“卫星城”与“反磁力”思想的基础（图2–2）。

1900～1940年，英国规划师昂温与帕克追随霍华德的思想，在英国进行田园城

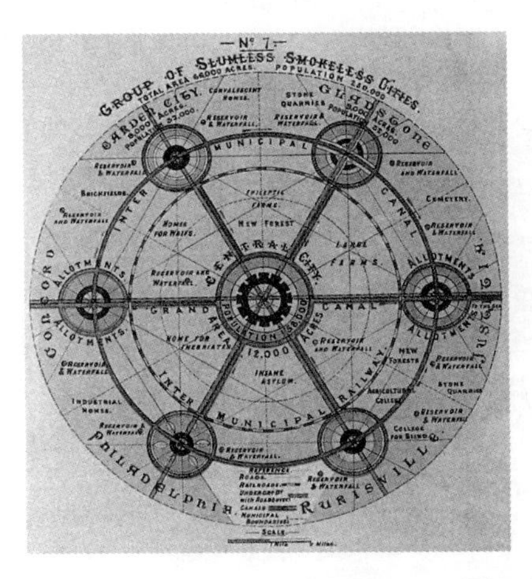

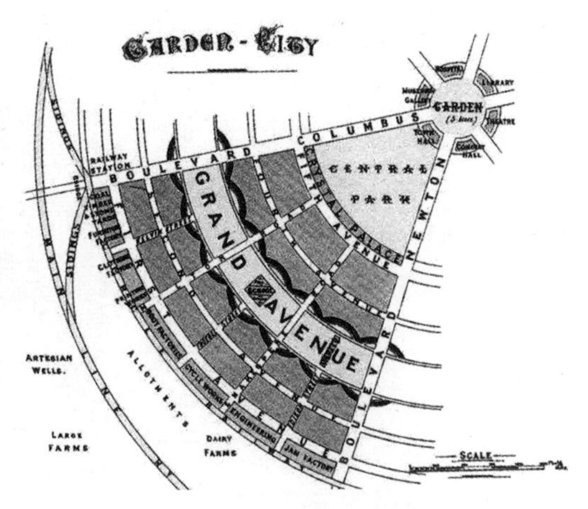

图2–2 田园城市模式
［来源：（a）为Willam J.R.Curtis，Modern Architecture Since 1900；
（b）为Leonardo Benevolo，世界城市史］

市建设，而他们所谓的田园城市已经背离了霍华德提倡的社会改革与限制大城市产生初衷，而是通过建设“卫星城”来疏解大城市压力，促进大城市发展，此后在英国进行了数代的“新城”建设；1920年，美国人佩里提出“邻里单位”的思想，用一个小学服务范围面积的被城市主要交通干路所包围的地块来组织社区，该方法被后来的众多城市运用到新社区的开发（图2-3）；1883～1919年，苏格兰生物学家盖迪斯提出“调查–研究–规划”的规划程序，并建立起区域规划的基础，将城市与乡村在规划中纳入一起；1930年代，美国建筑师赖特提出一种完全分散、低密度的城市形式，即“广亩城市”，从根本上否定了大城市，在第二次世界大战后被北美居民点建设所采用；1882年，西班牙工程师马塔提出了“带型城市”的思想，即城市延一个高速、大运量的交通轴线发展，被西方与苏联大城市在区域中的扩张所广泛采用（图2-4）；1922～1933年，法国人柯布西耶提出通过建设高层建筑，以改变城市中的密度分布，并采取高效的立体城市交通系统来解决当前大城市拥挤的问题，这种高层建筑与立体化交通成为战后大城市发展的主流（图2-5）；1913年芬兰建筑师沙里宁提出了介于集中与分散之间的城市。空间形

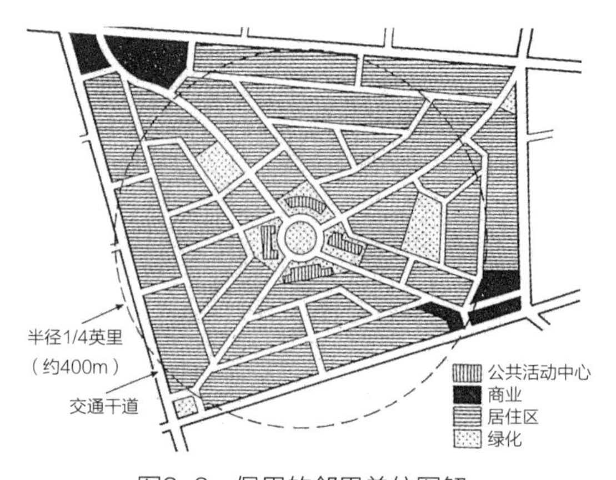

图2-3 佩里的邻里单位图解
（来源：Leonardo Benevolo，世界城市史）

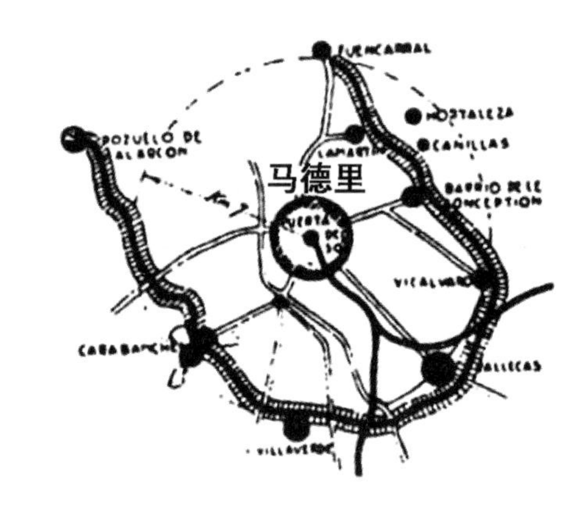

图2-4 马塔在马德里周围规划的蹄形城市方案
（来源：沈玉麟，外国城市建设史）

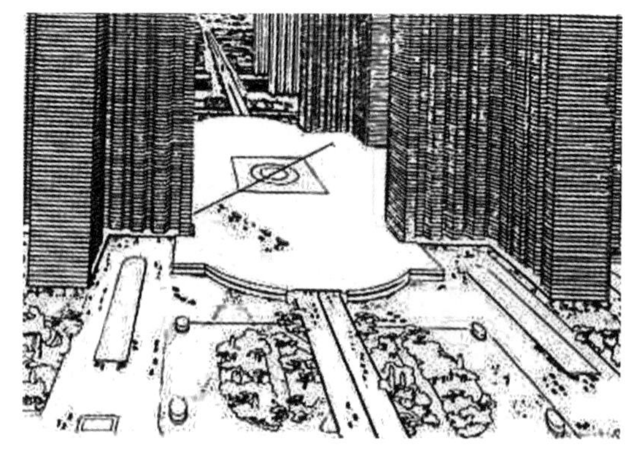

图2-5 柯布西耶的“明日城市”设想
（来源：Willam J.R.Curtis，Modern Architecture Since）

态发展模式–“有机疏散理论”，迁移城市衰败地区功能，把城区用绿地分割，形成空间形态上若干个功能集中点。

受新技术驱动与新思想指导，这一时期的西方城乡空间格局演变的主要特征是主城区的单核扩张与周围城镇的多点扩张相结合，具体表现为以下特征：

首先，城市空间形态加速扩张，乡村空间继续缩小。新技术又一次促进了资本主义的发展，以工业为主导的城市产业迎来了第二次爆发式的膨胀；电力与汽车为城市生产与居住行为的外溢提供可行条件；社会财富总体增加，资产阶级与无产阶级的矛盾激化再转向缓和，拓展居住空间，进而改善工人居民环境的活动兴起；交通网络逐渐完善，交通方式逐渐高效，城市人口与住区延交通网络向外蔓延。以上因素，使得该时期的西方都市区以及延交通线的各级城镇，再次进入了快速发展，与此同时，大城市周边的乡村空间继续被压缩，大量优良农用地被侵占。如：英国伦敦从1914年的650万人，增长到1939年的850万人，整个建成区面积扩大了3倍[212]（图2–6），郊区优良农田被侵占，并直接导致第二次世界大战时期城市农产品供应紧张。

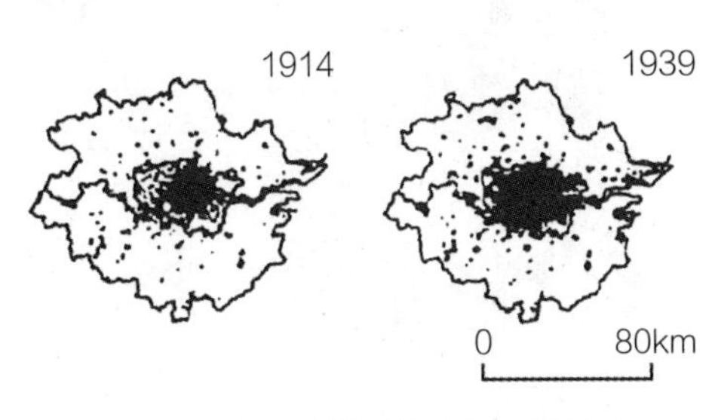

图2–6　英国伦敦城镇空间形态演变（1914～1939年）
（来源：彼得·霍尔，城市和区域规划）

其次，城乡空间格局的演变受到了新兴城乡规划思想的指导而趋于复杂。受霍华德“田园城市”思想的影响，使得一些城市开始在主城区周边兴建中小城镇，以疏散主城人口，缓解大城市压力，大城市空间形态改变原来在空间上单核形式的圈层扩张，而出现中心城区单核扩张与外围城镇的多点扩张相结合，如：英国伦敦周边兴建的田园城市莱契沃斯（图2–7）与韦林；城市居住区向外扩散，使城市周边乡村中大量出现受佩里“邻里单位”思想所指导的团块型新建居住区；沙里宁的“有机疏散”理论被用于1918年的芬兰的赫尔辛基规划，从而产生了复杂的城乡空间格局（图2–8）。

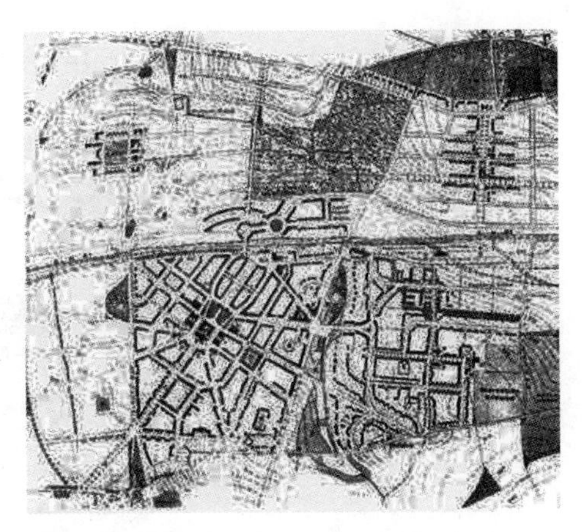
图2–7　第一座田园城市莱契沃斯
（来源：Anderes Duany，Elizabeth Plater-Zyberk，Robert Almninana. The New Civic Art：Element of Town Planning）

最后，城市弊病加剧，乡村价值逐步凸显，城市功能开始向乡村中疏散。

在现代城市规划还未成熟时期，受两场工业革命所推动的城市扩张，所出现的高密度的人工建设与杂乱的城市功能布局，使得“城市病”在西方都市区中大规模的爆发，交通拥堵、环境污染、人口密集等问题突显，而此时的乡村却拥有着优美的风景、良好的环境。城乡人居环境的巨大差异，直接导致城乡人口生存状况的不同，如：1841年，英国萨里地区的人口平均预期寿命为45岁，而工业城市曼彻斯特只有24岁。这个时期城市居住区开始向乡村布置，霍华德的“田园城市”（图2-9）、赖特的“广亩城市”、沙里宁的“有机疏散”等一系列思潮都是在反思现代城市的弊病与重拾传统乡村的价值。

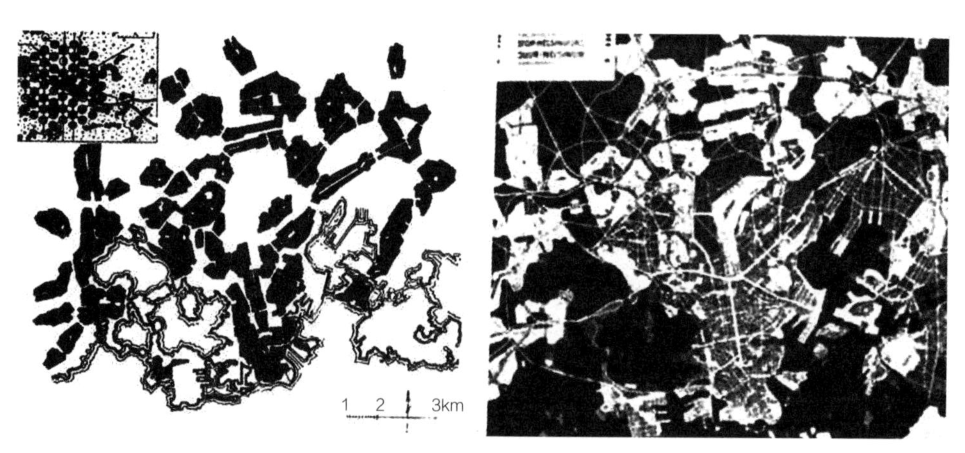

图2-8 大赫尔辛基规划的总图与结构
（来源：布宁、萨瓦连斯卡娅 著，黄海华 译，城市建设艺术史-20世纪资本主义国家的城市建设）

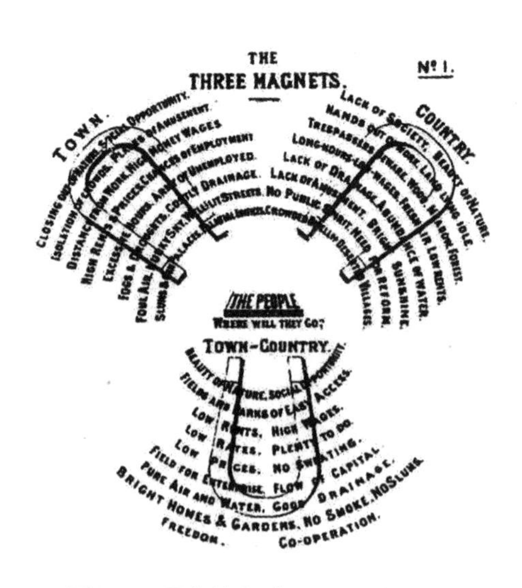

图2-9 霍华德的“三种磁力”图解
（来源：霍华德，明日的田园城市）

2.1.3 第二次世界大战以后西方都市区城乡空间格局演变

第二次世界大战以来，在经历了重建与快速发展后，西方都市区受到不同的理论指导与一系列新兴社会思潮的影响，结合自身实地情况的不同，虽然产生了多种的演变轨迹，但都通过限制主城区的无序扩张，发展都市区各级城镇，协调城乡空间，最终形成了复杂而交错的都市区城乡空间格局。

（1）从战争结束后到20世纪70年代

此阶段，西方都市区进入了快速的重建与发展时期，城市空间形态在区域中的广泛蔓延成为城乡空间格局演变的主流。

惨烈的第二次世界大战既摧毁了欧洲大量的物质财富，把西欧很多城市被拖入战火，部分城市受到了毁灭性的摧毁，造成战后城区破损与住房短缺；又极大地促进了科学技术的飞速进步，如电子技术、计算机技术、航空航天技术、生物技术等，新的技术形成了新的产业，提高了生产力，促进了战后经济的发展。战后西方都市区普遍出现了快速的恢复与发展。同时，战前逐渐形成的以避免大城市过于集中为核心思想的城市规划与区域规划理论、思想、方法被应用于战后大规模的城市建设，并在实践中又产生新的理论与方法，进而逐渐发展成熟。西方都市区的城乡空间格局演变出现了以下趋势：

一是主城区的扩张开始被限制。在英国，1937年公布的《巴罗报告》，明确地提出了由于工业聚集所导致的大城市过于集中的弊端。1945年英国颁布由艾伯科隆比主持的大伦敦规划，该规划是战前规划思想的集中运用，其中运用乡村空间的“绿带”限制大城市中心城区的蔓延（图2-10）。在法国巴黎，也通过《巴黎地区国土开发计划》来严格划定主城区的城市建成区范围。

二是郊区地区城镇空间形态快速扩张。欧洲各国都开始在主城区外围的兴建被乡村空间分割的卫星城与城市新区，从而形成“反磁力”，以疏解主城区的人口与产业。如：英国伦敦周边在战后兴建的三代“新城”、法国巴黎周边新建的德方斯副中心与扩建的远郊卫星城、丹麦哥本哈根延轨道交通线建设的“指状”城市片区（图2-11）等。

（2）20世纪后30年

该时期，伴随着逆城市化、再城市化、全球化等进程，传统的城市扩张方式与规划理论被反思，多元化的城乡规划思想逐渐影响西方都市区的城乡空间格局，城乡空间逐渐走向交融、和谐与稳定。

历经了两次世界大战的灾难，面对资本主义的唯利是图，工业文明对自然环境的破坏与人性的压抑，反对西方近现代体系的思潮开始大量出现。在城乡规划领

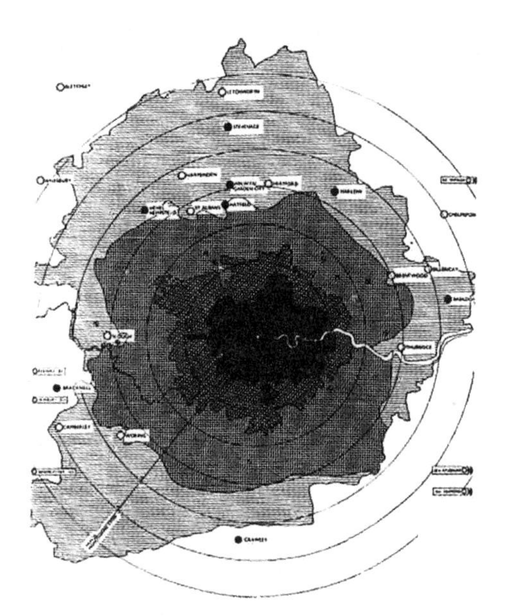

图2-10 1945年大伦敦规划
（来源：Manfredo Tafuri 著，
刘先觉 译，现代建筑）

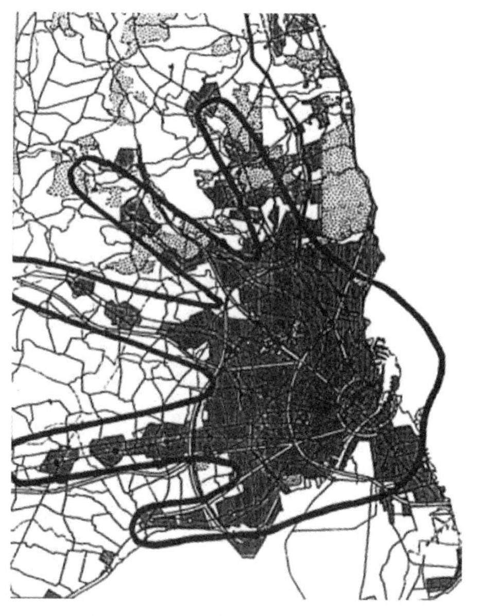

图2-11 哥本哈根的“指状”空间形态
（来源：Robert Cervero 著，宇恒可持续交通研究中心译，公交都市）

域，对于传统规划与建设中机械的分割城市功能、隔离人的交往、破坏自然环境与历史遗产、无节制的消耗资源、过分依赖技术、忽视城市与区域的关系等多个方面进行了反思与批判。1977年，集合新思潮的《马丘比丘宪章》签署，标志着西方都市区的日后发展开始逐渐纠正之前的错误。此后旧城更新、历史保护、环境保护、可持续发展战略成为西方城市发展的重点关注领域。与此同时，面对全球化进程与世界城市体系的建立，西方都市区为了提升自身的竞争力与全球地位，开始将进行大都市区发展规划，统筹大都市区中的城镇体系与城乡体系，形成更强的地区协作整体。

此阶段，西方都市区的城乡空间格局出现了以下演变：

首先，都市区中的各级城镇的空间形态呈多点扩张。在全球化进程中，西方都市区需要通过都市区建设来寻求在世界城市体系中的位置，从而提升整个国家的综合竞争力，因此都市区着力促进各级城镇发展，建立区域协作关系，构建良性的城镇体系，从而令整个都市区的各级城镇出现广泛的扩张。同时主城区也开始由单中心向多个中心转型，如：荷兰兰斯塔德地区的“环形”城市群建设（图2-12）。

其次，郊区化与再城市化令城乡空间格局日趋交错，城乡界线已难辨踪迹。在各级城镇的多点扩张的同时，西方都市区的郊区化出现，人口与城市功能向乡村地区转移，导致主城区衰败，之后又开始进行衰败区的复兴，再城镇化过程出现。在这两个过程中，城市用地与乡村用地日益交错，城乡边界已经模糊不清。

最后，城乡空间格局规划关注都市区内的城乡协调发展。可持续发展、生态环境保护、乡土文化保护、休闲游憩活动等方面的重视，令城乡建设用地扩张中，刻意地保留了优质的农用地、重要的生态环境、优美的自然景观等区域，从而开始公平地看待城乡关系，使其在区域中承担了不同的功能，城乡协调发展（图2-13）。

近年来，西方都市区的城镇化速度明显趋缓（图2-14），城市用地总量的扩展减速，城乡空间格局的发展趋于稳定，通过小规模的调整逐渐实现空间格局的优化。

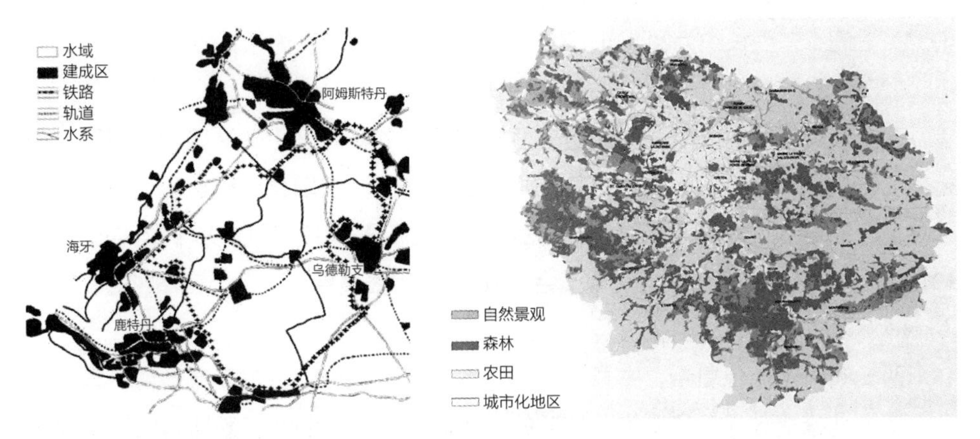

图2-12　荷兰兰斯塔德“环形”城市群
（来源：邹军，都市圈规划）

图2-13　1994年巴黎大区自然保护地
（来源：张冠增，西方城市建设史纲）

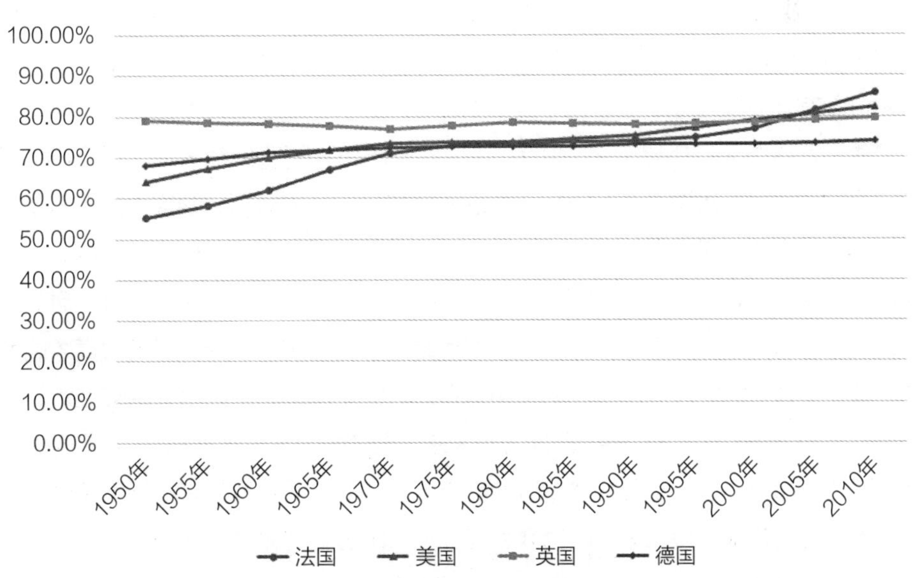

图2-14　1950年至2010年西方都市区城市化率变化
（来源：世界银行，产业信息网整理）

2.2 西安都市区城乡空间格局的演变

2.2.1 西安都市区城乡发展格局现状

（1）区域位置

西安都市区位于中国西北地区的陕西省，并处在陕西中部关中地区的中心位置，（图2-1），东邻渭南市、商洛市，西邻宝鸡市，南邻汉中市、安康市、北邻铜川市与咸阳市的其他区县。西安都市区介于北纬33°42´至34°50´，东经107°40´至09°49´之间，东西长约为204km，南北宽约127km，总面积约为11992km^2。

（2）行政区划

截至2012年，本书研究范围含：西安市下辖的新城区、碑林区、莲湖区、灞桥区、未央区、雁塔区、阎良区、临潼区、长安区、蓝田县、周至县、户县、高陵县，与咸阳市的秦都区、渭城区、三原县、泾阳县共11区6县，95个镇，6个乡，121个街道办事处，3759个村民委员会，816个居民委员会，万余个自然村。

（3）地质地貌

西安都市区地貌复杂，主要地质构造由北向南包含：鄂尔多斯地台、华北地台、秦岭地槽褶皱带，具体为：北部的黄土高原，中部的渭河平原，以及南部的秦岭山脉，因此形成南北高、中间低的地势结构。区内海拔最高处为西南端3867m的太白山顶峰，最低处为东北端345m的渭河河床。西安市境内最大海拔高度差为3522m，位居全国特大城市之首。西安主城区与咸阳市主城区被渭河分割，分别位于渭河南北的渭河平原上（图2-15）。[213]

（4）历史沿革

西安有着悠久的历史文化，100万年前，蓝田猿人便在此地生活，距今6000年前，西安半坡地区出现了选址精巧、规划清晰的仰韶文化聚落，西安高陵杨官寨附建出现了新石器时代晚期的城市遗迹，之后伴随着文明的发展，先后有西周、秦、西汉、东汉、新、西晋（孝愍帝）、前赵、前秦、后秦、西魏、北周、隋、唐13个朝代在此建都。西安是中国历史上建都朝代最多，建都时间最长，影响力最大的都城，曾经作为中国政治、经济、文化中心长达1100多年。北宋以后，西安经济、政治地位逐渐下降，但仍作为中国西北地区最重要的城市。如今西安作为陕西省省会，而西安都市区是中国西北最发达的都市区。1982年西安成为首批国务院公布的中国历史文化名城，1994年咸阳也列为第三批中国历史文化名城。

（5）气候条件

西安地处中国内陆，其中“平原区属于暖温带半湿润大陆性季风气候，冷暖

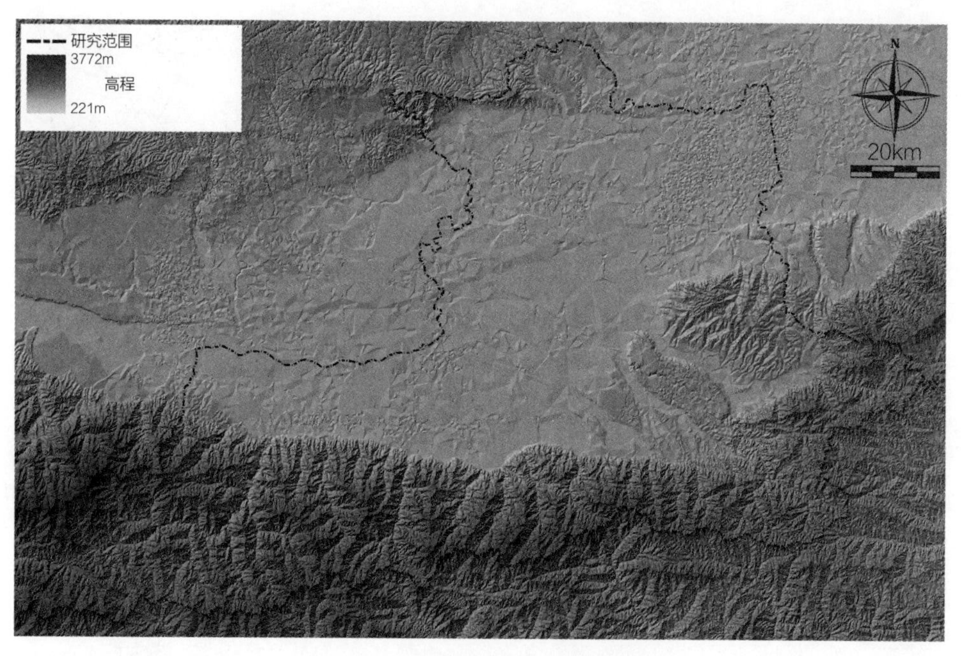

图2-15 西安都市区数字高程模型
（来源：ASTER GDEM数据库）

干湿四季分明”[214]。春季多干旱，秋季易有连阴雨。在冬季，由于受蒙古高压控制，气候寒冷干燥。在夏季，受太平洋副热带高压和大陆热低压影响，炎热多雨，并常有伏旱发生。主要的气象灾害有：雾霾、寒潮、大雾、干热、暴雨、干旱、冰雹、大风沙尘和低温冻害。

（6）社会经济

截至2012年底，整个西安都市区的常住人口为1040.20万人，其中农业人口为559.11万人；2012年，整个地区该年的生产总值为5201.1亿元，人均生产总值约为50000元，其中西安市的第一产业占生产总值的4.5%，第二次产业占生产总值的43.1%，第三次产业占生产总值的52.4%[215]。

2.2.2 近代以来西安都市区城乡空间格局的演变历程

纵观历史，西安都市区地区的城乡空间格局并不是一成不变的，它受城乡系统内外的政治、社会、经济等因素的波动影响，而动态演变。

近代以前的西安都市区地区，城镇从无到有，城镇空间形态的位置、大小、形状历经多变（图2-16）。在隋唐时期，作为都城的西安，城镇空间形态达到古代时期的最大范围，主城区面积达到84km^2。之后又随着中国政治与经济中心的东移，

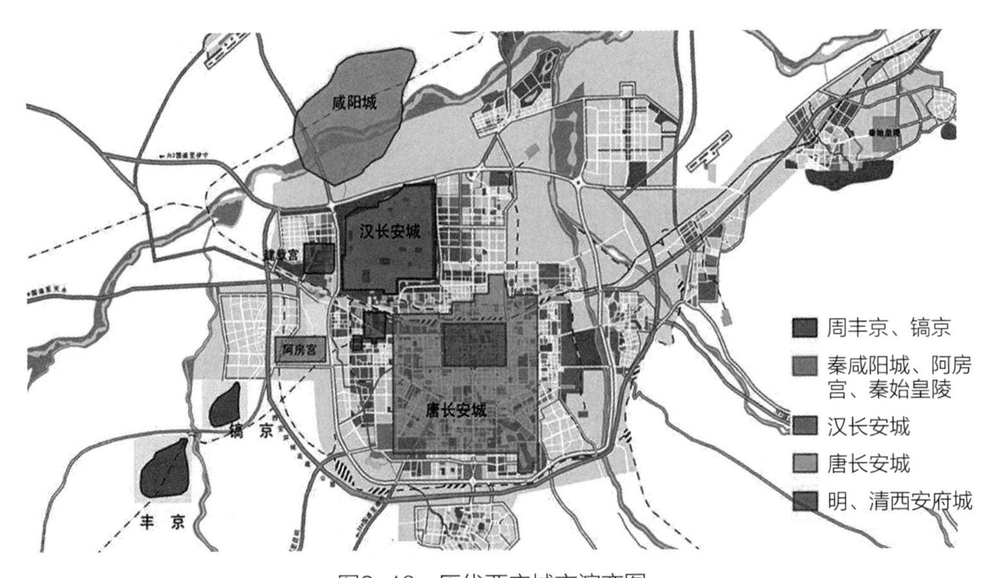

图2-16 历代西安城市演变图
［来源：西安市总体规划（2008～2020）］

西安由国家首都转变为地方性城市，政治与经济地位逐渐下降，各级城镇逐渐萎缩，城镇空间又转变为乡村空间。到清代末期，西安主城区面积仅约为16km^2。自1840年鸦片战争开始，中国步入了近现代时期，工业化开始作为城镇发展的推动力，西安都市区各级城镇的经济职能日渐增长，使得城镇规模增大，城市空间形态逐步扩大，乡村空间减少。

以1840年为起点，意味着西安都市区地区进入近代城镇化阶段，虽然其中的过程历经波动，但直至今日，这种由现代城镇产业发展所推动的西安都市区城镇空间形态扩展与乡村空间萎缩的趋势仍在进行，并且今后还将持续一段时间。因此本书研究重点梳理近代以来西安都市区地区城乡空间格局的演变，发现其中的演变规律，为该地区今后的城乡空间格局转变与城乡关系的转型提供预测的基础。

（1）近代时期西安都市区城乡空间格局的演变

1）近代时期的中国历史背景

中国近代时期是从1840年鸦片战争到1949年中华人民共和国成立的百余年时间。1840年，英国作为新兴的资本主义强国，为了扭转中英贸易逆差，开辟新的市场，用坚船利炮打开了古老中国的大门，鸦片战争爆发。从此闭关锁国、自给自足的中国封建社会开始逐步瓦解，近百年的外敌入侵历史拉开序幕。面对着近代工业文明的强大力量与民族存亡的现实境况，魏源在1842年编著的《海国图志》中首次提出了“师夷长技以制夷”的思想，学习西方先进文明的思潮与变革的实践开始在中国兴起。中国的封建统治阶层力图通过“戊戌变法”与“洋务运动”来实现中国的变革，虽然政治改革受到封建势力破坏，但资本主义工商业得到发展，也诞生出了封建制度的埋葬者–中国资产阶级。在历经多次的外敌入侵、太平天国起义、义和团运动，封建势力逐渐衰弱，资产阶级逐步壮大。以孙中山为领导的资产阶级在1919年的“辛亥革命”中推翻了满清的统治，结束了2000多年的封建帝制，在中国确立了资本主义民主制度，建立了中华民国。然而此后的中华民国并未形成统一安定的局面，民国初期，政局不稳，各种势力兴起，军阀割据，国家陷入连年的内战。长期占据东北的日本帝国主义，在1931年悍然发动了全面的侵华战争，使得中国历经14年的抗日战争。1945年，国内又爆发了三年的解放战争。直到1949年中华人民共和国成立。纵观中国的近代史，可以说是一个革故鼎新、多灾多难、战争频发的年代。

近代的中国虽然诞生了近代工业，却面临着外国企业竞争，战争的破坏，各方势力的盘剥，不能健康发展。全国的制造业主要集中在沿海、沿河的大中城市，而工矿企业主要集中在产地。薄弱的近代工业对绝大多数城市发展的推动能力十分有限，以机械力驱动力的近代交通运输业快速发展，究其原因有两个方面：一方面，各级统治阶级与军阀，希望借此加强对国内的统治，提高战争运输能力；另一方面，国内外的资本家希望通过快速的交通向广大内陆地区输送工业产品，并运回原料。因此铁路与船舶运输快速发展，由此促进了沿铁路线城市与码头城市的商贸物流的壮大，成为了此时延交通线城镇的发展重要动力。

2）近代时期西安都市区城乡空间格局演变

1840年爆发的鸦片战争，严重动摇了满清政府的统治，使得中国进入了半封建半殖民的国家，之后的太平天国运动席卷中国，造成了内忧外患的政治局面。整个太平天国运动期间造成了全国人口从4.3亿人，减少到不到3亿人[216]。持续的平乱战争令满清政府国力空虚，苛捐杂税接踵而至，一连串的地区性起义在各地爆发。1862年至1873年间，陕西爆发大规模的回民起义，波及关中各个州县。该事件之前，陕西人口中有回族近百万[217]，如张集馨在奏章中所述：“西、同两府及邠、乾两州叛产在万顷以上”[218]。光绪初年，陕西又逢大旱，人口再次减少。从同治元年（1862年）到光绪五年（1879年）的17年间，陕西省人口从1394万减少到772万，减少了44.6%[219]，极大地影响了西安都市区城镇化进程，与乡村聚落数量和规模。光绪初期，东部省份的人口开始向关中地区迁徙，施行复垦，西安都市区的乡村聚落与人口逐步开始恢复。1904年西安城内出现第一家近代工业企业–陕西工艺厂，近代工业化开始在西安萌芽。

清末连年的动乱与灾荒，造成了经济的衰败与人口的锐减。在此期间，西安都市区村落减少，回族村落基本消失，农田荒芜，生产设施破坏。辛亥革命之前，新兴的近代工业企业仅有陕西工艺厂与森荣火柴公司，传统的农业与手工业支柱又遭受极大打击，城镇发展缺少经济与人口的支撑，处于停滞状态，城市空间未有较大扩大，西安都市区的城镇空间主要集中于明代城墙内，与东、西、南、北四个郭城范围内，咸阳的城镇空间主要集中在咸阳城墙范围内，其他各级城镇也均未有所增加。

1911年的辛亥革命推翻了满清统治，中华民国建立，但此时全国仍处在军阀割据的阴影下。1926年国民政府为了统一全国，开始北伐战争。同年，河南军阀刘镇华攻打西安，围城八月，造成了西安巨大的经济破坏和人口损失。1928年南京国民政府基本统一全国，政治局面稳定，逐步开始了全国的社会经济建设。同年，南京政府铁道部成立，决定修建陇海铁路陕西段。1932～1936年，分三次完成了陇海铁路的灵宝至潼关段、潼关至西安段、西安至宝鸡段，此后在1939年至1945年又完成了宝鸡至天水段。陇海铁路是连接中国华东、华中、西北的大动脉，成为贯穿关中的脊梁。自陇海铁路连接到西安以后，西安的交通条件极大改善，铁路沿线开始兴建棉纺厂、面粉厂、电机厂等，西安的近代工业、商贸、物流都出现了蓬勃发展，城市的经济职能上升，城镇空间扩大，并突破了明清城郭的范围，如：1935年兴建的大华纱厂选址在陇海铁路北侧，西安明城墙外的东北。1931年，“九一八事变”爆发，日本发动全面的侵华战争，到1932年，西安被定为陪都，作为西京的西安，各项城市建设以陪都为标准。此后日本侵华战火逐渐扩大，西安开始接纳从东部转移而来的众多国家机构与工厂，西安的工业门类更加齐全。1937年河南黄泛区的难民西逃，聚居在陇海铁路以北的“道北地区”，使得城市人口激增，城镇空间扩大。在交通、工业、外来人口、各种内迁机构的共同推动下，西安都市区中的各级城镇也得到扩展与发展，如：咸阳城的规模扩大，并突破了原来明清城墙的范围，其他县城的规模也有所发展。与此同时，由于未受日军侵略，在较为稳定的社会、政治局面下，使得西安都市区乡村人口增长，生产恢复，在纺织业为首的本地工业带动下，棉花等经济作物种植面积增大，乡村经济得到提高。1911～1949年，西安的人口规模增加迅速，如：1912年西安人口为111628人，到了1949年西安人口增加到了590920人[220]，但历经几次波动，如：1928年，西安设市政府，1929年，又升至直辖市，但1930年的中原大战后，人口衰减，并且由于人口不足市制被撤销，至1940年，经济与人口增长，西安又恢复市建制。

1911～1949年的西安都市区，虽然陇海铁路的修建，改善了交通条件，发展了资本主义工商业，但一直遭受着长期战争、动乱、灾荒的直接或间接的影响，造成城乡社会与经济发展几经波折。西安都市区的城镇空间形态虽然突破了明清城郭范围，但依然规模较小，空间形状简单，且发展缓慢。整个西安都市区的城乡空间格局并未出现明显的改变，乡村空间仍占到绝大多数，城镇依然是稀缺资源（图2-17～图2-22）。

图2-17　1908年西安城南地区的城墙与农田
[来源：恩斯特·柏石曼（德国）]

图2-18　1921年西安城区
[来源：奥斯伍尔德·喜仁龙（瑞典）]

图2-19　20世纪30年代西安城区与周边乡村
[来源：卡斯特尔（德国）]

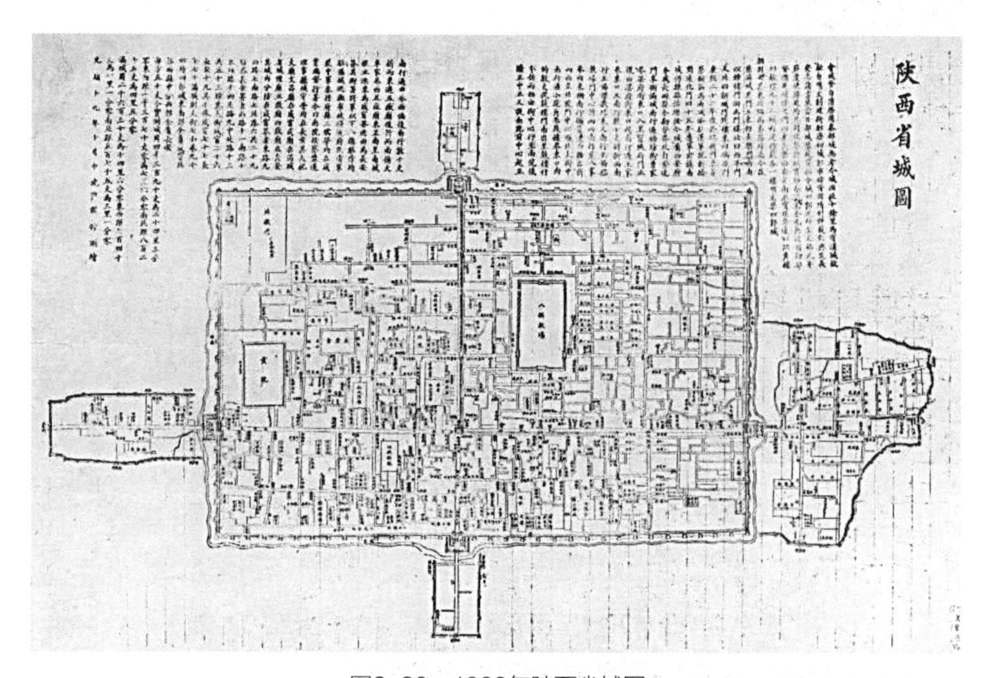

图2-20　1893年陕西省城图
（来源：西安市城建系统方志编纂委员会，西安市城建系统志）

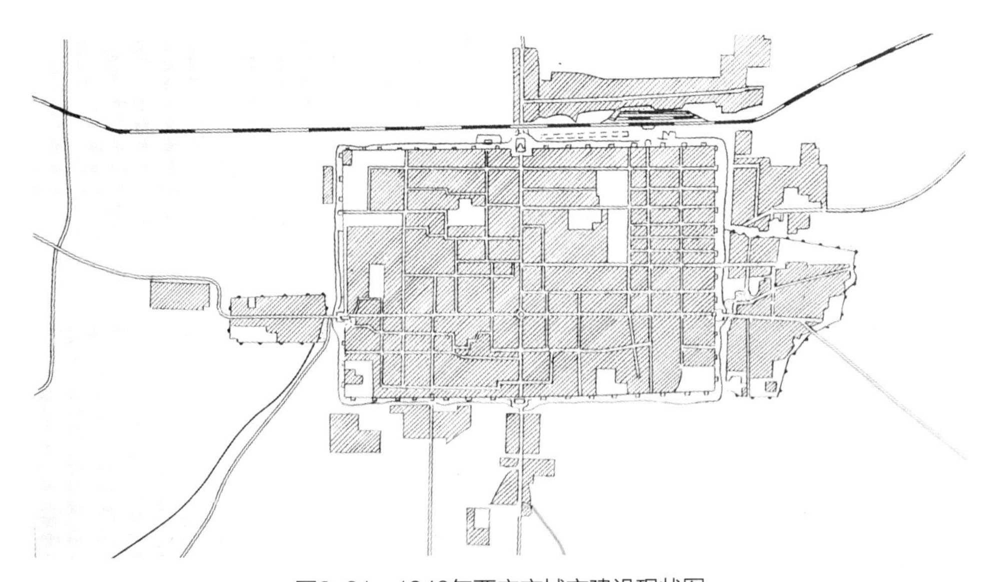
图2-21　1949年西安市城市建设现状图
（来源：西安市城建系统方志编纂委员会，西安市城建系统志）

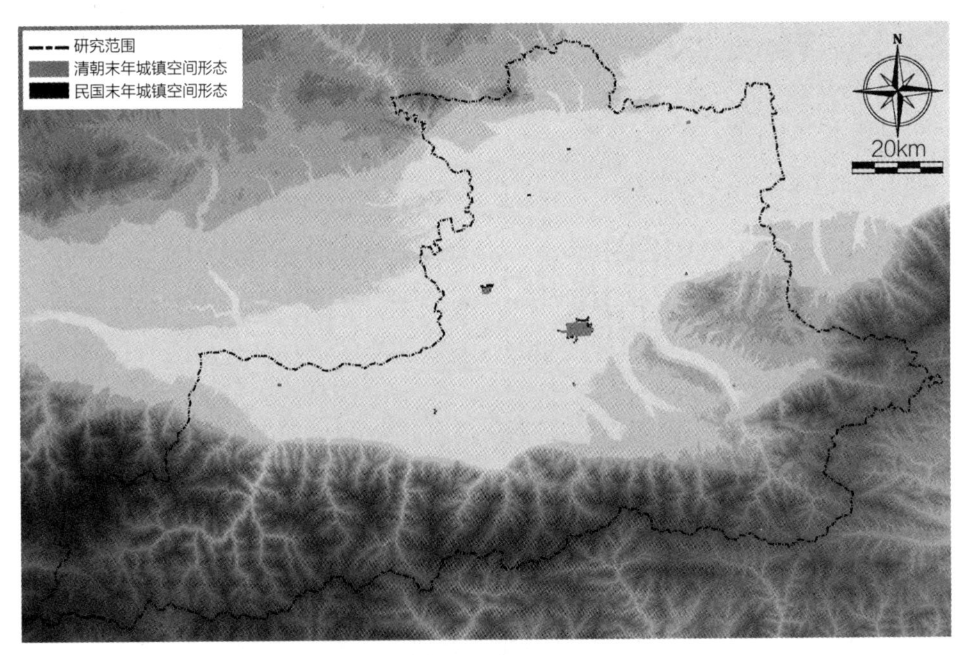

图2-22　近代时期西安都市区城乡空间格局演变
（来源：自绘）

（2）新中国成立后至改革开放前西安都市区城乡空间格局的演变

1）新中国成立后至改革开放前中国的历史背景

1949年10月1日，中华人民共和国成立。在历经百余年国内战乱之后，整个中国千疮百孔，国民经济受到了极大的破坏，经济基础十分薄弱，“国民经济中的90%仍为分散的、落后的个体农业和手工业经济，1949年较之抗战前，农业产值降低了两成以上，工业产值降低了一半”[221]。一个百废待兴的中国，迫切地需要来自外界资金、设备、技术、人才等的支援。由于中国选择的是社会主义道路，在美苏冷战的国际政治环境中，中国只能采取“一边倒”的外交政策，站在苏联领导的社会主义阵营中，接受苏联的援助。20世纪50年代，中国开始全方位地接受苏联的经济、技术与思想。在寻求国外援助的同时，针对国内的农业、手工业与资本主义工商业进行了社会主义改造，其中对农业与手工业采用合作化的改造方式，对资本主义工商业先采取了公私合营的方式，之后全部收归国有。“三大改造”的结束，标志着中国彻底消除了私有制经济。解放初期，一系列的社会、经济政策的推行，全国各族人民群众建设新国家的热情高涨，极大地促进了国内生产力的发展，从1952年到1957年，第一个五年计划中，全国农业产值增加了25%，工业产值增加了128.3%[222]。然而自1958年起，极左的思想开始蔓延，忽视经济发展规律，过分地高估了主观能动性，“大跃进”与人民公社化运动开始兴起。进入20世纪60年代，中苏关系破裂，苏联专家撤走，援华项目停建。从1960开始，在遭受了三年严重自然灾害后，国内经济出现了严重的倒退。之后，国民经济又逐渐恢复。然而1966年后的十年间的工农业总产值虽仍增加了一倍，但人口数量激增，人均消费水平依旧不高，同时受到“以粮为纲”“以钢为纲”等思想影响下，经济结构出现了偏差，重工业比重偏高，盲目地开荒造成了全国性的生态危机。1976年后，中国的各项工作方才逐步走上正轨。

2）新中国成立后至改革开放前西安都市区城乡空间格局演变

新中国成立以后，西安迎来了新的发展机遇。新中国成立初期的三年，西安的人民政府开始稳定经济，建立人民币市场，接收国民党在本地的官僚资本，恢复被战争破坏的交通设施与基础设施，为城乡发展奠定了基础。1953年起，新中国开始了第一个五年计划，其核心的工作是围绕156个苏联援华建设项目进行工业建设，西安承接了18个重点项目，其中西安市区有16个，户县有2个。这些重点项目主要为棉纺织、机械与国防工业，构成了此后西安工业类型的基本框架，此外一批中央与地方的限额以上的建设项目也同期进行[223]。1954年，全国第一次城市建设会议召开，将“为国家的社会主义工业化、为生产、为劳动人民服务，应与工业建设相适应，采取重点建设的方针”[224]作为城市建设的指导思想，并将西安列为全国8个新工业城市之一。在“一五”期间，西安市的工业总产值年平均增幅达到了25%[225]，一大批国有企业、科研院所与大学在西安城区外的东、西、南，三个方向兴建，如：东郊的纺织城与韩森寨工业区、西郊的电工城、南郊的文教区、西北的仓库区，使得城市空间形态发展成为“T”字形。新功能的引入直接带动了城镇用地面积的扩大，城镇人口的增加，乡村空间向城镇空间演变。此时新建的工厂、科研院所与大学等，大多只占用城市周边乡村空间中的农用地，并未过多侵占乡村建设用地，传统的乡村聚落仍旧保留，由城镇空间与乡村空间交错的格局开始出现。以上这些单位，一般都有完善的生活服务设施，独立性较强，在严格的计划经济与二元城乡管理制度下，城市难以带动乡村服务业的发展，城市与乡村隔离严重。在城市快速推进工业化的同时，西安乡村的农业也经历了合作化的历程，在生产资料缺乏的条件下，通过互助合作的方式，让农民共同使用生产资料，以提高农业生产力。在“一五”期间，西安市的农业总产值年平均增幅为3.6%。农业合作化的组织形式是根据乡村的现状，建立不同层级的农业合作社，从而形成乡村管理的完整体系，乡镇作为农村基层的服务中心，其规模扩大、公共服务设施、基础设施得到发展。1958年起，“大跃进”兴起，西安掀起了群众性的大办工业的运动，仅1958年便新增工业企业755个，由于大量的工厂盲目上马，工业总产值反而下降。在乡村，“大炼钢铁”运动造成了乡村中的植被遭到大量砍伐，自然景观严重破坏。“人民公社化运动”基本实现了全体入社，能够组织大规模的群众劳动，开展了众多的农业基础建设，遍布乡村的水库、沟渠、梯田、防风林等改变了乡村景观的特征。公社化运动也使得农民丧失了生产积极性，阻碍了农业生产，农产品产量不升反降，乡村经济濒临崩溃。

从1958年到1962年的第二个五年计划中，西安都市区的工业在国民经济中的比重持续提高，工业用地增长迅速。1963～1965年，“大跃进”时期进入城镇的人口逐渐回乡，西安都市区的城镇人口又开始下降，而城镇空间的面积基本维持不变。

从1966年到1976年，西安都市区并未出现大规模的城市衰退，这是由于迫于严峻的国家安全形势，一批国防工业开始内迁，西安作为“三线”建设的重点区域，迁入了众多的工厂与科研院所，城镇空间形态仍旧继续扩大。

新中国成立后至改革开放前的西安都市区城乡空间格局仍呈现出乡村空间为主体；受到该时期国家工业与科教产业布局的倾斜，西安都市区的工业与科研教育事业发展迅速，大型国有企业、科研院所、大学等相继迁入或建立，围绕主城区布局，直接导致主城区的城市规模快速扩大，呈现出单核式扩张的态势；主城区的扩张受计划经济与城市规划的影响，并未出现无序扩张的情况（图2–23）；新扩建的主城区用地大多只占用了乡村空间中的农用地，而乡村建设用地仍旧保留，造成了明显的城镇空间与乡村空间穿插的现象，这种格局一直延续至今，为“城中村”的形成埋下了伏笔；其他各级城镇均有所发展，呈放射状蔓延，但增加的面积不大；

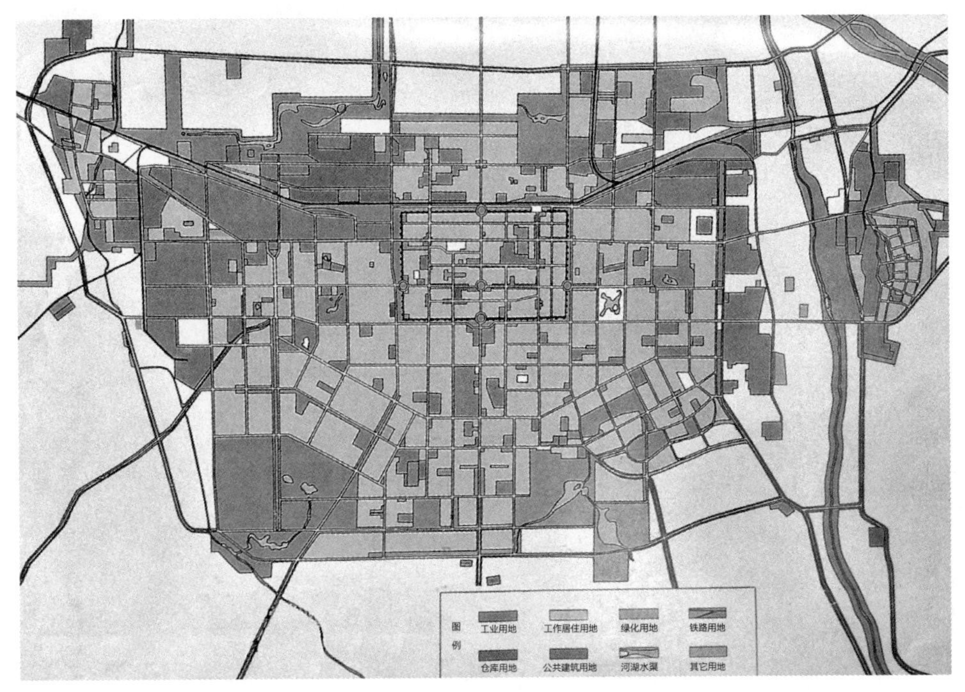

图2-23　西安第一次总体规划主城区土地利用规划图（1953~1972年）
［来源：西安市总体规划（1953~1972）］

一些对防卫要求较高，或具有危险性的企事业单位，被布置在远离城镇的乡村腹地中，造成了乡村空间中出现了小型的城镇用地。如：秦岭山中的各种“三线建设”的军工厂与研究所（图2-24）。

（3）改革开放之后西安都市区城乡空间格局的演变

1）改革开放之后中国的历史背景

1978年中国共产党第十一届三中全会召开，将今后的国家工作重点放在社会主义现代化建设上来，确立了“解放思想、实事求是”的思想路线，标志着改革开放的开始。1978年，中国的改革首先从农村经济体制改革上突破，安徽凤阳小岗村的18户农民的率先包产到户，打破了生产队集体劳动、吃“大锅饭”的生产与分配方式。1980年，国家逐渐取消人民公社，成立乡镇政府。1982年，国家将家庭联产承包责任制确立为正式的制度，到1983年，该制度的普及率已经达到98%。第二、三次产业的改革也逐步突破，国有企业开始争取更大的经营自主权与利润留成，由村集体筹办的以生产农副产品和手工业产品的社队企业开始超越与“农”有关的行业。城乡商品市场逐步建立，打破了商品计划配给的制度，1979年国家首先恢复了农村集贸市场，允许农户进城销售农贸产品，个体工商业经济逐渐出现，城市市场日趋活跃。1980年，深圳、珠海、汕头和厦门，四个经济特区获批，中国对外的窗

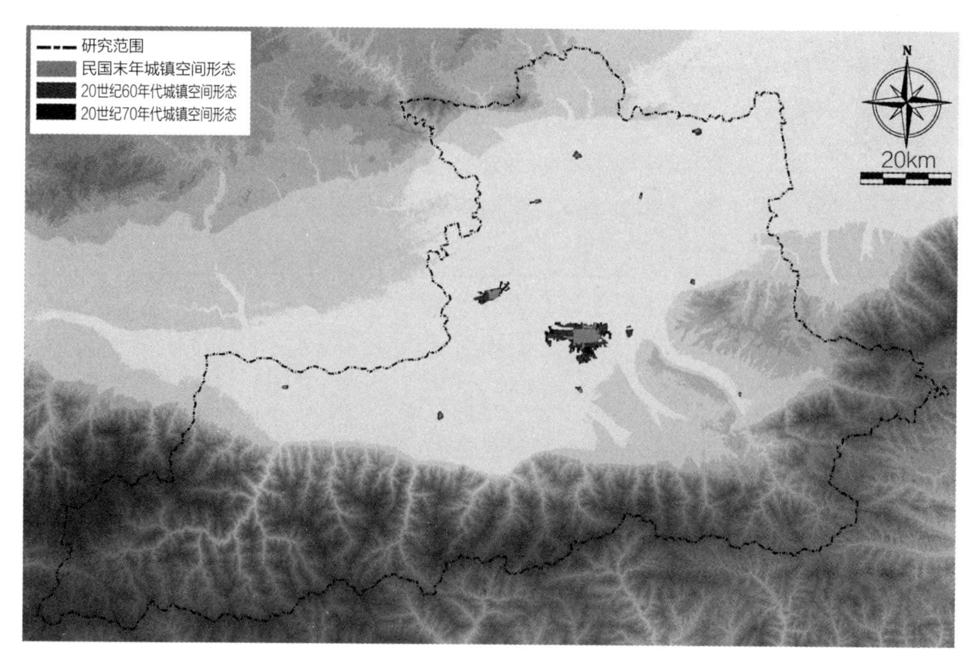

图2-24 新中国成立后至改革开放前西安都市区城乡空间格局演变
（来源：自绘）

口打开，海外的经济、文化开始进入国内。20世纪 80年代，中国都在努力地突破原有政治、经济方面的制度与思想束缚，寻求新的发展道路。然而20世纪80年代末、90年代初，“苏联解体”“东欧剧变”等一系列国际形势的影响，对于国内政治经济改革的反对意见开始抬头。1992年，邓小平发表了一系列重要讲话，奠定了中国特色社会主义市场经济发展道路的思想基础，此后各种束缚生产力发展的条条框框被逐一打破，诸如：现代企业制度、分税制度、金融体制改革、医疗与住房市场化改革等，保证市场经济运行的体制建立，开放政策由试点向全国扩展，整个中国的政治、经济、社会发展开始进入了快车道。1999年，西部大开发战略提出，以改变区域发展的不平衡，并扩大内需。2001年中国正式成为世界贸易组织的一员，标志着中国的改革开放所建立起的社会主义市场经济体制开始与国际接轨，中国经济也真正迎来国际的竞争。2004年，保护私有财产被写入宪法。2005年，延续几千年的农业税废止，社会主义新农村建设成为重大历史任务，标志着“工业反哺农业，城市反哺乡村”的开始。2010年，中国的国内生产总值达到了397983亿元，超过日本，成为世界第二大经济体。

2）改革开放之后西安都市区城乡空间格局演变

经历了十年的“文化大革命”，百废俱兴的西安于1979年启动了第二轮总体规划的编制，开始重新展望城市的未来（图2-25）。同年，秦始皇兵马俑展馆与骊山

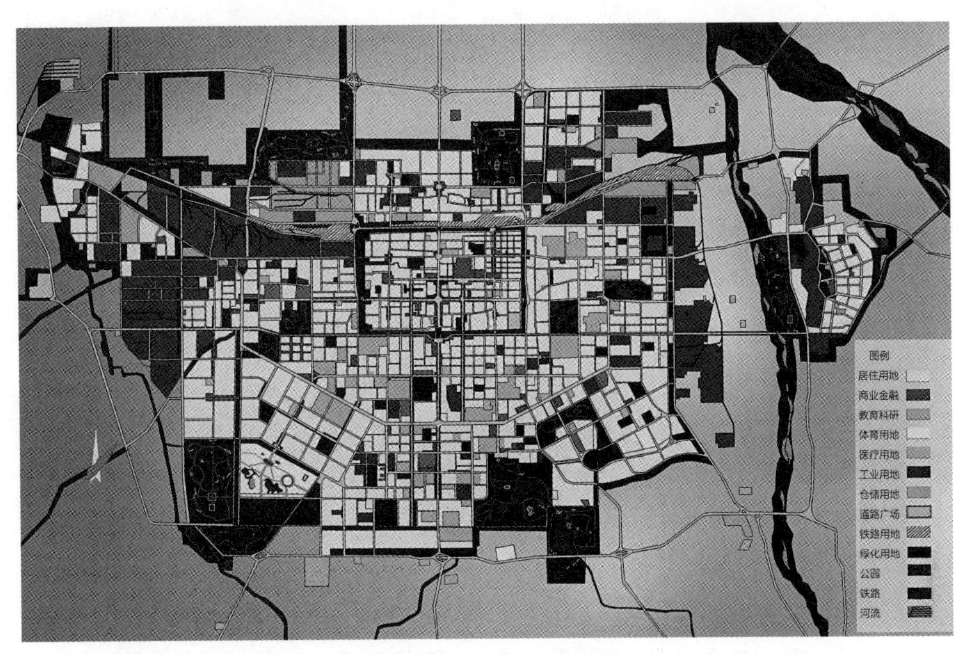

图2-25　西安第二次总体规划主城区土地利用规划图（1980~2000年）

［来源：西安市总体规划（1980~2000）］

风景区成立，临潼县成为重要的旅游组团开始大规模建设，临潼的城镇空间形态大量增加。1982年，西安被定为中国首批历史文化名城，对文物古迹保护提出了更高的要求，对周、秦、汉、唐的都城遗址与明清城墙区提出了城市建设的限制，西安市的整体城市空间格局被确定下来。此时，西安都市区的城市发展是以政府为主导，促进城市经济的发展、解决城市住房问题、改善城市破旧面貌和基础设施，同时掌握自主权的企、事业单位开始扩展自己的用地。该时期，西安都市区新建了一批工厂、商业建筑、住宅小区、管网、道路等城镇建设。由于乡村生产力快速发展，劳动力出现大量剩余，乡镇企业逐渐吸纳了大量乡村剩余劳动力。受到1980年全国城市规划工作会议确定的“控制大城市规模，合理发展中等城市，积极发展小城市”方针的指导，“就地城镇化”是当时的主要措施，各个镇、县成为乡村剩余劳动力落户的便捷去处，这些小城镇得到了充分的发展，建成面积均有扩大。在乡村，富裕的农户开始翻修和新建住房，砖混结构的民居建筑代替了土木结构的房屋，改变了乡村的风貌。20世纪80年代末期，西安首批商品化住房投入市场，从此拉开了房地产业推动城市迅速扩张与资产空间生产的序幕。进入20世纪90年代，城市各项产业的快速发展，使得乡镇企业在技术、人才、资金的竞争中处于劣势，加之城市落户门槛的降低，农村剩余劳动力从乡镇大量涌入城市，城市进入了快速城镇化阶段，而乡镇发展趋于停滞。1991年西安高新技术产业开发区建立，标志着以新区开发的方式拓展城市在西安都市区兴起，并一直延续至今。20世纪末，进入快速城镇化的西安都市区，人口数量迅速提高，通过增加层高来解决住房短缺的问题成为必然的趋势，高层住宅兴起。1995年颁布了西安市第三轮城市总体规划，重组了城市空间形态，拉大了城市结构（图2–26）。改革开放以来，西安都市区的城镇空间形态出现了大规模扩展，基于经济效益的考虑，城镇的拓展依然采取只占用乡村农用地的方式，导致了快速发展的城镇空间包围乡村聚落的“城中村”现象更为严重，2002年西安有城中村187个[226]，至2007年增加到286个。由于对于个体经济限制的减少、“城中村”所具有的区位优势，以及二元城乡结构体制对缺乏对乡村的有效管理，使得“城中村”的容积率快速增大，开始为城市提供大量的廉租房屋，但也成为“脏、乱、差”的代名词。面对迫在眉睫的“城中村”问题，单靠政府的力量是不足的，必须引入资本的力量，采取了高层住宅代替农民自建房屋的方式，提高容积率，以满足开发商与当地村民的利益。西安的“城中村”自2002年兴起的，于2007年大规模开展，截至2011年总共改造“城中村”143个，至此这些城镇空间中的残存的乡村用地斑块开始消失。在经历了10年的快速城镇化发展，从2000年开始，西安城市作为“增长极”其“扩散效应”增大，借助汽车交通的发展，一大批对交流活动需求较少、对土地价格敏感、对生态环境要求较高的城市功能出现在远离城市的城郊乡村中，小型城市用地在城郊地区上扩散。

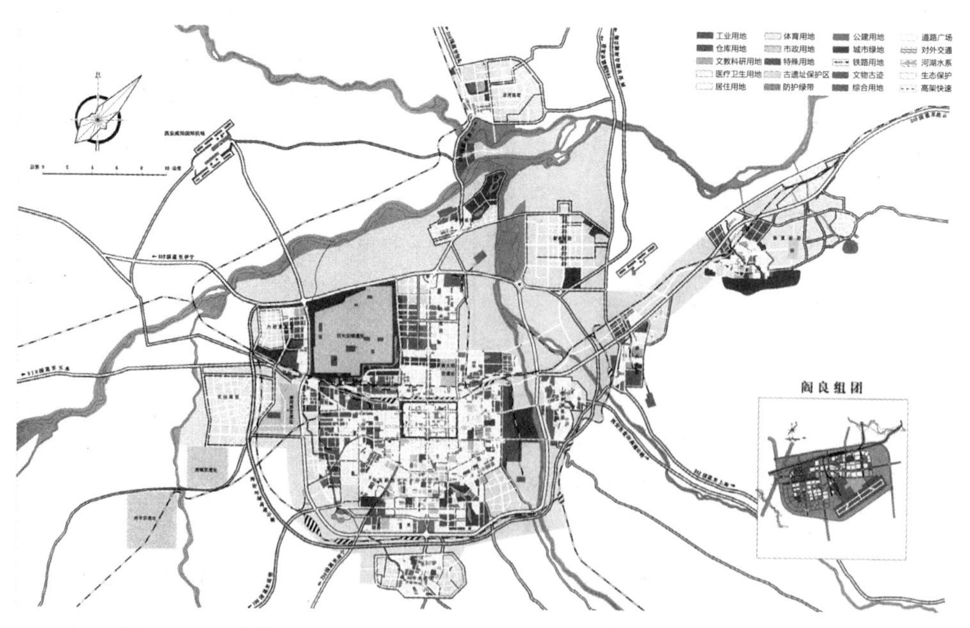

图2-26　西安第三次总体规划主城区土地利用规划图（1995~2010年）
［来源：西安市总体规划（1995~2010）］

改革开放以来，西安都市区的城镇空间经历了初期的各级城镇大型核心斑块向外围蔓延，到后期的大型城镇核心继续扩展同时与周围小型用地斑块快速增多的过程。而乡村空间被城镇空间的多核式蔓延不断蚕食，城市空间中残存乡村空间则逐渐消失（图2–27）。

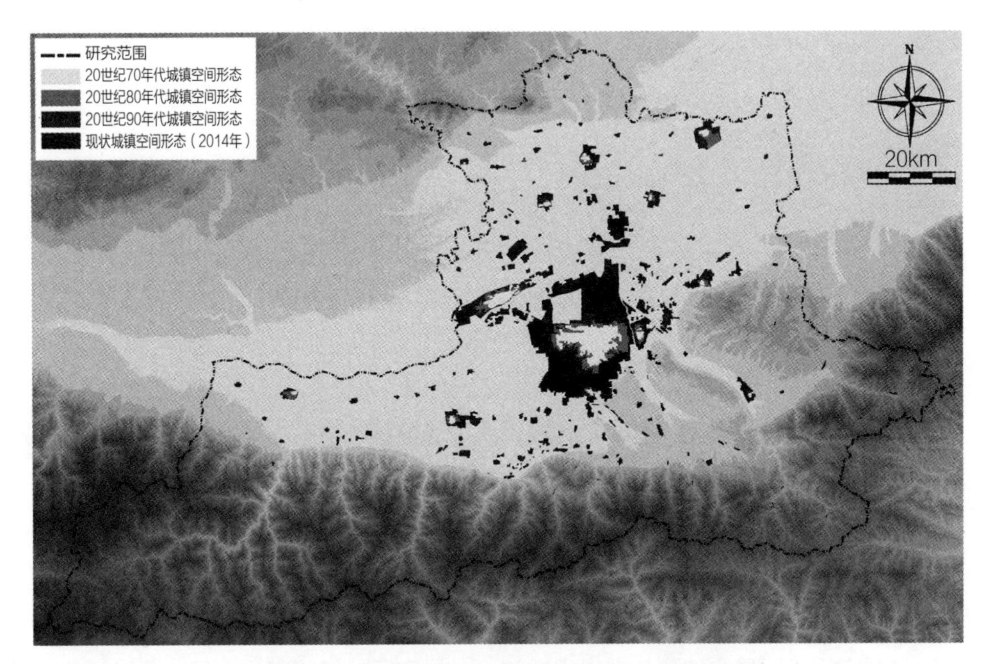

图2–27　改革开放之后西安都市区城乡空间演变
（来源：自绘）

2.2.3　近代以来西安都市区城乡空间格局演变的特征

（1）城镇空间的持续扩张，近二十年来增速加快

近代以来，耦合不同历史时期城镇政治、经济、社会的发展，西安都市区城镇空间持续扩展，并在近二十年来快速加大。从清代末年的近代开始至2014年，西安都市区的城镇面积从19km^{2}扩大到了810km^2，占总面积的比例从0.16%发展到了6.75%，增长近43倍。并且从20世纪90年代开始，增速加大（图2–28）。

近代时期，得益于近代工业与交通运输业的推动，但受到战争、饥荒等不利因素的影响，虽西安都市区的城镇出现了扩张，并突破明清城郭范围，却以较慢的速度扩展，百余年的时间只增加两成。新中国成立至改革开放期间，受计划经济与严格城乡管理政策的影响下，在国家工业与科教战略的侧重下，西安主城区的城镇扩张增速，占用了大量乡村中的农业用地，而中小城镇膨胀速度仍旧较慢。改革开放

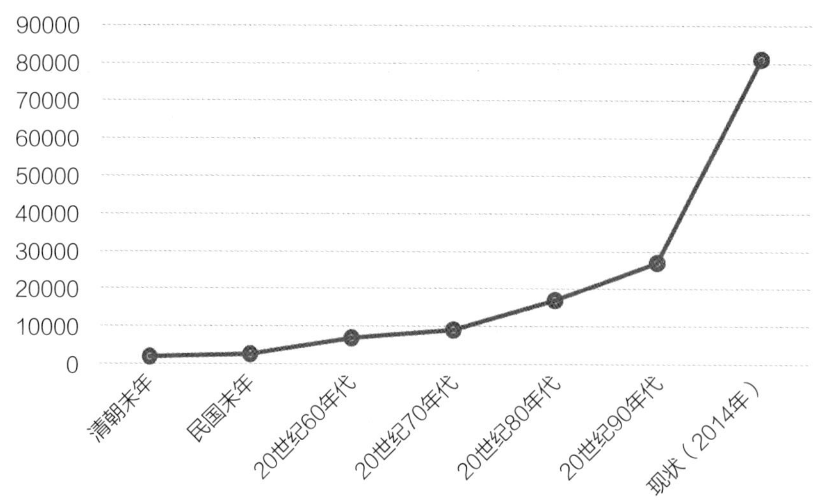

图2-28　近代以来西安都市区城镇面积变化
（来源：根据历史地图资料测算）

开始，尤其是20世纪90年代以来，国民经济全面发展，限制城镇发展的政策壁垒被逐一打破，各级城镇规模出现快速的膨胀，城镇面积扩大近3倍，各级乡镇规模扩大、建设标准增高，已脱离乡村景观特征而趋于城镇景观特征，同时城镇用地开始大量出现在乡村中。

（2）乡村空间伴随城镇扩展而持续缩小

城乡空间格局是由城镇与乡村组成的，乡村空间与城镇空间属于此消彼长的关系。近代以来，西安都市区的乡村空间是伴随着城镇空间的扩展而持续性地缩小，其变化的速度与城镇扩张的速度同步，从占总面积的99.8%下降到如今的93.2%（图2-29）。近代时期，城镇扩张得较慢，因此乡村空间减小的速度较为缓慢。新中国成立后到改革开放之前，西安都市区主城区的规模扩张增速，外围中小城镇发展较缓慢，临近主城区周边的乡村空间快速减少，而外围乡村空间基本维持。改革开放以来，各级城镇空间快速扩张，直接导致整个西安都市区的乡村空间快速减少。

（3）城乡空间格局从简单到复杂

近代以来，西安都市区的城乡空间格局经历了从简单到复杂的剧烈变化。

清朝末期，城镇空间形态基本被限制在各级城郭范围内，形状规则，斑块数量。乡村空间作为基底，占据了绝大部分，完整度较高，整体城乡空间格局简单。

到了近代末期，主城区的城镇斑块扩展较大，但面积仍然较小，在城市外围出现较少的城乡交叉景观，但单核式蔓延的形式，并未增加较多的用地斑块数量。

新中国成立以后到改革开放之前，以城市主城区的扩展为主，以城镇斑块在乡村景观中的散布式出现为辅，城乡空间格局的变化更为复杂。此时的城镇建设主要

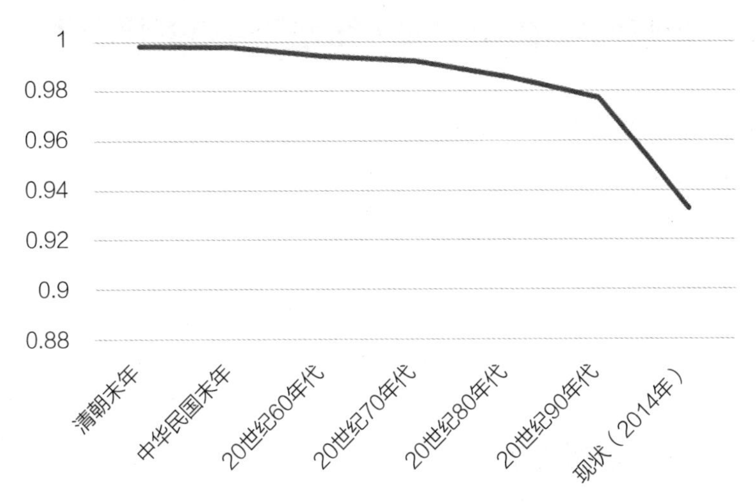

图2-29　近代以来西安都市区乡村占总面积比例的变化
（来源：根据历史地图资料测算）

占用周边乡村的农用地，造成了两种乡村的变化：首先是主城区范围内的乡村建设用地被城市包围，这些乡村建设用地成为城镇中的残存乡村景观斑块，“城中村”开始出现；其次是主城区外围的乡村空间出现大量的破碎化，与城镇空间与乡村的交叉度增加。

改革开放以来，城乡空间结构复杂程度进一步提高。各级城镇均有较大发展，城镇的多核式蔓延，使得城镇周边的乡村空间的破碎度加剧；主城区持续扩大，并被周围的限制因素所影响，而产生了复杂的城市空间形态；主城区中城中村逐步被城市所替代，而彻底消失；大量的城镇用地斑块呈“近密、远疏”的渐变格局，呈散布式出现在乡村景观中，造成乡村空间的大量穿孔（图2-30）。

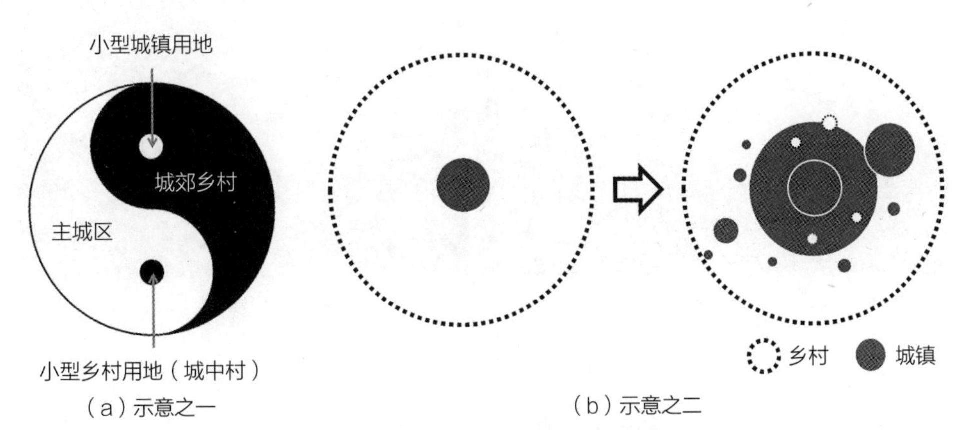

（a）示意之一　（b）示意之二

图2-30　西安都市区城乡空间格局示意
（来源：自绘）

2.3 影响西安都市区城乡空间格局的主要因子

春秋时期《管子》一书中就写道："故圣人之处国者，必于不倾之地，而择地形之肥沃者，乡山左右，经水若泽"❶。大城市空间形态在发展与变化中，往往受到诸多因素的影响，向着"自然环境阻力最小"[227]的地方扩张。

西安所处的关中平原中部，资源丰富，气候宜人，拥有久远的建城史，本地独特的地域条件，形成了西安都市区城乡空间格局独特的规律与特征，这些因子其主要来自于地形地质、自然生态、历史文化方面。

2.3.1 地形地质限制

西安都市区地区内部存在着平原、山地、丘陵、台塬四种地貌，各自有着不同的地形特征与工程地质条件，对于城市建设与用地布局产生着不同的影响。

（1）地形因素（图2-31）

地形因素主要为地形的高程与坡度。地面高程、坡度的大小与变化程度，直接决定了人工景观的空间布置、工程设施的建设量、土石方填挖的工程量、地表水流的冲刷强度、水源的丰富程度、用地空间大小等，最终决定城市建设的难易与用地布局的位置。

在西安都市区，中部的平原区，海拔低、坡度小，因此地势平坦、用地开阔、水源充足，便于各种人工建设，可减少道路、水利等基础设施的修建，适宜于城镇

（a）坡度

（b）高程

图2-31 地形因素与城乡空间格局的关系
（来源：自绘）

❶［春秋］管仲：《管子·度地》。

用地的布局，是各级城镇在空间形态拓展中首先占用的区域。

南北两侧的丘陵与山地，坡度大，海拔高，地形多变，在进行建设时往往需要修建大量的道路、桥梁、隧道、管道等工程设施，同时需要进行巨大工程量的土石方填挖，因此难以布置城市用地，是城市空间形态扩展中的天然鸿沟。

平原区两侧的台塬地区，虽然有着平坦而开阔的塬面，但海拔较高，地下水埋藏较深，水利设施修建困难，导致水源不足。此外，陡峭的台坎，难以修建道路，不便于塬面与塬下的交通运输。因此西安都市区城市空间形态在台塬地区扩展也存在着较大阻力。

（2）工程地质

城市空间集中大量由人工建设的建、构筑物，这些建设工程一方面需要坚实的地基所承载，另一方面需要规避地质灾害，因此城镇扩展需要重点考虑用地的工程地质条件。

在西安，平原地区地势平坦，较少存在由于重力所引发的滑坡、崩塌、泥石流、水流冲沟等地质灾害；同时平原区的土层深厚，拥有坚实的地基承载力。因此适合各种人工建设活动。

在南北部的山地与丘陵地区，地形起伏，受到地貌运动与自然侵蚀，滑坡、崩塌、泥石流、洪水等灾害时常发生，岩层破碎，地质条件复杂，难以开展大规模的人工建设。

平原南北侧的台塬地区，塬面地势平坦，土层深厚，拥有良好的工程地质条件。塬缘处的高差明显，地形破碎，湿陷性黄土的地质，往往受到重力与水流作用而发生崩塌、泥石流、滑坡等灾害，需要更多的工程措施确保安全，方能进行建、构筑物的建设，增加了城市空间形态在此扩张的成本与难度。

2.3.2 自然生态保育

区域中的河流、湿地、湖泊、森林、山地、丘陵等是重要的自然生态用地，能够维持区域的生态环境平衡，涵养水源，提供重要的物种栖息地，保护物种多样性，改善区域小气候，为游憩活动提供场所。自20世纪50年代由伦敦的“绿带”建设开始，城市便开始将都市区中的重要生境，划定为自然生态保护范围，并严格限制其中的人工开发建设。

在西安都市区，南部的秦岭山地生态环境，渭河流域与湿地构成了自然生态保育范围的主体。

秦岭山脉横亘在西安南境，山脉主脊构成西安市境与陕南的分界，自西而东呈波浪式缓降，位于西南端周至县与太白县交界处的太白山，海拔3767m。秦岭有着丰富的动植物资源与优良的生态环境，是重要的生物栖息地与水源涵养地，其森林资源就占到全市林地面积的94.59%、水资源占全市总量的81.61%，有着金丝猴、大熊猫、羚牛、朱鹮、连香树、星叶草、光叶珙桐等珍稀物种。

西安都市区地处渭河流域，自古以来就有着“八水绕长安”之说。渭河由西向东流经西安都市区主城区的北部，其支流：“泾、沣、涝、潏、滈、浐、灞”七条河流分布从南北方向汇入其中，是重要的自然生境廊道。各条河流两侧往往分布着大大小小的湿地，湿地作为“地球之肾”，对维持区域生态系统有着极其重要的意义。渭河流域各个河流与湿地共同构成了西安都市区的水生态系统，是城乡生态环境的基础，需要格外保护。

以上自然生态保育地在历次城市规划与城市扩展中始终被严格地保护，维持其“绿色”本底，避免遭到过多的人工干扰，减少开发建设，进而发展成为城镇景观（图2-32）。

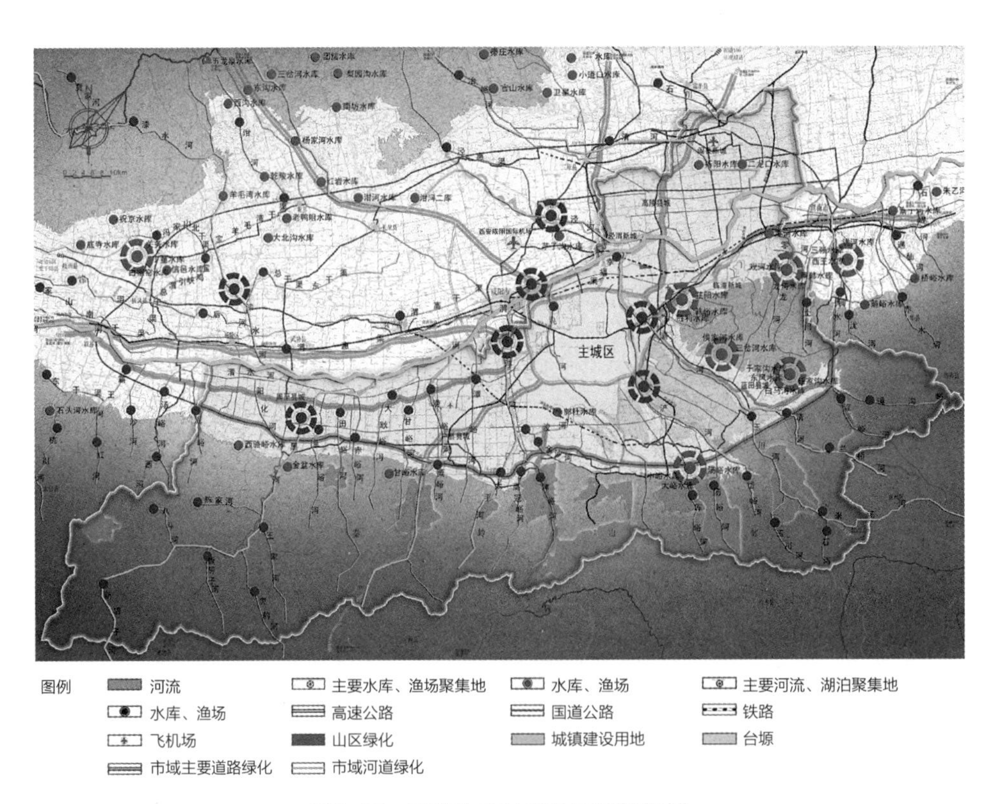

图2-32　西安生态敏感地区保护规划

［来源：西安市总体规划（2008~2020）］

2.3.3 历史文化保护

西安作为世界四大文明古都之一，具有悠久的历史，自古以来便是中华文明的主要发源地之一，先后有13个王朝在此建立都城，不为都城的时期也一直作为地区性的中心城市。作为中国首批历史文化名城，西安堪称天然的历史博物馆，保存了大量的历史文化遗存与景观，记录着中华文明发展与本地城乡的演进。这些遗存与景观作为宝贵的财富，需要被格外地珍藏。其中大型的历史遗存与景观在历次城市规划与空间形态的扩张中，都选择了针对性地保护和避让。这些历史文化遗存包括有：城建遗址、帝王陵墓、风景名胜区（图2–33、图2–34）。

（1）城建遗址

西安有着3100年的建城、1100多年的建都史，各种城建遗存丰富，记载着人居环境的变迁，其中影响西安都市区城市空间形态演变的主要城建遗址包括有大型城市遗址与宫殿遗址，各级城镇在扩张的过程中往往需要回避这些遗址，以避免因开发建设，破坏地表与地下的珍贵历史遗存，或建设格局。

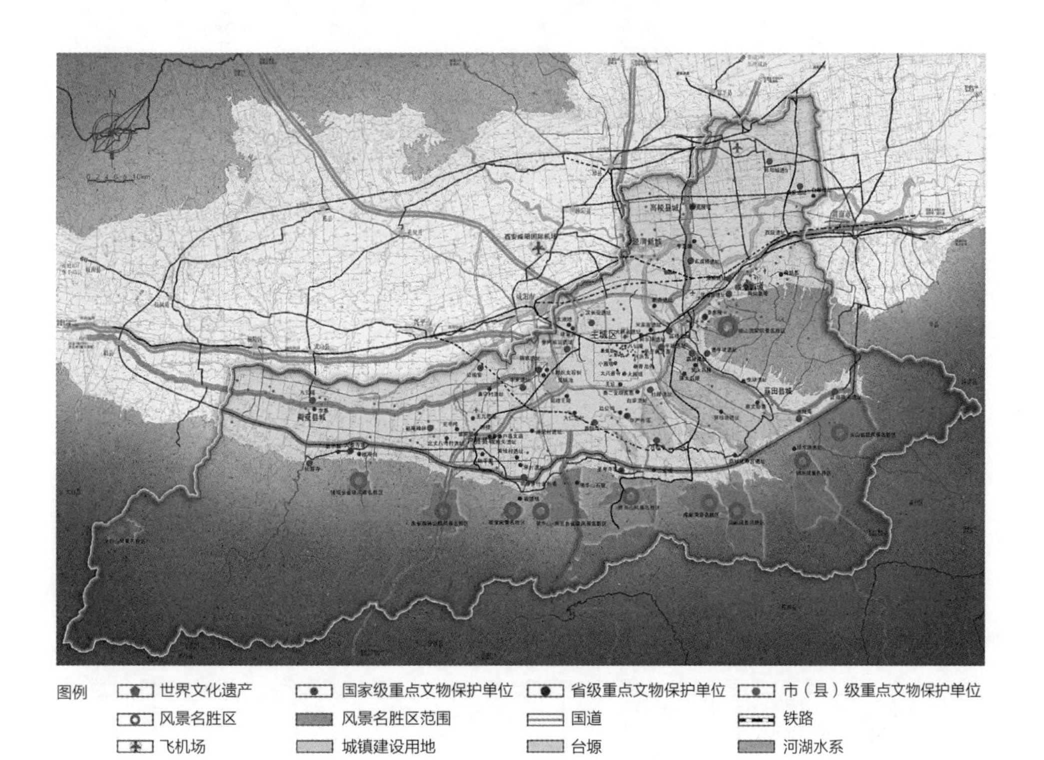

图2–33　西安市域历史文化遗存分布

［来源：西安市总体规划（2008～2020）］

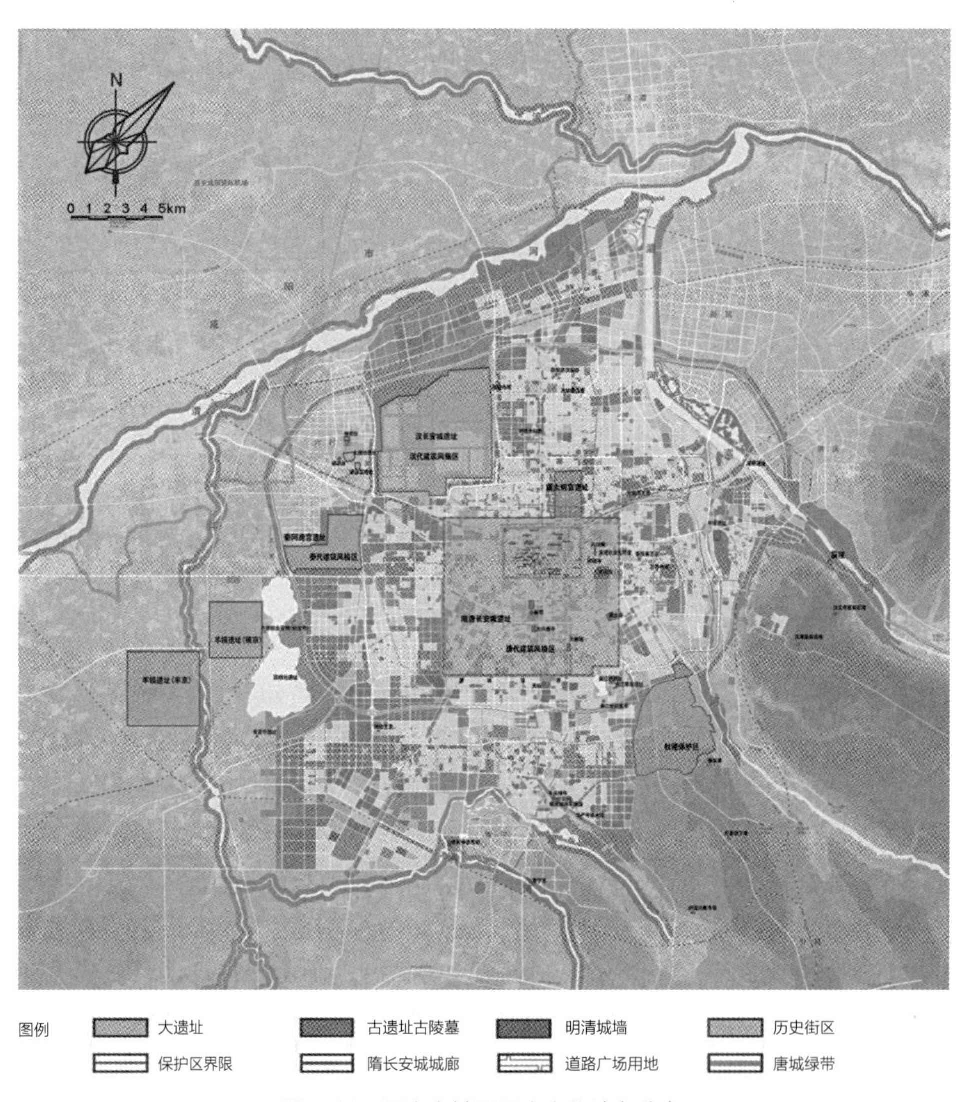

图2-34　西安主城区历史文化遗存分布
[来源：西安市总体规划（2008~2020）]

大型城市遗址主要包括有：周沣镐遗址、栎阳城遗址、汉长安城遗址、隋唐长安城遗址。

宫殿遗址包括：秦代的阿房宫；汉代的建章宫、未央宫、天禄阁、石渠阁、楼阁台、鼎湖延寿宫；唐代的太极宫、大明宫、兴庆宫、华清宫；元代的斡尔垛遗址；明代秦王府城墙遗址等。

（2）帝王陵墓

中国有着厚葬的传统，西安作为都城及区域性重要城市的时间久远，有着众多珍贵的帝王陵墓。这些墓葬往往体量巨大，地面残存着建筑遗迹与大型封土，地下保存着众多文物，有着丰富的历史价值，如：被誉为“世界第八大奇迹”的秦始皇陵，都被划定了严格的保护范围，在城镇空间形态扩张中往往被避开。这些帝王陵墓包括有：华胥陵；周穆王陵；秦庄襄王墓、秦始皇陵、秦东陵、秦二世胡亥墓；汉杜陵、霸陵、阳陵、薄太后陵、少陵、窦皇后陵；唐奉天皇帝齐陵；明秦藩王家族墓地等。

（3）风景名胜

根据2006年施行的《风景名胜区管理条例》规定，“风景名胜区是指具有观赏、文化或者科学价值，自然景观、人文景观比较集中，环境优美，可供人们游览或者进行科学、文化活动的区域，需要采取科学规划、统一管理、严格保护、永续利用的原则”。西安都市区的风景名胜区普遍拥有良好的生态环境、优美的自然和人文景观，同时具有丰富的历史文化沉积，如：楼观台与终南山是著名的道教圣地、辋川是唐代诗人王维隐居之所、骊山是唐代宫苑的一部分。因此在城市拓展中这些风景名胜区是必须严格保护的。

2.4 西安都市区城乡空间格局演变趋势与关系转型

2.4.1 西安都市区未来城乡空间格局演变的趋势

（1）2030年西安都市区城乡空间格局

汇总当前西安都市区的各个区、县、开发区的城镇规划，可以得到2030年的城乡空间格局的基本状况（图2–35），其中城镇空间为除去防护绿地的城镇用地范围，约为1900km^2，占总面积的15.8%。从规划中可以开出，西安都市区城乡空间格局将逐渐复杂。

从各类规划中可以看出，至2030年，房地产业、工业仍将作为城镇扩张的重要经济推手；作为西北地区最大的都市区，第三产业的发展将成为促进城市规模扩大的后起之秀；主城区的中心团块扩张速度明显趋缓，而以高新技术产业开发区、经济技术开发区、浐灞生态区、西咸新区、国际港务区、航天基地、航空基地、渭北工业园等新区作为城市空间形态扩张的主要区域；本地中小城镇的经济实力提升，并承担更多城市职能，各级城镇建设将会持续推进，外围城镇面积将继续增大；城镇作为增长极其“扩散效应”逐步增强，私人汽车普及与区域交通完善，逆城镇化与郊区城镇化将推动城市空间形态的区域蔓延；城镇扩张并非无序蔓延，而仍然遵循地形地质限制、自然生态保育、历史文化保护的影响因子的左右。

与此同时，整个西安都市区的乡村空间在城镇扩张中继续缩小；主城区范围

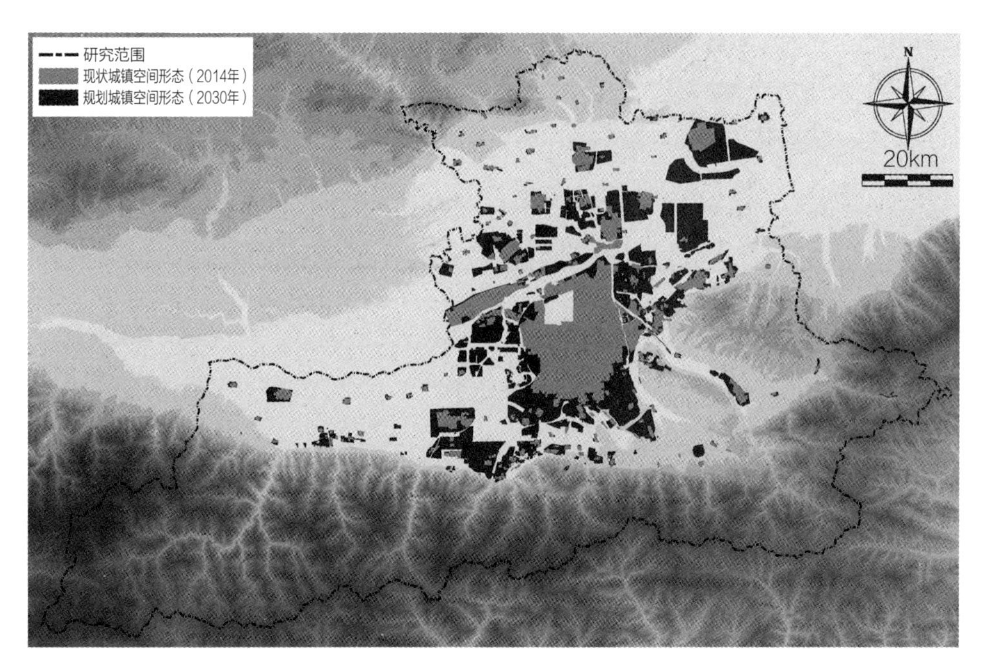

图2-35 未来西安都市区城乡空间格局演变（至2030年）
（来源：自绘）

内，中心地区所残存的“城中村”将基本消失，而城市继续扩张的地区又会出现新的“城中村”，主城区范围的乡村将不断的经历出现和消失的过程；城郊乡村空间被城镇用地穿孔、分割、穿插的现象更多，许多乡村开始处在城镇用地的夹缝中；受影响因子的作用，在城镇扩张需要回避的空间中，仍有大量乡村保留。

（2）西安都市区城乡空间格局演变趋势的预测

第一次产业革命以来，工业化作为主要动力，极大地推动着人类社会的进步。工业化引起了世界各国绝大多数城市的城镇化与城镇扩张的进程，而这些进程有着相似的规律和特征。近现代产业革命首先发源于西方资本主义国家，因此西方都市区的城镇化与城镇扩张，是世界城市发展的先行案例。以西方都市区城乡空间格局演变过程为参考系，纵观西安都市区城乡空间格局演变的过程，可以发现西安都市区城乡空间格局演变所处的阶段与未来的趋势。

自第一次工业革命开始，西方都市区的城乡空间格局演变普遍经历了四个阶段（图2-36）：第一阶段，工业革命兴起到19世纪末，工业化起步，主城区向外围单核圈层扩张；第二阶段，19世纪末，主城区与外围城镇共同扩张；第三阶段，第二次世界大战后到20世纪70、80年代，主城区扩张被限制，外围城镇持续扩张；第四阶段，20世纪70、80年代至今，城镇化基本停止，城镇用地扩张趋缓，城乡空间格局基本定型，并在局部进行空间优化。

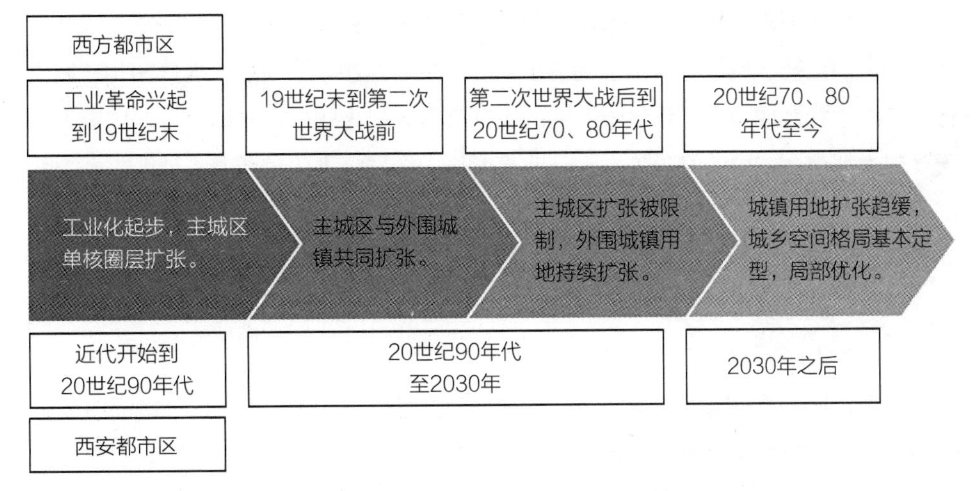

图2-36　西方都市区与西安都市区的城乡空间格局演变阶段对比

（来源：自绘）

以西方都市区的城乡空间格局演变为参考系，对比西安都市区城乡空间格局演变的阶段历程，可以看出：首先，从近代开始到20世纪90年代，西安都市区工业化缓慢推进，城乡空间格局演变一直处在西方都市区的第一阶段；其次，从20世纪90年代至2030年，束缚西安都市区城市经济发展的障碍逐步扫清，工业化快速推进，主城区与外围城镇的城市空间形态扩张加速，受主要影响因子的作用城镇用地的布局并非无序发展，整个西安都市区的城乡空间格局演变逐步进入西方都市区的第二阶段与第三阶段。

截至2020年，按照《陕西省新型城镇化规划（2014～2020年）》的预测，西安都市区人口将超过1280万人。根据《西安城市总体规划（2008～2020年）》修改工作所确定的2020年西安的城镇化为79.5%。如果2020年完成规划目标，参照西方都市区城镇化率的发展规律，从2020年到2030年之间，西安都市区的城镇化发展速度将趋缓，城镇用地的扩张速度将减慢。

综上所述，参考西方都市区城乡空间格局的发展规律，基本到2030年，西安都市区城乡空间格局的发展将进入西方都市区城乡空间格局演变的第四个阶段，即城镇用地扩张趋缓，城乡空间格局基本定型，并在局部进行空间优化。

2.4.2　西安都市区城乡关系的转型

基于前文研究的成果，自2030年左右，西安都市区城乡空间格局将趋于稳定，城乡关系将发生关系转型。

一者，城镇人口将成为都市区人口的绝对主力，并掌握着主要的财富，因此乡村发展必须依托于城镇人口巨大的需求之上。按照2020年的规划，推算2030的城镇化率，将达到八成有余，超过千万的西安都市区人口将居住在城镇之中，城镇人口无疑成为都市区人口的绝对主力，产业高度集中令城镇人口掌握着本地区主要的财富。面对大量城镇人口对于优质农产品、乡土休闲游憩、良好生态环境、差异化景观体验的大量需求，以及潜力巨大的消费能力，都市区乡村在发展中必须积极承接这些需求，进行乡村职能的耦合，对接自身产业，才能跨越式地促进乡村经济、社会、文化、人居环境的综合发展。

二者，城镇将遍布整个都市区，乡村空间大量减少与破碎，乡村景观将成为都市区中的稀缺资源，其价值突显。按照2030年西安都市区城市规划的汇总，各级城镇空间形态所占的面积约为1900km^2，占到研究范围总面积的15.8%。由于绝大部分的城镇处在平原地区，按照雷振东等[228]的测算，西安都市区平原区的乡村个数密度为0.64个/km^2，村建设用地密度11.29%（图2-37），因此，从现在到2030年，西安都市区平原地区的乡村将减少近700个，乡村建设用地的面积将减少近123km^2，城镇空间将占到平原区总面积的42.9%。同时日趋复杂的城镇空间形态将把乡村空间挤压与分割，乡村景观破碎化程度提高。在西安都市区周边，自古以来所形成关中平原沃野千里的乡村景象将日渐难寻。

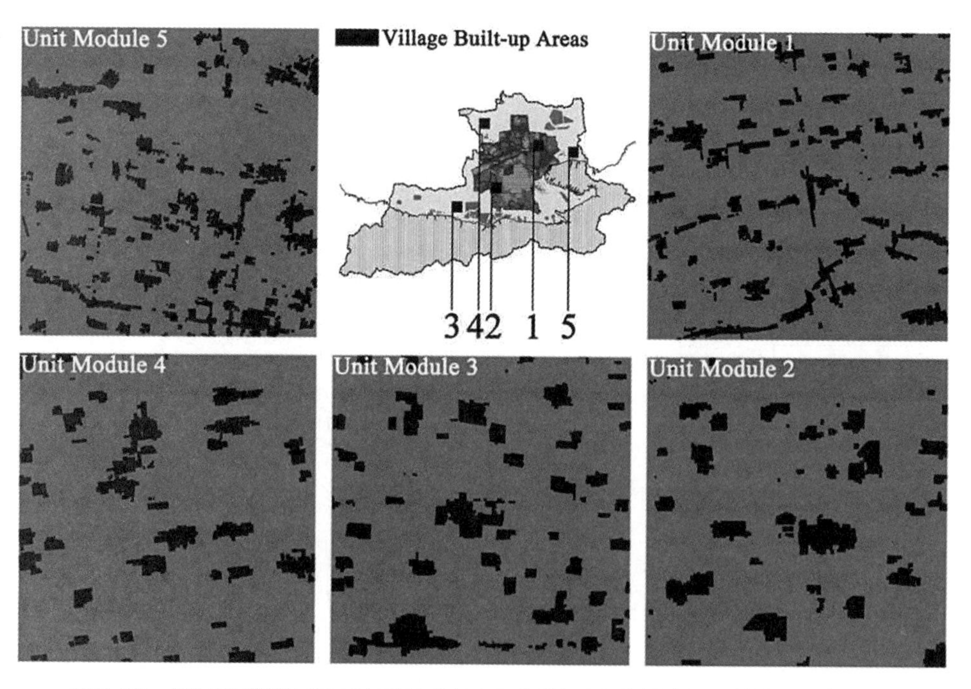

图2-37　通过取样研究2010年西安都市区平原地区中乡村建设用地的面积与比例
（来源：Zhendong Lei，Yang Yu，Jingheng Chen，Jiaping Liu. 2014）

2.4.3 西安都市区城乡空间格局演变中的四类乡村

基于上述对西安都市区城乡空间格局演变的研究，可以发现在整个过程中出现了如下四种类型的乡村（图2-38、图2-39）：

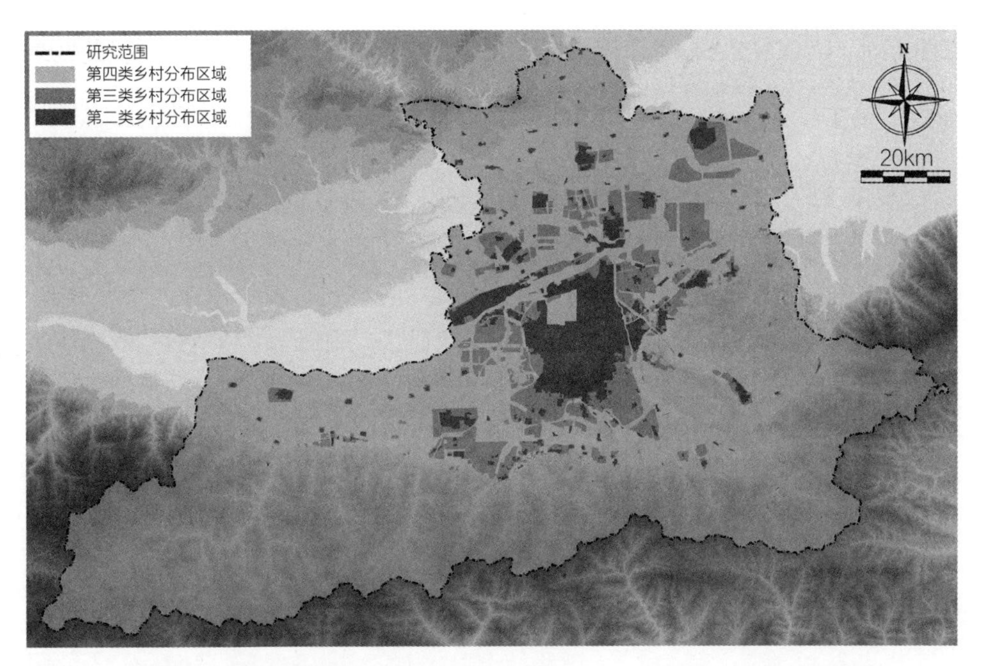

图2-38 西安都市区城乡空间格局演变中第二、三、四类乡村的分布区域
（来源：自绘）

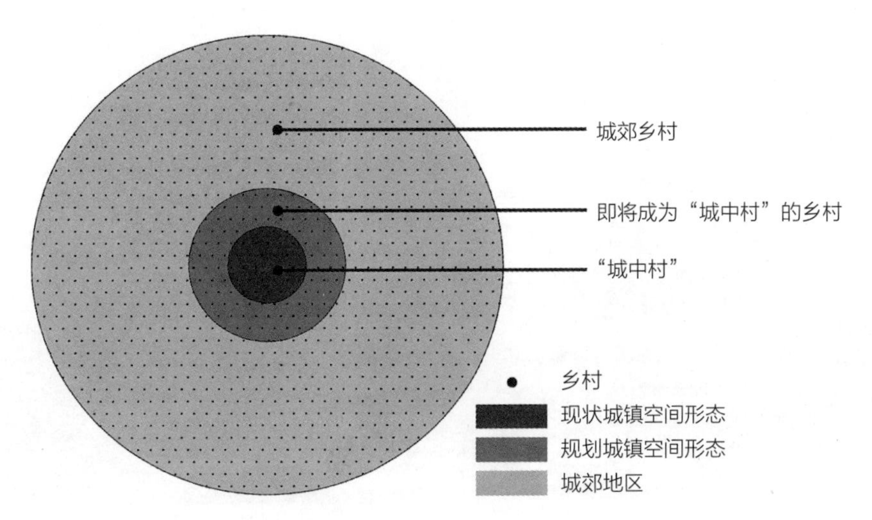

图2-39 西安都市区城乡空间格局演变中不同乡村的分布示意
（来源：自绘）

（1）已经消失的乡村

所谓已经消失的乡村是指失去乡村景观特征，彻底转变为城镇景观的乡村（图2-40）。改革开放以后，西安主城区中约有266个村落的耕地被蚕食与包围，逐步发展成为“城中村”。截至2012年，其中121个乡村湮没于城镇之中，而彻底消失（图2-41、图2-42）。在城镇空间形态扩张过程中，城市首先吞噬了周边乡村中的农用地，而保留其乡村建设用地，让这些乡村变为“城中村”。在进一步的城市发展中，随着这些“城中村”的区位条件改善，土地价值升高，通过政府、开发商与当地村民三方合作，采取房地产开发方式，利用高层建筑替换原有村民自建住房以对“城中村”进行改造，使其彻底失去乡村特征。这些已经消失的乡村主要位于区位条件较好的主城区中部。

（2）即将消失的乡村—“城中村”

该乡村类型是指当今的“城中村”，即被现在城镇空间形态所包围的，残存的乡村用地斑块，主要为小型的乡村建设用地（图2-43）。“城中村”所谓是即将消失的乡村，是因为以下两方面原因：首先，“城中村”建筑质量差，缺少基础设施，人居环境恶劣，风貌与城市景观不符；其次，随着城市的进一步发展，基础设施更新，城市空间形态扩大，这些“城中村”所处的区位条件将得到改善，土地价

图2-40 改造后的“城中村”示例
（来源：自摄）

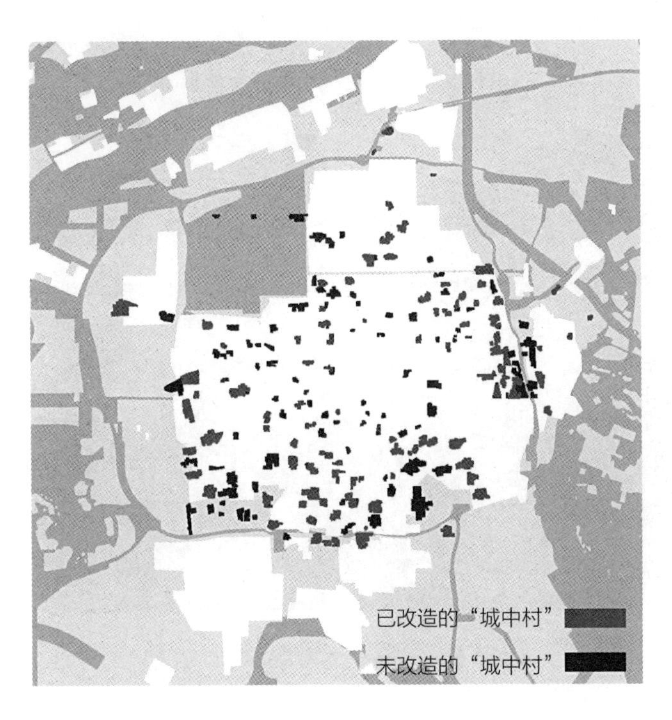

图2-41 截至2012年西安“城中村”改造情况
（来源：自绘）

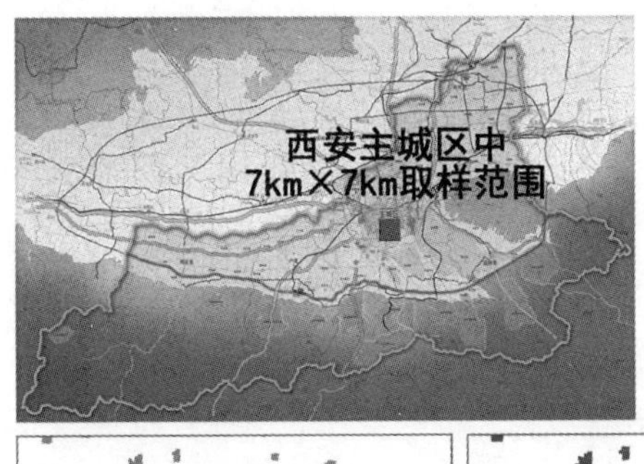

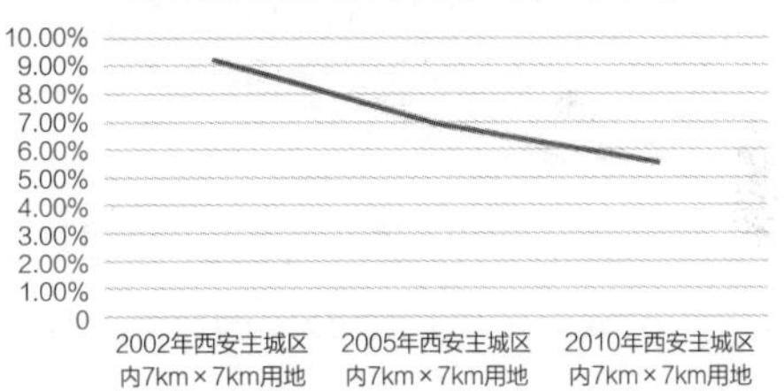

2002年西安主城区中7km×7km取样范围内的乡村建设用地

2005年西安主城区中7km×7km取样范围内的乡村建设用地

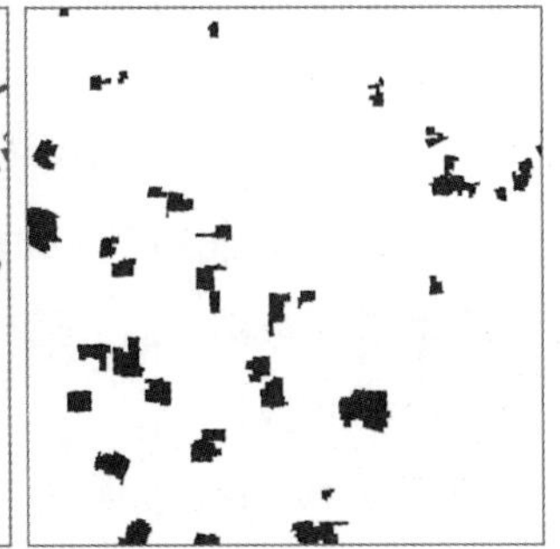

2010年西安主城区中7km×7km取样范围内的乡村建设用地

图2-42 通过取样研究2002年至2010年西安主城区中乡村建设用地的变化
（来源：自绘）

图2-43 “城中村”示例
（来源：自摄）

值升高，必然吸引资本的进入，走向以房地产开发为实质的“城中村”改造。综上所述，当今的“城中村”今后将发展成为第一类乡村，所以是即将消失的乡村（图2-44）。按照前文所述，在经历数年的城中村改造工作，截至2012年，西安主城区仍有145个“城中村”。

（3）即将成为“城中村”的乡村

第三类乡村是指位于城镇未来发展区域的乡村，即按照现行的城镇规划，处在除去防护绿地的城镇建设用地规划范围内，而当前却未被城镇空间所吞噬，仍保留有农用地、乡村建设用地、乡村自然用地等完整乡村特征的乡村。这些乡村主要位于城镇边缘区，处在当前城乡博弈的前沿，景观特征变化剧烈，伴随着城镇空间形态的扩张，未来将被城镇空间形态所包围，发展成为新的“城中村”。如果西安都市区城镇发展在2030年实现规划目标，则有将近1700个乡村，包括123km^{2}的乡村建设用地将被城镇包围（图2-45）。

（4）城郊乡村

第四类乡村是城郊乡村，根据前文所述的定义，城郊乡村是处在城郊地区，并位于除去防护绿地的城镇未来建设用地范围以外的乡村。该类乡村虽然部分目前受到城镇化与郊区化的影响，但是绝大多数的乡村在缺少强烈外部干扰的情况下，将会渐进性地发展，并会长期保持乡村特征，本书研究的主要对象是为该类乡村（图2-46）。

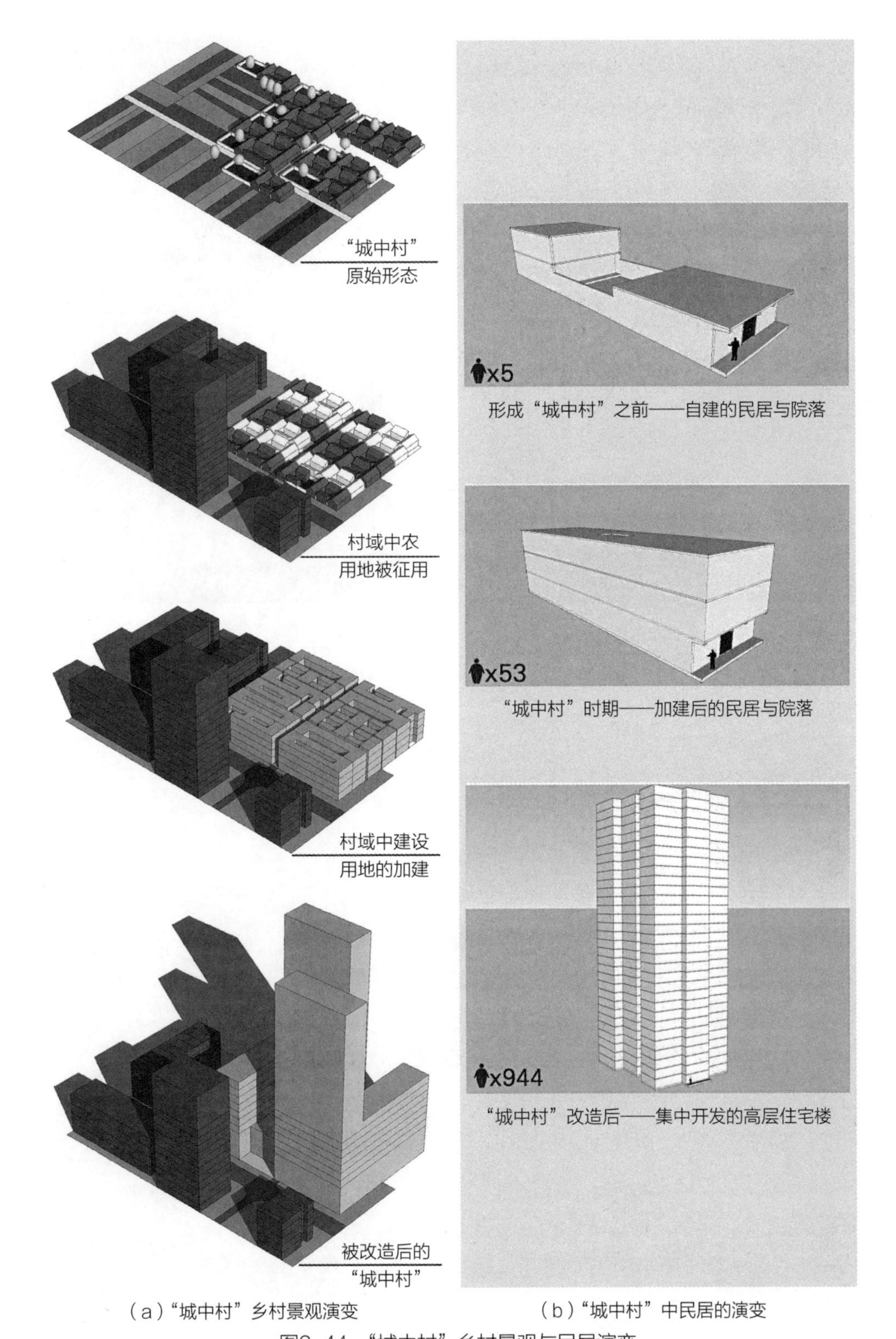

（a）"城中村"乡村景观演变　　（b）"城中村"中民居的演变

图2-44 "城中村"乡村景观与民居演变

［来源：（a）为Zhendong Lei，Yang Yu，Jingheng Chen，Jiaping Liu. 2014；（b）为自绘］

图2-45　将成为“城中村”的乡村示例
（来源：自摄）

图2-46　城郊乡村示例
（来源：自摄）

2.4.4 西安都市区城乡空间格局演变中四类乡村的发展战略

（1）不同乡村发展战略制定的原则

1）基于不同乡村类型的差异化

基于前文的分析，在西安都市区中的乡村有着不同的类型，这些乡村在城乡空间格局演变的过程中存在着不同的发展轨迹、发展现状、区域位置、本底资源等，因此在确定乡村发展战略时应充分考虑因地制宜，结合时间、空间、状态的不同，采取差异化的原则。

2）立足城乡发展现状的可行性

西安地处欠发达的中国西部地区，2012年的国内生产总值在中国15个副省级城市中排名第14位[229]，仍处于较低的发展水平，而整个西安都市区的乡村社会、经济水平则更为落后。在确定乡村发展战略时应充分立足于西安都市区的城乡发展现状，考虑产业发展水平、经济承受能力、人口消费水平、基础设施建设情况，以破解当前发展问题为入手，保证乡村发展战略的切实可行。

3）符合乡村发展趋势的前瞻性

虽然当今中国特色社会主义市场经济已经建立，但人均生产总值与生活水平较低，还要处在改革开放阶段，各项事业的发展仍需攻坚破难，解放生产力的工作将会继续。今后，中国当前“以总量扩展为目标的增长主义应当终结”[230]，“陷入长期低中等收入陷阱的风险日趋增大”[231]，城乡景观将从“粗放式增长向集约更新转型”[232]，但人民对于物质与文化的需求仍有较大缺口，社会、经济的增长速度将继续保持高位推进，对于生态修复、环境保护、文化传承、社会公平、人文关怀等的关注力度将加大。因此，西安都市区乡村发展战略是对未来发展宏观指导，应迎合中国与西安都市区的未来发展趋势，体现前瞻性原则。

（2）不同乡村的发展战略

在西安都市区城乡空间格局演变中出现了四种类型的乡村，其中第一类乡村已经彻底消失，现存的乡村有三种类型。依照乡村发展战略制定的原则，对这三种乡村的未来发展提出以下战略：

1）即将消失的乡村未来发展

该类乡村为城区中的“城中村”，当前被城镇所包围，农用地基本被城市占用，基础设施落后，公共服务设施欠缺，人口密度大，人居环境恶劣。但是“城中村”为城市提供了重要的廉价住房，往往成为外来低收入人员融入城市的“第一站”。该类乡村随着城市发展，在区位改善后，土地价值提高，必将融入城镇之中，即被“改造”，是未来“即将消失”的乡村。今后，为了促进改造的推进，将继续采取房地产开发的方式进行改造。今后的“城中村”改造应朝着以下方向发展：

第一，随着政府逐渐摆脱土地财政，政府应将减少改造过程中的实际运作行为，而应更多地负责规范引导市场行为与保障各方合法利益；

第二，开发商的构成力求多元，并保障村民的利益；

第三，西安都市区市目前的住宅地产已趋于饱和，供大于求，导致利润下降，如果仍延续原先的利用建设高层住宅来改造“城中村”的方式将难以保障各方利益，应积极探索商业、办公、公共服务等多种功能，减少住宅的比重；

第四，充分结合自身区位优势，发掘乡土文化资源，积极提升环境品质，寻求差异化竞争机遇，抛弃以单纯增大建筑面积来提高效益的开发方式，开发高附加值的房地产项目；

第五，积极提升公共服务，开展常规教育与技能教育，使得本地村民尽快融入城市，成为真正的“市民”；

第六，在“城中村”改造的同时，重视提供替代性的廉租住房，以满足原来“城中村”中的低收入人群的需求。

2）即将成为“城中村”的乡村未来发展

该类乡村是处在城镇规划未来发展用地范围之内，但仍保有大量的农用地，具有乡村特征的乡村。目前，该类乡村建设用地的容积率正快速增加，主要由以下两个原因造成：首先，村民在得知今后会融入城市，便开始进行民居的加盖，为了获取更多的拆迁补偿；其次，城市内部的“城中村”大量改造，导致廉租住房减少，低收入寻租群体向该类乡村迁移，也造成了房屋需求的增大。其次，传统的城市扩张只占用乡村农用地的土地征用方式仍在延续，城市空间形态绕过乡村建设用地快速的吞噬乡村农用地。

以上两个趋势都将导致第三类乡村成为新的“城中村”，今后又会面临拆迁改造，造成社会资源的浪费。对于第三类乡村，因采取以下发展策略：

第一，政府应在乡村附近规划建设城市廉租住房、商业与公共服务设施，与乡村出租房形成竞争，避免该类乡村成为区域中唯一的廉租住房提供地，从而导致其容积率的过度增长，人居环境恶化，增加今后的改造难度；

第二，在规划建筑与改造中，保留少量的农用地与自然用地，避免城镇空间“摊大饼”式的扩张；

第三，虽然该类乡村是未来的“城中村”，但其从属于城市的一部，承担城市功能，应改变目前的二元城乡结构体制，以城市标准，提前解决好乡村的基础设施建设；

第四，提升乡村周边的公共服务设施，配套必要的教育机构，确保乡村人口快速地融入城市，“农村人”转变为“都市人”；

第五，在住宅建筑市场发展趋缓的情况下，积极引导乡村建设用地进行多样化的房地产开发，实现效益增长。

3）城郊乡村的未来发展

该类乡村为西安都市区城郊乡村，是处在城郊地区，并位于城镇未来建设用地范围以外的乡村。目前，绝大多数的该类乡村未受到城镇扩张的强烈干扰，基本保持着乡村特征。今后，西安都市区的社会、经济与政策将出现：城镇化速度放缓、房地产市场开始转型、城镇开发边界[233-235]被确定、“存量优先”措施[236]兴起、“发展主义”开始反省、耕地与自然生态用地保护力度继续加大等趋势，将会大大降低城镇空间形态的扩张速度，进而使得城郊乡村的分布区域基本维持在本书研究所确定的范围。

随着西安都市区社会与经济的快速发展，人居环境改善，人民需求扩大，城镇的扩散效应增大的同时，城郊乡村首先将耦合都市区的新需求，从而带来产业的发展与产业结构的升级，实现乡村自身“造血”能力的提升；其次将接受更多的外界支持，都市区为其“输血”的力度将加大；再次，城镇文化的更新与扩散，和乡村文化的延续与复兴，都将使得城郊乡村成为工业文明与农业文明多元交融的地区；最后，不论是内因与外因所导致的城郊乡村社会、经济、文化的发展，都将改变乡村人居环境与乡村景观特征。

面对未来所出现的新形势，城郊乡村发展的根本战略是“多样化主动适应”，即：主动的寻求差异化发展道路，适应西安都市区需求。具体战略包括以下方面：

第一，积极耦合都市区社会、经济的需求，立足本底资源，需求差异化发展，升级乡村产业结构，为大城镇就近提供农副产品、承接休闲旅游、接纳郊区化人口；

第二，基于农业产业，延续农耕文化，并迎接城镇文化，成为多元文化交融的地区，从而将文化作为乡村发展的重要资源；

第三，维护城郊乡村中的自然生态环境，划定自然生态保护与恢复区域，为都市区提供休闲游憩地，维持区域生态平衡，提高环境的自我调节能力；

第四，如今城郊农业的生产、教育、生态价值越来越受到重视，应切实保护城郊乡村景观中的农用地，尤其是农业发展条件较好的基本农田；

第五，适应城郊乡村人口总体减少，但地区分布不均衡的特征，立足于基础设施与公共服务设施高效集中供给的原则，迎合现代农业发展的趋势，提出有差别的新型乡村聚落发展策略；

第六，面对城镇化的深刻影响，减少城镇空间的直接扩张与间接影响，积极维护西安都市区城郊乡村景观的特征，保持地域性、历史性、文化性、乡土性。

2.5 本章小结

本章首先对近代以来西方都市区城乡空间格局演变进行了梳理：

第一，按照时间维度总结出：工业革命兴起到19世纪末以及第二次世界大战后至今三个时期城乡空间格局的演变特征与演变机理。

第二，按照历史时间轴线，将近代以来的西安都市区城乡空间格局演变历程划分为：近代时期、新中国成立至改革开放前、改革开放之后三个阶段，详述各个阶段的演变轨迹，总结其演变特征。

第三，分析影响西安都市区城乡空间格局演变的因子，提出地形地质限制、自然生态保育以及历史文化保护是主要的影响因子，并会长期作用于城镇用地的扩张。

第四，结合2030年西安都市区各个城镇的规划成果，以西方都市区城乡空间格局演变作为参考系，预测与分析西安都市区城乡空间格局未来发展趋势将进入城镇用地扩张趋缓，城乡空间格局基本定型，局部优化的阶段；以此推演出2030年之后城乡关系的转型；并提出西安都市区城乡空间格局演变中出现的四类乡村及其发展战略。

本章构建起研究战略背景，即西安都市区城乡空间格局的演变导致了城乡结构的转型，在都市区中出现了四类乡村，其中城郊乡村将作为维持乡村特征的主体在今后的发展中适应都市区需求，调整自身发展战略。

第3章 西安都市区城郊乡村适应性自发展模式的类型、演变与启示

在西安都市区城镇化发展与都市区形成的过程中，城郊乡村通过自我发展，以适应城乡需求，进而产生了多种乡村自发展模式，这些模式有着各自的演变路径，存在着不同的经验与教训。

3.1 西安都市区城郊乡村整体现状研究

3.1.1 城郊乡村调研与分析方法

西安都市区的城郊乡村是本书研究的核心对象，掌握充分而真实的乡村现状后续各项研究的基础。本书研究的乡村现状调研与分析的途径是基于现有的与调查的资料数据，借助GIS技术，利用ArcGIS软件，建立城郊乡村数据库，并进行空间分析与数据统计分析，同时辅以其他资料的收集与分析，最终了解城郊乡村现状的真实情况。具体采取了以下乡村调研与分析的步骤：

（1）收集文献、遥感数据、乡村大数据等建立城郊乡村基础数据库

借助ArcGIS软件建立Geodatabase，并录入现有数据资料是调研分析的第一步。首先，相关的著作、统计数据、地方志、地图等文献作为城郊乡村的传统数据来源，其主要包括城郊乡村的社会、经济、地理、历史等方面的空间数据、属性数据，对以上数据按照不同类型进行数字化后，录入城郊乡村数据库；其次，遥感数据作为城郊乡村空间数据的一个主要部分，其中包括谷歌公司发布的谷歌地图卫星遥感影像数据、日本经济产业省和美国航空航天局联合发布的ASTER GDEM，前者主要反映土地覆盖，后者主要反映高程地貌；最后，随着信息化社会的发展，电子地图与大数据技术得到推广，在本书研究中主要运用了陕西省相关导航数据作为城郊乡村空间数据的另一个主要部分，其包括了西安都市区详细的各级路网、乡村聚落点、公共服务设施点、自然保护区、主要水系等空间矢量数据。

（2）对城郊乡村聚落点进行抽样，选择调研点

根据已经建立的城郊乡村基础数据库与统计资料，可发现当前的城郊乡村聚落点有近9000个，如果采取全面的实地考察，将会耗费大量的人力、物力，缺乏

可行性。因此，科学的办法是采取抽样的方式，选择部分城郊乡村聚落点进行实地考察。在抽样调研点的选择中，为了保证尽可能真实地反映全部城郊乡村的现状，因此依照“密集处多选，稀疏处少选”的原则，并尽量减少人为因素干扰，根据乡村分布密度，利用ARCGIS软件的“创建子集要素”功能，进行随机调研点的选择。在本书的研究中，总共随机选择出了50处城郊乡村聚落点（图3-1、表3-1）。

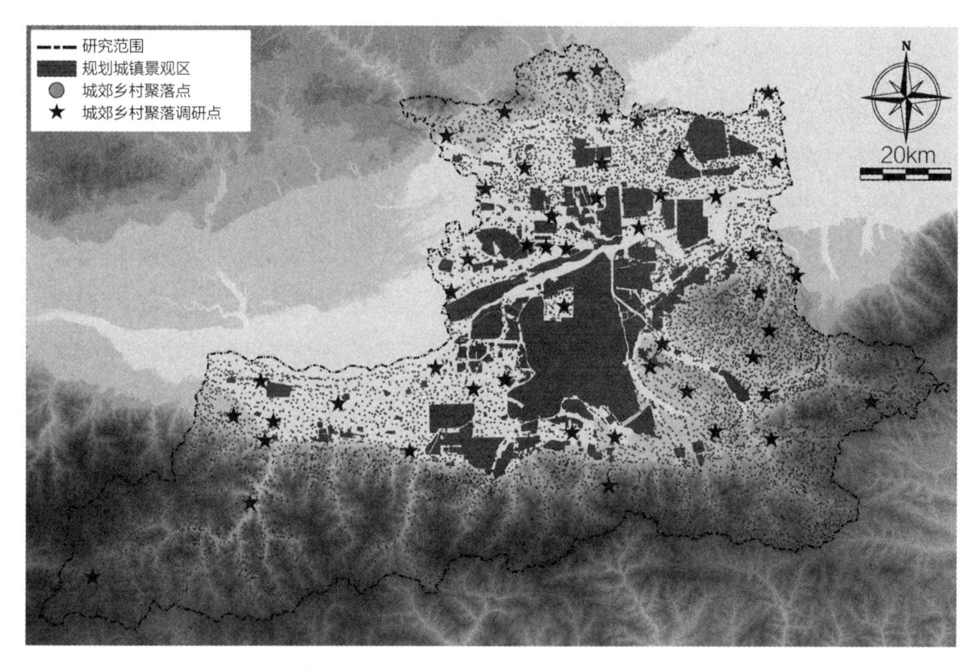

图3-1　西安都市区城郊乡村聚落调研点
（来源：自绘）

西安都市区城郊乡村调研点一览表　　表 3-1

序号	调研乡村聚落点名称	行政所属		
		市	区县	乡、镇、街道办事处
1	西查寨	西安市	未央区	汉城街道办事处
2	许赵村	咸阳市	渭城区	正阳街道办事处
3	兴隆村	咸阳市	渭城区	正阳街道办事处
4	孙家村	咸阳市	渭城区	底张街道办事处
5	克仕村	咸阳市	秦都区	马庄镇
6	夏家寨	咸阳市	秦都区	双庄镇
7	祁北村	西安市	户县	渭丰镇

续表

序号	调研乡村聚落点名称	行政所属		
		市	区县	乡、镇、街道办事处
8	显落村	西安市	户县	五竹镇
9	中丰店村	西安市	长安区	斗门镇
10	黄家村	咸阳市	泾阳县	口镇镇
11	西苗村	咸阳市	泾阳县	白王镇
12	召义屯	咸阳市	泾阳县	云阳镇
13	刘排村	咸阳市	泾阳县	桥底镇
14	河头姜	咸阳市	泾阳县	泾干镇
15	肖家村	咸阳市	三原县	陵前镇
16	塔凹村	咸阳市	三原县	新兴镇
17	高贺村	咸阳市	三原县	西阳镇
18	秦家堡	咸阳市	三原县	安乐镇
19	苟家村	咸阳市	三原县	徐木乡
20	小马村	西安市	阎良区	关山镇
21	师家村	西安市	临潼区	相桥镇
22	杨家庄	西安市	临潼区	雨金街道办事处
23	阎庄	西安市	临潼区	徐杨街道办事处
24	年家村	西安市	高陵县	通远镇
25	银王村	西安市	高陵县	鹿苑镇
26	上马渡	西安市	高陵县	榆楚镇
27	毛东村	西安市	灞桥区	席王街道办事处
28	南大康村	西安市	灞桥区	狄寨镇
29	木匠李村	西安市	临潼区	代王街道办事处
30	雎家沟	西安市	临潼区	铁炉街道办事处
31	南王村	西安市	蓝田县	三里镇
32	北苍湾村	西安市	蓝田县	金山镇
33	王义湾	西安市	临潼区	穆寨街道办事处
34	南石门沟	西安市	蓝田县	灞源镇
35	当院村	西安市	蓝田县	普化镇
36	岩子村	西安市	蓝田县	辋川镇
37	赵家	西安市	蓝田县	前卫镇
38	白家窝	西安市	蓝田县	焦岱镇
39	新街北村	西安市	长安区	太乙宫街道办事处

续表

序号	调研乡村聚落点名称	行政所属		
		市	区县	乡、镇、街道办事处
40	柳沟口	西安市	长安区	太乙宫街道办事处
41	小邵村	西安市	长安区	黄良街道办事处
42	曹村	西安市	户县	蒋村镇
43	金井村	西安市	周至县	陈河镇
44	老县城村	西安市	周至县	厚畛子镇
45	史务村	西安市	周至县	翠峰镇
46	熨斗村	西安市	周至县	马召镇
47	王家庄	西安市	周至县	马召镇
48	下三屯村	西安市	周至县	四屯镇
49	豆村	西安市	周至县	终南镇
50	上王村	西安市	长安区	滦镇街道办事处

（3）对城郊乡村调研点进行实地考察与走访

在完成50个随机调研点选择之后，进行各个乡村调研点的重点实地考察，并与当地村民进行访谈，收集乡村人口、景观、地貌、产业、土地等方面的第一手的感性与理性资料数据。

（4）将调研点数据录入城郊乡村数据库并进行分析

完成实地考察与走访后，对从50个调研点中实地收集的资料和数据进行整理，并录入城郊乡村数据库中。根据所需的不同调研方向，利用GIS空间分析技术与统计学方法，进行空间分析与数据分析，得到西安都市区城郊乡村发展的现实境况。

3.1.2 城郊乡村整体现状

（1）聚落分布

西安都市区城郊乡村聚落的分布受到本地自然地理与各个历史时期不同的社会、经济、政治境况的影响，历经漫长的演变而逐渐形成的。当前，西安都市区城郊乡村聚落点的空间分布密度不是均质性，呈现出较大的区域差异（图3-2）。

首先，城郊不同的地貌决定了城郊乡村差异化的聚落分布大格局。南部与北部山地区的地形变化大，乡村产业发展困难，乡村聚落点稀少，密度较低，并且规模

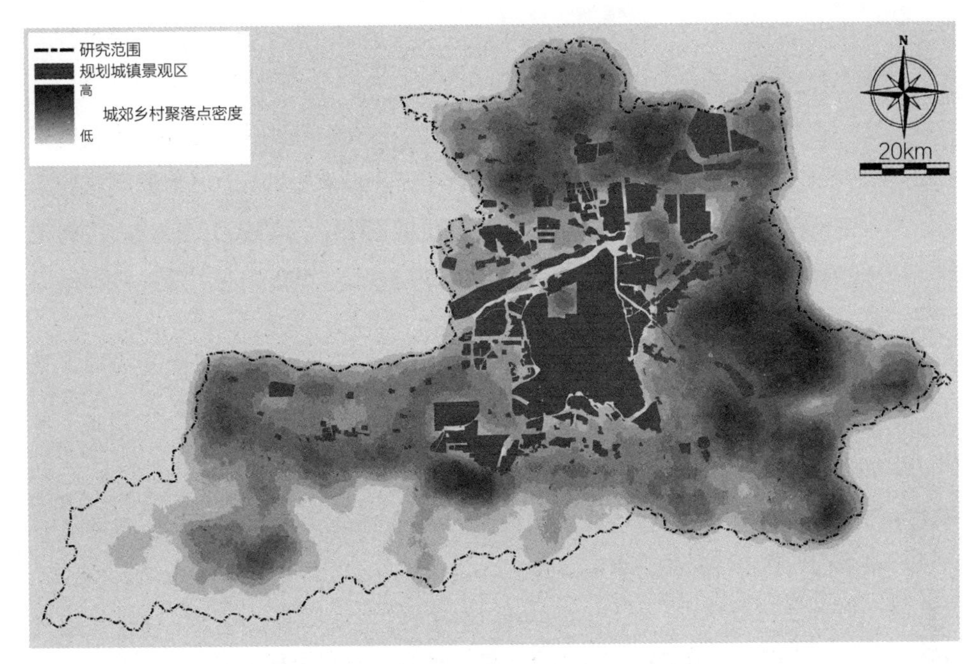

图3-2 西安都市区城郊乡村聚落点分布密度
（来源：自绘）

较少；东南部的丘陵地区，缺少平缓用地，乡村规模较小，但气候条件较为适宜，地形条件尚能发展农业，能够支撑较多的人口生存，因此该区域乡村聚落呈现规模小、数量大，密度高的特点；中部的平原区与台塬区，地势平坦，农业发展条件好，人口众多，乡村聚落的规模大，密度中等。

其次，同一地貌分区中，因不同的地形特点、区位条件、产业发展、本底资源等因素，导致了乡村聚落分布的细小差异。山地区中的乡村聚落在宽阔的沟谷中较多，在东南部的中低海拔山地区分布较多，而在西南部的高海拔与地形复杂的地区分布较少；平原中的乡村聚落，在距城镇较近的区域分布较多，在较远的地区分布较低，在南部沿秦岭边缘的平原地区分布较多，在西安市周至县与户县北部的平原地区聚落分布较少；台塬区的乡村聚落在台塬边缘分布较多，在塬面中央分布较少。

由于巨大的地貌差异与不同的区位、资源等本地因素的影响，导致当前城郊乡村聚落分布的主要问题是空间分布极为不均。

首先，为了缩小城乡差异，需要改善乡村公共服务与基础设施水平，但在快速工业化与城镇化的影响下，中国的乡村总人口在流失，因此只有“积极推进村庄整合、引导农民集中居住、扩大社区规模、改变传统农村分散居住的形态”[237]的方式，才能高效地提供以上服务与设施。然而在乡村聚落分散区域，如：东南部的丘陵地区、南北部的山地区，导致聚落集中后的农业劳作日常通勤问题与土地分配问题将成为乡村发展的难点。

其次，在城郊乡村聚落分布密集的地区，在乡村聚落集约化进程中，会有更多的乡村聚落被遗弃，此处将成为乡村“空废化”与乡村建设用地浪费最严重的区域。其中在聚落规模较大的地区，人口较多，土地紧张，随着城镇的扩展，乡村土地将进一步减少；在城郊乡村聚落规模较小的地区，限于地貌特征，集中规模难以扩大，基础设施修建困难。

（2）人口流动

快速城镇化在扩大城市规模的同时也造成了乡村大量人口的流失，根据50个乡村的实地调研结果，发现目前西安都市区城郊乡村常住人口占户籍人口的比值为70.1%，平均的人口流失比例达到了29.9%。50个调研乡村中仅有2个乡村常住人口大于户籍人口，仅占总数量的4%。

基于城郊乡村数据库，利用ArcGIS的栅格空间分析功能，对各个调研点的常住人口与户籍人口的比值进行“反距离权重”计算，得到西安都市区城郊地区乡村人口迁移情况的空间分布图（图3-3），可以发现以下规律：

第一，总体来看，距城镇密集区的位置由近及远，常住人口占户籍人口的比例逐渐下降。

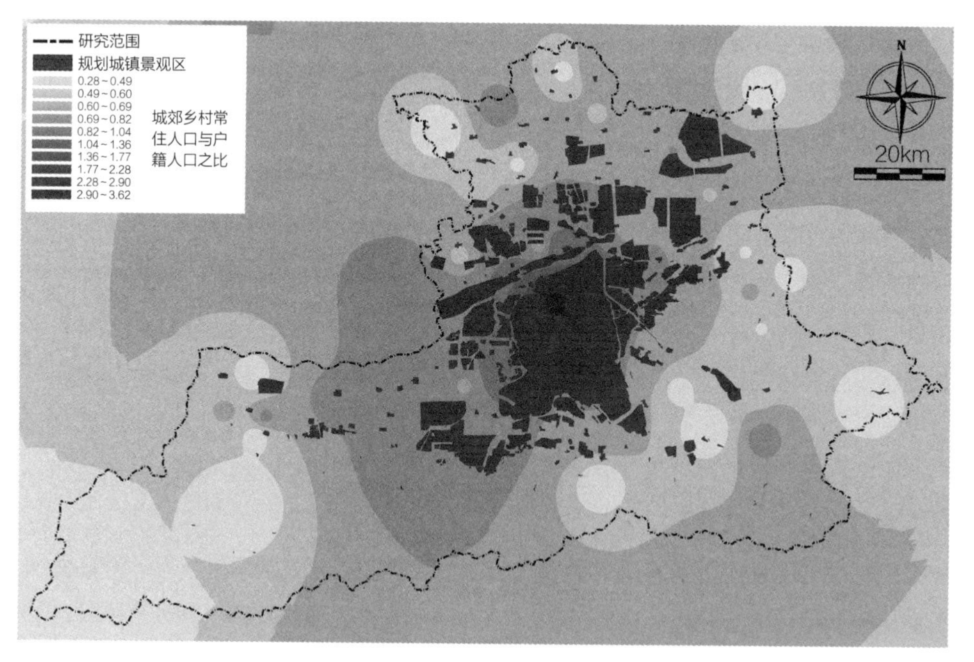

图3-3　西安都市区城郊乡村常住人口与户籍人口比值的分布
（来源：自绘）

第二，由区位与资源条件所导致产业发展困难的山地与丘陵地区，尤其是距离城镇较远的这些地区，乡村人口流失最为严重。

第三，西安与咸阳的主城区周围紧邻大遗址保护区、帝王墓葬区的少数城郊乡村，因为距离城市较近，区位条件较好，又可以长期处于城镇发展区以外，可以发展多种产业，因此具有较多的外来租住户，常住人口呈现正增长。

（3）经济产业

近代以来，尤其是新中国成立以后，工业化的推进促进了西安第二产业的快速的发展。改革开放以后，人民各方面的需求增大，第三产业异军突起。虽然受到工业化的推动，西安的第一产业整体处在增长的趋势，但其增长率远小于第二、三产业。三次产业的不同发展，使得新中国成立之前以农业为主的西安产业构成出现了结构性的变化。近年来，西安的第一产业产值与第二、三产业产值之间的差距更大（图3-4）。西安都市区整体产业的发展与结构的变化，对城郊乡村产业产生了巨大的影响。与此同时，城镇的发展与都市区的成长，以城镇作为增长极的“扩散效应”增大，为乡村产业的发展带来了新的机遇。当前，西安都市区城郊乡村各个产业存在以下发展现状：

1）第一产业

第一产业包含有农业、林业、牧业、副业和渔业。关中地区土壤肥沃，气候适

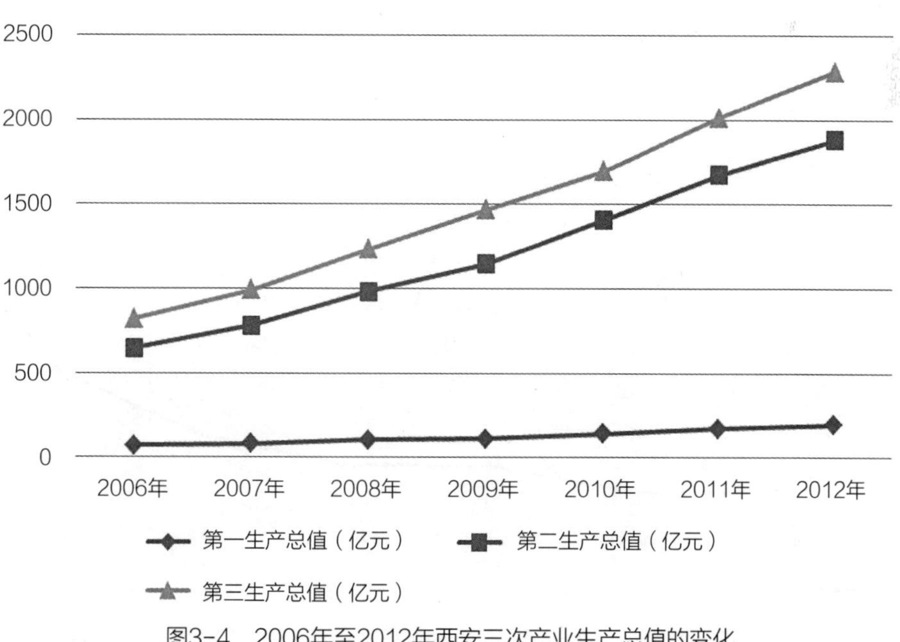

图3-4 2006年至2012年西安三次产业生产总值的变化

（来源：《陕西省统计年鉴2013》）

宜，自古以来，农业都是作为西安都市区城郊乡村主导的第一产业，因此本书的研究对于第一产业的现状发展分析主要为农业，如今城郊乡村农业的发展存在以下特征：

第一，“应用现代科学技术，并由现代工业提供生产资料和科学管理方法”[238]的现代农业开始在城郊乡村普及，机械化水平显著提高（图3–5），农业基础设施建设投入加大，农业生产力快速发展（图3–6）。

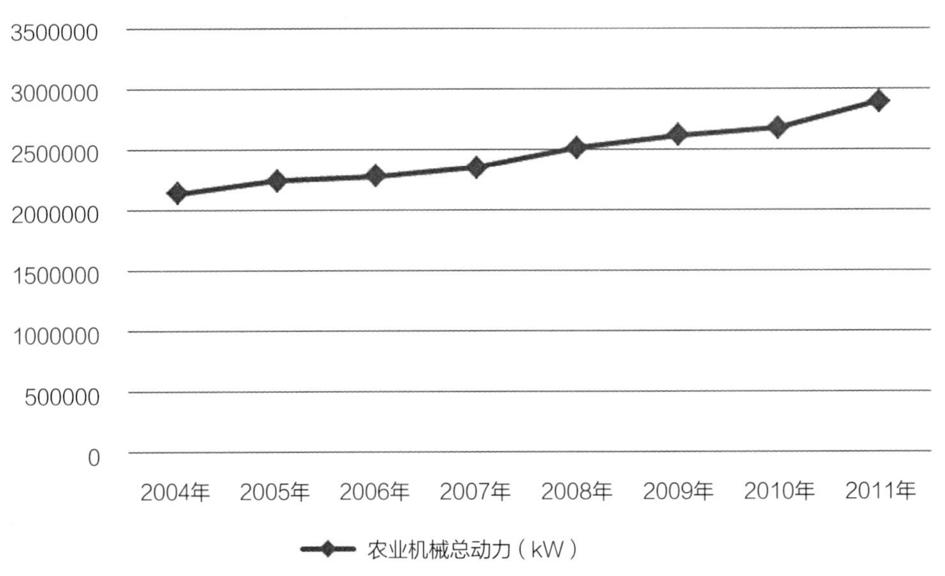

图3–5　2004年至2011年西安农业机械总动力的变化

（来源：《西安统计年鉴2012》）

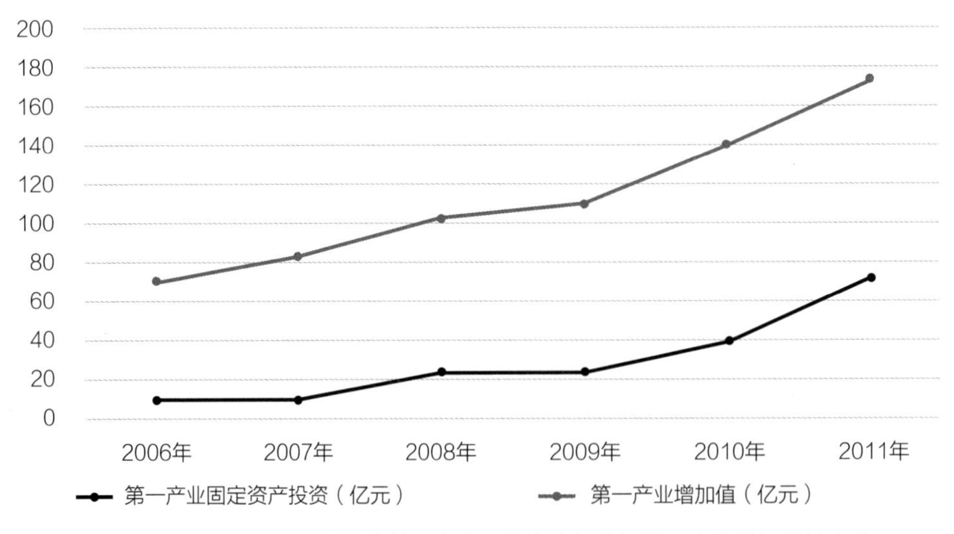

图3–6　2006年至2011年西安第一产业固定资产投资与第一产业增加值的变化

（来源：《西安统计年鉴2012》）

第二，我国在《基本农田保护条例》中提出对基本农田需要严格保护，然而西安都市区如今的基本农田保护现状堪忧，林果业、鱼塘、工矿企业等大量占用着本应作为基本农产品生产的基本农田，采矿、挖沙、取土、废弃物排放等行为也对其产生了严重的破坏。

第三，粮食种植比例迅速下降，附加值更高，迎合城镇市民高端消费的果蔬种植与城镇绿化建设的园林苗圃快速增长。

第四，部分特色优势农产品的种植出现产业集中现象，如：灞桥区的葡萄与樱桃种植、周至县北部的园林苗圃与中部猕猴桃种植、户县中部的葡萄种植、泾阳县泾河沿岸的蔬菜种植、三原县台塬地区的苹果种植、临潼区中部的柿子与石榴种植、蓝田县浅山区的白皮松种植等。

第五，过度使用化肥与农药问题严重，造成了土壤与水体的污染，农产品品质下降。

第六，农业附加值比第二、三产业低，同时伴随着城郊乡村人口整体的减少，导致优势农业从业人口流失（图3-7）。

第七，外界资本对于农业的投入正在兴起，一部分集多种功能的高科技农业产业园出现，但总体数量少、效益低，主要以赚取国家政策性扶持为主，并未符合市场规律，从而形成良性发展。

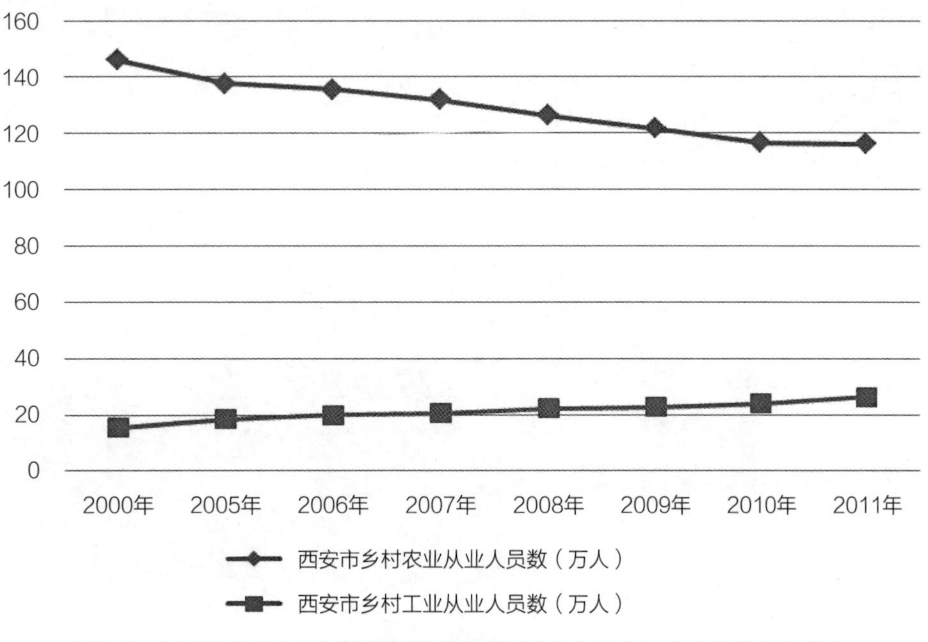

图3-7 2000年至2011年部分年份西安乡村农业与工业从业人员数量的变化
（来源:《西安统计年鉴2012》）

第八，随着都市区人民的消费水平增长，节假日数量增多，小汽车旅行方式扩大，城郊乡村中的休闲农业产业发展势头旺盛，其主要分布在旅游资源丰富，交通便利，风景优美，或种植有特色农产品的区域，如：渭河沿岸、秦岭北麓、白鹿塬地区等（图3-8）。

2）第二产业

目前，城郊乡村中的第二产业有如下发展现状（图3-9）：

（a）新型设施农业

（b）被采矿所破坏的耕地

（c）蓝田县辋川镇白皮松基地

（d）新建农业水利设施

（e）新型生态农业园区

（f）村落中的菜地

图3-8　西安都市区城郊乡村第一产业现状

（来源：自摄）

第一，改革开放初期发展起来的，遍布整个城郊地区的乡镇企业，如：农机厂、面粉厂、棉纺厂等，在当今便利的商品流通背景下，由于缺乏技术、资金以及区位优势，大多已经失去竞争力，逐渐萎缩。

第二，城镇附近的乡村，因其低廉的土地和房屋租金，在附近城镇的带动下，发展出众多小型工业，形成绕城的“乡村工业环”。

第三，受到城郊乡村人才、技术、资金的制约，其中的制造业以中小型企业为主，技术含量普遍较低，占地较大、效益不高。

第四，城郊乡村制造业的技术含量、单位用地面积的产出以及企业分布密度，与距主城区的距离成反比。

第五，快城镇化时期，西安都市区的城乡建设规模巨大，造成城郊乡村中出现大量建材企业，尤其是可以采石、挖土的山地与台塬附近，分布有大量的砖瓦窑、水泥制品厂、石灰厂等。

3）第三产业

改革开放以来，西安都市区城郊乡村中的第三产业快速发展，历经30余年，当今主要的第三产业发展有以下现状（图3-10）：

第一，交通运输业发展迅速，却带来大量的负面影响。由于货运汽车常由个体经营的特性、城郊乡村有着适合货车停放场地，以及对于农资、农产品运输的日常需求，使得以经营货运汽车为主的交通运输业成为城郊乡村重要的第三产业。伴随着经济突飞猛进，交通运输业也得到了蓬勃的发展，车辆数量、质量与载重量都在增大。然而，交通运输业的快速发展对于城郊乡村基础设施造成了严重的影响，车辆数量增多，超载现象严重，使得原本就缺乏资金，条件落后的城郊乡村道路不堪重负，路面破损严重，大量的扬尘破坏了乡村环境。

（a）采矿厂

（b）建材厂

（c）饲料厂

图3-9　西安都市区城郊乡村第二产业现状
（来源：自摄）

（a）仓储货场

（b）新型乡村游憩园

（c）传统农家乐

（d）养老院

（e）新型乡村餐饮业

（f）墓园

图3-10 西安都市区城郊乡村第三产业现状
（来源：自摄）

第二，城郊乡村的仓储业蓬勃发展，却对乡村聚落和农用地产生巨大影响。位于快速道路与城市道路附近的乡村，以及临近城镇的乡村，由于有着低廉的土地与房屋租金，便利的交通条件与区位优势，仓储业发展迅速，民居院落被作为小型仓库，乡村聚落周边的农用地分布着大型货场。仓储业使得传统乡村聚落风貌被改变，建筑体量增大，临时建筑增多，大量基本农田被占用。加之乡村地区监管不严，露天堆放的有毒害物品，对于耕地和地下水产生严重污染。

第三，服务城镇的乡村餐饮业出现，外界投资增多。近年来，在临近城镇的乡村中出现了主要服务于城镇人口的餐饮业（图3-11）。这些餐饮业主要分为两类：

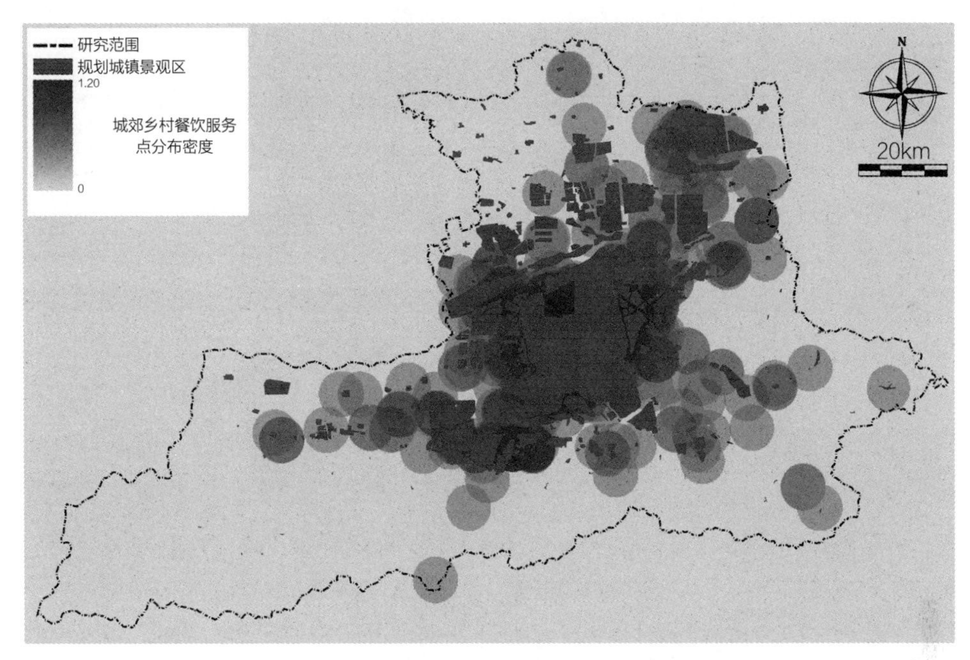

图3-11　西安都市区城郊乡村餐饮服务点的分布密度
（来源：自绘）

一类是为周边的城镇与较高人口密度的乡村服务，承担日常就餐服务；另一类是利用便利的交通条件、与城市差异化的田园景色，主打乡土风味，以吸引城镇自驾游客，其主要分布在距城镇5km范围内，临近城镇对外的主要道路，其中县级城市周边分布最多。

第四，乡村休闲旅游业成为部分城郊乡村的支柱产业，却开发过度，分布集中。从城郊乡村住宿服务点分布密度与休闲娱乐服务点密度（图3-12、图3-13），可以看出城郊乡村旅游业的分布情况，主要集中在城镇周边、秦岭北麓中段与部分峪口内、浐河与灞河两岸、白鹿塬地区、临潼区中部等紧邻自然景观与风景名胜区的地域。然而这些乡村旅游业以"点"状分布为主，连片发展不足，导致部分乡村过度开发的问题严重，节假日期间的游客接待超负荷，突破了乡村的环境承载力，生态环境恶化，乡村景观干扰严重，田园风光与乡土景色丧失。乡村休闲旅游业的发展模式单一，主要以餐饮、垂钓为主，外界资本与技术的投入仍显不足，同质化、低端化竞争严重。

第五，其他一些服务于区域的，对土地价格比较敏感，对自然环境要求较高的产业出现在城郊乡村中，如：养老院、墓园、学校、影视基地等。

（4）人居环境

近年来，新的社会、经济、政策形势，使得城郊乡村中的人居环境出现了以下几方面的发展状态（图3-14）：

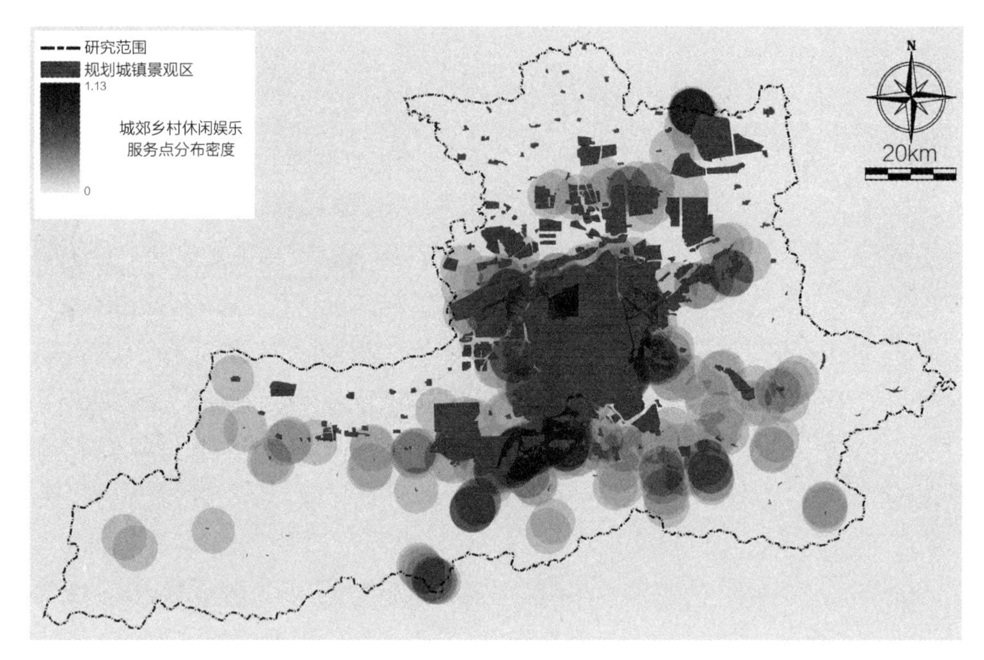

图3-12　西安都市区城郊乡村休闲娱乐服务点的分布密度
（来源：自绘）

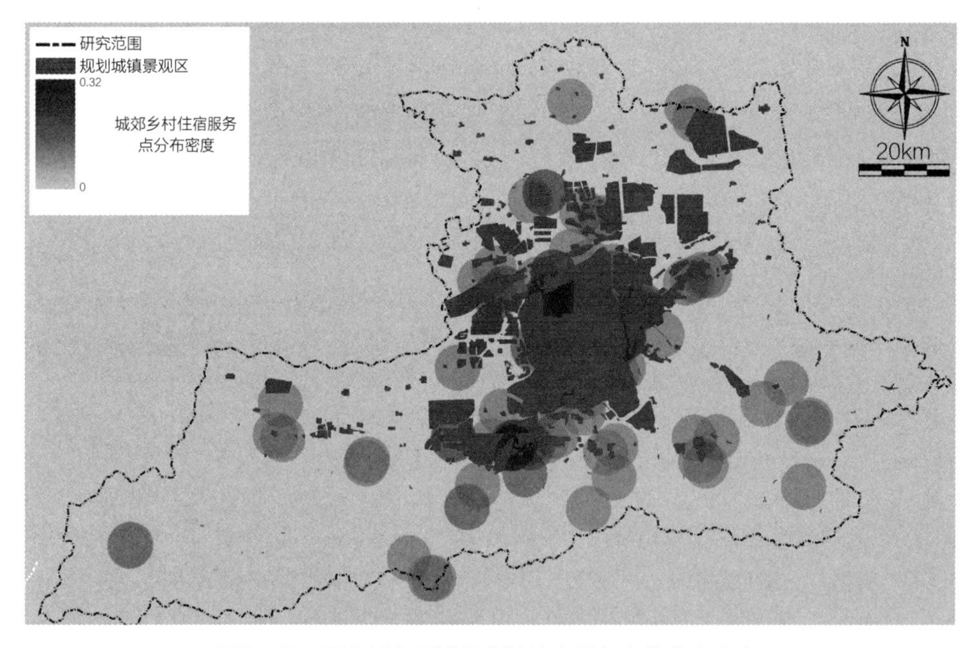

图3-13　西安都市区城郊乡村住宿服务点的分布密度
（来源：自绘）

（a）随意丢弃的垃圾

（b）废弃的宅院

（c）别墅化的民居

（d）闲置的小学

（e）无人管理的城镇型园林

（f）过剩的民居建筑

图3-14　西安都市区城郊乡村人居环境现状
（来源：自摄）

第一，人口快速增长或旅游型的城郊乡村，由于人口与游客激增，村落基础设施落后，废水与固态废弃物的排放超过乡村自然消解能力，造成村落中污水横流、垃圾如山。

第二，人口存在较大负增长的乡村，民居院落“空废化”现象严重，新建房屋过剩，造成土地的大量浪费，产生破败景象，更加剧人口背井离乡。

第三，城镇强势文化在城郊乡村地区的扩散，改变着乡村人口的价值取向，多数的新建建筑已经抛弃传统的坡屋顶造型，建筑装饰向城镇样式发展，院落中的庭院面积缩小，城镇别墅式样民居出现，村落园林绿化的规划设计也遵照城镇风格，乡村传统风貌逐渐遗失。

第四，近年来，城郊乡村中的基础设施与公共服务设施水平大幅提高，但部分设施实用性不高，未能重视乡村差异而采取的均等建设方式，使得一些人口锐减的村落，设施过度建设，使用率不高，浪费严重。

3.2 西安都市区城郊乡村适应性自发展模式的类型

3.2.1 城郊乡村适应性自发展模式的内涵与体系

（1）城郊乡村适应性自发展模式的概念

城郊乡村适应性自发展是指城郊乡村在面对城乡空间格局演变与城乡体系变动时，通过自主地调整乡村系统中的产业、人口、用地、人居环境等子系统，以适应地区需求的乡村发展。

城郊乡村适应性自发展模式是指城郊乡村适应性自发展的类型，即通过归类法，将不同的城郊乡村自适应发展，按照其程度特征与方向特征进行归类，所得到的若干个典型模式类型。

（2）城郊乡村适应性自发展模式的特性

首先是“适应性”，即乡村面对外界环境变动时的应对。而今看来，整个西安都市区的城乡体系发展，已经波及所有城郊地区，大环境的改变让每个城郊乡村或多或少地都受到影响，而采取不同的程度与方向的“适应性”发展。

其次是“自发性”，即以乡村自我为主体，进行适应性的发展。在城乡关系中，城镇是社会关注的重点，是资本、人力、技术的集中地，乡村一直被忽视，因此面对环境的变化需要适应时，乡村发展往往缺少外界的干预与指导，而是采取自愿与独立的行动去调整乡村的子系统。

最后是“模式性”，即对典型特征的归类。西安都市区城郊乡村数量巨大，并且每个乡村的适应性自发展有着不同的程度与方向，因此只有通过归类法梳理出典型的类型，才能有效地研究其演变规律与启示。

（3）城郊乡村适应性自发展模式体系

通过对城郊乡村的实地调研，了解城郊乡村适应性自发展的现状与演进，按照乡村自发展的程度与方向特征，将其进行分类，建立起适应性自发展模式的体系（图3-15）。

首先，按照乡村自发展的程度，将西安都市区城郊乡村分为缓慢演进型乡村

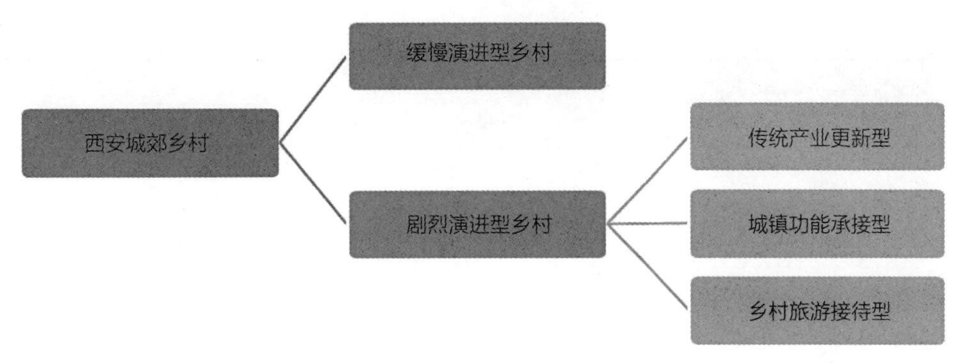

图3-15　西安都市区城郊乡村适应性自发展模式体系
（来源：自绘）

与剧烈演进型乡村。其中缓慢演进类乡村是指城郊乡村各个子系统未发生结构性变化，仍然基本延续传统，自发展较为缓慢的城郊乡村；剧烈演进类乡村是指城郊乡村的为了适应外界环境，使得乡村子系统中有一个或若干个发生了结构性的变化，改变了原有乡村发展的轨迹，自发展较为剧烈的城郊乡村。

其次，对于剧烈演进类乡村，根据实地调研的成果，按照不同的演进方向，将其划分为传统产业更新型、城镇功能承接型以及乡村旅游接待型三种类型。

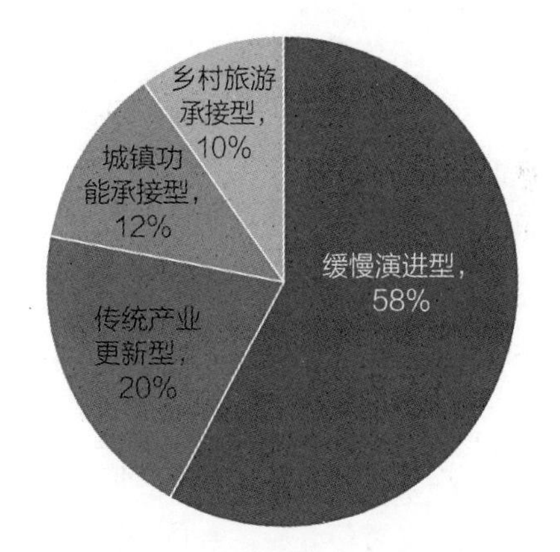

图3-16　50个实地调研的西安都市区城郊乡村中不同适应性自发展模式比例
（来源：自绘）

按照适应性自发展模式体系对实地调研的50个西安都市区城郊乡村进行分类，得出：缓慢发展型乡村29个，占总数的58%；传统产业更新型乡村10个，占总数的20%；城镇功能承接型乡村6个，占总数的12%；乡村旅游承接型乡村5个，占总数的10%（图3-16、表3-2）。

西安都市区城郊乡村调研点适应性自发展模式分类表　　表3-2

适应性自发展模式	调研乡村聚落点名称	行政区划			数量（个）
		市	区县	乡、镇、街道办事处	
缓慢演进型	孙家村	咸阳市	渭城区	底张街道办事处	29
	祁北村	西安市	户县	渭丰镇	
	显落村	西安市	户县	五竹镇	

续表

适应性自发展模式	调研乡村聚落点名称	行政区划			数量（个）
		市	区县	乡、镇、街道办事处	
缓慢演进型	中丰店村	西安市	长安区	斗门镇	29
	西苗村	咸阳市	泾阳县	白王镇	
	召义屯	咸阳市	泾阳县	云阳镇	
	刘排村	咸阳市	泾阳县	桥底镇	
	河头姜	咸阳市	泾阳县	泾干镇	
	塔凹村	咸阳市	三原县	新兴镇	
	高贺村	咸阳市	三原县	西阳镇	
	秦家堡	咸阳市	三原县	安乐镇	
	小马村	西安市	阎良区	关山镇	
	师家村	西安市	临潼区	相桥镇	
	杨家庄	西安市	临潼区	雨金街道办事处	
	年家村	西安市	高陵县	通远镇	
	上马渡	西安市	高陵县	榆楚镇	
	木匠李村	西安市	临潼区	代王街道办事处	
	南王村	西安市	蓝田县	三里镇	
	北苍湾村	西安市	蓝田县	金山镇	
	南石门沟	西安市	蓝田县	灞源镇	
	当院村	西安市	蓝田县	普化镇	
	赵家	西安市	蓝田县	前卫镇	
	白家窝	西安市	蓝田县	焦岱镇	
	柳沟口	西安市	长安区	太乙宫街道办事处	
	小邵村	西安市	长安区	黄良街道办事处	
	曹村	西安市	户县	蒋村镇	
	金井村	西安市	周至县	陈河镇	
	史务村	西安市	周至县	翠峰镇	
	熨斗村	西安市	周至县	马召镇	
传统产业更新型	兴隆村	咸阳市	渭城区	正阳街道办事处	10
	夏家寨	咸阳市	秦都区	双庄镇	
	黄家村	咸阳市	泾阳县	口镇镇	
	肖家村	咸阳市	三原县	陵前镇	
	睢家沟	西安市	临潼区	铁炉街道办事处	
	王义湾	西安市	临潼区	穆寨街道办事处	

续表

适应性自发展模式	调研乡村聚落点名称	行政区划			数量（个）
		市	区县	乡、镇、街道办事处	
传统产业更新型	岩子村	西安市	蓝田县	辋川镇	10
	新街北村	西安市	长安区	太乙宫街道办事处	
	王家庄	西安市	周至县	马召镇	
	下三屯村	西安市	周至县	四屯镇	
城镇功能承接型	西查寨	西安市	未央区	汉城街道办事处	6
	许赵村	咸阳市	渭城区	正阳街道办事处	
	克仕村	咸阳市	秦都区	马庄镇	
	荀家村	咸阳市	三原县	徐木乡	
	银王村	西安市	高陵县	鹿苑镇	
	豆村	西安市	周至县	终南镇	
乡村旅游接待型	阎庄	西安市	临潼区	徐杨街道办事处	5
	毛东村	西安市	灞桥区	席王街道办事处	
	南大康村	西安市	灞桥区	狄寨镇	
	老县城村	西安市	周至县	厚畛子镇	
	上王村	西安市	长安区	滦镇街道办事处	

3.2.2 缓慢演进型城郊乡村适应性自发展模式

西安都市区城郊中的缓慢演进型乡村是指那些不能够能积极适应西安都市区城乡经济、社会、文化大环境改变，仍然基本延续传统特性，各个乡村子系统均未发生结构性变化，整体发展速度较为缓慢的城郊乡村。根据实地调研，该类型的城郊乡村在整个城郊乡村中所占的比重最大，占到乡村调研点总数的58%（图3–17）。

（1）产业经济

传统乡村属于自给自足的经济单元，粮食生产是乡村生存的基础，该类型城郊乡村产业发展速度缓慢，仍以传统品种的农副产品生产为主，除粮食作物外，未形成大规模的特色化农副产品生产；零星存在小型工业、采矿业、仓储业、运输业和低端农家乐等非农产业；该型乡村缺少特殊的本底资源或本底资源缺乏有效利用；平均经济增速处在各类型城郊乡村中的最低水平。

（2）社会人口

在西安都市区城镇化过程中，该型城郊乡村的人口持续缩减，人口流失速度在各类型发展模式中处于最快的水平，该型乡村调研点的平均常住人口与户籍人口的

（a）民居院落与建筑

（b）闲置的乡村小学

（c）粮食作物种植为主

图3-17　缓慢演进型城郊乡村示例-咸阳市三原县西阳镇高贺村
（来源：自摄）

比为0.54；乡村人口基本为本地农民，青壮年劳动力占常住人口的比例最小，老龄化现象最为严重；乡村常住人口绝大多数在本村从业。

（3）人居环境

乡村聚落中基本为民居建筑；建筑的总体质量比其他乡村类型较差；院落的容积率较低；聚落的空废化现象严重；小学、村公所、运动场等公共设施大量闲置，使用率低；聚落中基础设施与园林绿化的维护情况较差。

3.2.3　剧烈演进型城郊乡村适应性自发展模式

（1）传统产业更新型城郊乡村适应性自发展模式

西安都市区城郊乡村的传统产业主要是指利用动植物的生长发育规律来获得产品的农业。传统产业更新型乡村是指面对都市区所产生的新需求，对于原有传统农业进行更新，寻找新的产业增长点，加强专业化、精细化、规模化的经营，提升产品附加值，进而提升乡村经济水平，促进乡村整体发展的西安都市区城郊乡村适应性自发展模式类型。在西安都市区城郊乡村调研中，该类型城郊乡村占总调研点数量的20%（图3-18）。

（a）建设良好的村委会

（b）聚落民居与园林化的街巷

（c）先进的现代设施农业

图3-18 传统产业更新型城郊乡村示例-咸阳市渭城区正阳街道办事处兴隆村
（来源：自摄）

1）产业经济

乡村产业仍以农业为主，但经营品种已经不为传统的粮食作物，而转向新型农产品种植与生产，如：园林植物、特色果蔬、林业产品、畜牧业等；乡村中有特色农业发展的本底条件，如：气候、土壤、水源等；新型农业产业经营的主体有本地村民，也有外地人；乡村中零散出现小型工业、采矿业、仓储业、运输业和低端农家乐等非农产业；个别乡村的特色农业与旅游业相结合；该型乡村的平均经济水平高于缓慢演进型乡村，却比其他剧烈演进型乡村较低。

2）社会人口

该类型城郊乡村在西安都市区城镇化过程中，人口持续缩减，该型城郊乡村调研点的平均常住人口与户籍人口的比为0.66，人口流失速度仅高于缓慢演进型乡村；乡村人口基本为本地农民，青壮年劳动力流失严重；乡村常住人口绝大多数在本村从业，乡村从业人口主要为中老年人口。

3）人居环境

聚落中的建筑绝大部分为民居建筑；由于本地农业经济收入较好，建筑质量、基础设施条件略好于缓慢演进型乡村；聚落的空废化现象严重；小学、村公所、运动场等公共设施大量闲置，使用率低；聚落中基础设施与园林绿化的维护情况较差；有些乡村聚落外围出现设施大棚、养殖场等大型农业设施，改变了传统乡村的风貌。

（2）城镇功能承担型城郊乡村适应性自发展模式

乡村所承担的城镇功能指一些原来乡村中所不曾有的，为地区性服务的，具有人口货物的集中与流动，非农性的城镇特点功能，如：工业生产、商业、物流仓储业、房屋出租、餐饮业、公共服务业等。该型乡村通过承接城镇特征的功能，产生新型乡村产业，提高乡村经济水平，推动乡村整体发展。该型乡村往往有着优良的区位条件，如：距离原料地与市场较近、位于城镇周边、紧邻区域交通等。由于区位、资金、技术、人才等多因素的限制，该型乡村的总量较少，在西安都市区城郊乡村调研点中仅占12%的数量（图3-19）。

1）产业经济

依托自有的区位、资金、技术、人才、用地等优势，农业不再作为该类乡村的主导产业，新兴的第二、三产业成为本地乡村经济的主要来源，这些产业主要包括建材制造、机械加工、农资生产、仓储物流、商贸餐饮、住房出租等。部分产业与

（a）乡村商业街

（b）养老院

（c）民居与村公所

图3-19　城镇功能承担型城郊乡村示例-西安市周至县终南镇豆村

（来源：自摄）

农业、旅游业相结合，形成互动的或上、下游的产业关系；由于新产业的附加值较原有产业更大，因此该类乡村的经济条件普遍较好。新型的乡村产业有本地投资，也有外地投资，各村比例不同。

2）社会人口

由于脱离第一产业的低附加值限制，提高了本地经济水平，乡村的本地人口流失情况较小，外来的务工与居住人口出现在乡村中，使得该类乡村人口衰减情况较弱或出现正增长。在调研中，该类乡村的平均常住人口与户籍人口的比达到了1.19，乡村人口属于正增长。该型乡村中的中青年人口的比例明显高于缓慢演进型与传统产业更新型乡村，尤其是提供房屋租赁业务的乡村，其乡村外来人口主要为中青年。乡村人口的就业地点多样化，有本村就业也有外地就业。商贸、物流、仓储、餐饮等行业的出现与发展，令乡村中日常流动人口增加。

3）人居环境

新功能的引入使得乡村用地的类型增多，人工景观的面积增大。乡村聚落中不但有民居建筑，还有基于民居改造的或新建的工厂、仓库、餐厅、商店、餐厅、养老院等。常住人口与流动人口增多，令建筑密度与容积率都有所提高，公共设施与基础设施开始出现供不应求；整个乡村景观的风貌正趋向于城镇感知。

（3）乡村旅游接待型城郊乡村适应性自发展模式

在城镇周边的生境良好地区、具有独特景观资源的地区、旅游点附近地区等，出现了乡村旅游接待型乡村。该类乡村是通过承接都市区人口的短途乡村休闲游憩活动，转变乡村主导产业，改变乡村人居环境，实现适应性都市人口需求的乡村模式。由于旅游资源的限制，该类乡村主要在秦岭山区及北侧临山平原、台塬、河流两侧地区分布较多。在50个西安都市区城郊乡村调研点中，该类乡村有5个，占到总数的10%（图3–20）。

1）产业经济

乡村旅游产业属于第三产业，附加值较高，加之国家与地方的鼓励，税收与政策倾斜，因此乡村经济普遍较好，本地居民的人均收入较高。旅游产业能带来大量的人流，往往能带动本地的相关产业共同发展，如：特色农产品生产与深加工的发展，手工业产品的制造、商品的零售等。乡村旅游业有本地投资，也有来自于外界投资的。

2）社会人口

不仅存在原有的农业产业，还增加了旅游业，因此乡村本地人口的流失较少，并且有部分的外来从业人员，乡村常住人口较多。根据西安都市区城郊乡村调研，该类乡村的常住人口与户籍人口的平均比例为1.1，远高于缓慢演进型乡村与传统

（a）乡村度假园入口

（b）乡村度假园内部

（c）出租农田

图3-20　乡村旅游接待型城郊乡村示例-西安市灞桥区狄寨镇南大康村
（来源：自摄）

产业更新型乡村，略低于城镇功能承担型乡村。该型乡村主要接待城镇短途的休闲游憩旅游，游客高峰主要集中在周末和节假日，乡村流动人口随客流量呈周期性波动。

3）人居环境

经济水平的提升，令该类乡村建设的水平与质量普遍较高；较多的常住人口与客流，使得乡村建筑密度与容积率较大。一部分乡村聚落成为重要的旅游资源，乡村聚落经过重新的规划、建设或改造，提升景观视觉效果。客流量较大的乡村，在高峰期时的基础设施与公共服务设施已显不足。

3.3　西安都市区城郊乡村适应性自发展模式的演变

借助案例研究，总结各个西安都市区城郊乡村适应性自发展模式的演变与规律。案例选择是在西安都市区城郊乡村调研点中，选取具有各自类型特征的，能够反映较为完整演变过程的典型案例。

3.3.1 缓慢演进型城郊乡村的演变

选择西安户县五竹镇显落村作为缓慢演进型城郊乡村演变研究的典型案例。该村在历经快速城镇化与都市区城镇体系发展中，未能积极适应外界环境，寻找发展机遇，提升自身经济水平，因此导致乡村内部各个系统处在缓慢的自我演进过程中。

显落村位于西安市户县东北的五竹镇，与户县县城的直线距离为8.5km，与西安市中心的直线距离为27km，与G5京昆高速户县收费站的车程约为20min（图3-21）。该村是典型的西安都市区平原区乡村，位于户县北部的渭河阶地上，村内地势平坦，南高北低。户县自古就有“银户县”之说，户县北部平原地区的土地肥沃，光、热、水资源丰富，因此显落村所处的地区是西安都市区农业条件最为优良的地区，因为长期拥有优良的农业生产条件，一直作为关中重要的粮棉产地。该村建村历史悠久，新中国成立初期还保留有明清时期的古村堡遗址（图3-22）。显落村现有216户村民，户籍人口为913人，耕地1246亩。

显落村近年来主要出现了以下适应性自发展演变（图3-23、图3-24）：

（1）产业经济

显落村的人均耕地面积1.36亩，乡村中的产业仍以农业为主，传统的粮食种植是主要的农业生产类型，粮食种植面积占到耕地面积的近八成，大田品种为冬小麦与夏玉米。

近年来，随着粮食种植的效益低，劳动投入多，通过学习外界经验，村中个别农户开始培育园林绿化植物，乡村耕地上出现少量的苗圃地。但由于园林绿化植物生产需要多年生长，目前还未开始销售，从而未获得经济收入。

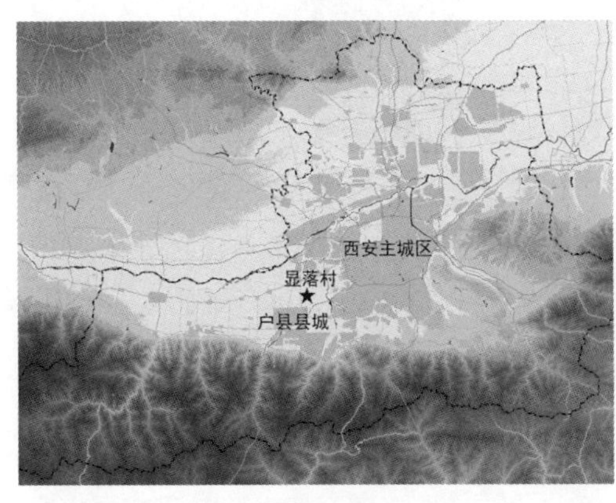

图3-21　显落村区位
（来源：自绘）

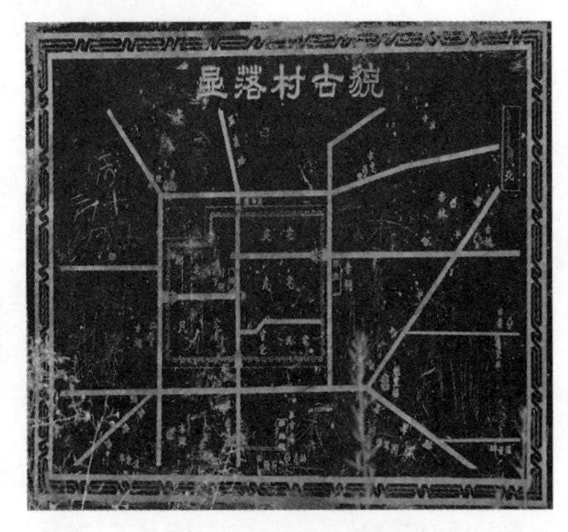

图3-22　显落村古貌图
（来源：自摄）

（a）适应性自发展之前　　（b）适应性自发展后

图3-23　显落村乡村适应性自发展演变

（来源：自绘）

（a）粮食种植为主的农业　　（b）闲置的小学与村公所

（c）大量老旧的砖木结构民居

图3-24　显落村发展现状

（来源：自摄）

（2）社会人口

乡村产业发展缓慢，农业生产效益不高，致使乡村人口流失严重，乡村老龄化严重，目前常住人口与户籍人口的比仅为0.41，约六成人口常年外出，且主要为中青年人，也有举家外迁的村民。

（3）人居环境

该村地处平原区，民居院落多为矩形，通过规整的空间组合，从而形成了方正的聚落与笔直的道路。

在经历新农村建设之后，规整的聚落更加被强化，进行了大量的乡村建设，如：修建人行道、运动场、路灯、道路绿化等，但这些新建设的维护情况较差。

落后的本地经济，使得乡村中的民居建筑整体质量不高，新建房屋明显少于其他类型村落，20世纪80年代至90年代建设的房屋近七成。

衰减的人口，使得近10年来聚落新批宅基地仅为19户，村民建房积极性不足；现有民居空置率极高，近七成；而乡村中的公共设施使用率也严重不足，小学、运动场、村公所等闲置严重。

3.3.2 剧烈演进型之传统产业更新型城郊乡村的演变

传统产业更新型城郊乡村的演变研究，选择西安市周至县四屯镇的下三屯村为典型案例。在西安都市区快速城镇化发展的过程中，该村抓住城镇对于绿化植物的大量需求，积极调整传统的农业发展类型，进行园林绿化植物的生产与销售，从而提升乡村经济，促进人居环境发展。

下三屯村位于周至县西北的四屯镇，与周至县城的直线距离4.6km，与西安市中心的直线距离为73km（图3-25）。周至自古就有“金周至”之说，该村位于周至县北部的渭河阶地上，地势平坦，土地肥沃，地下水埋藏较浅，井灌与渠灌均十分便利，农业发展条件优越。下三屯村源自于唐代黄巢起义时期，中书令王铎在周至列屯十四，作为抵抗黄巢的军事基地。

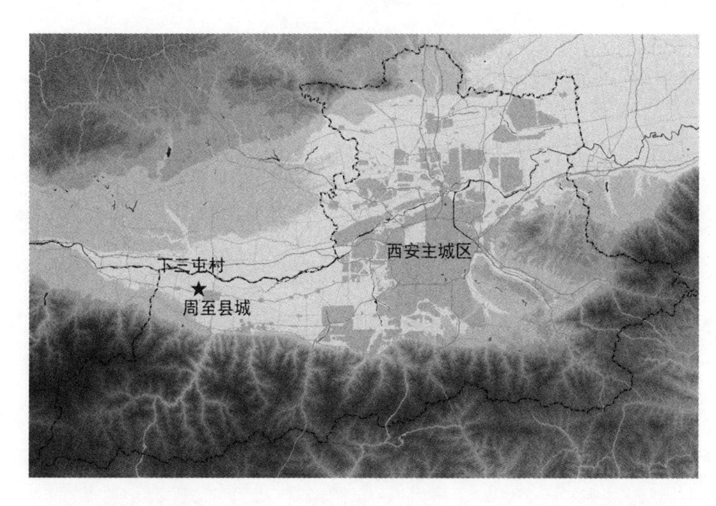

图3-25　下三屯村区位
（来源：自绘）

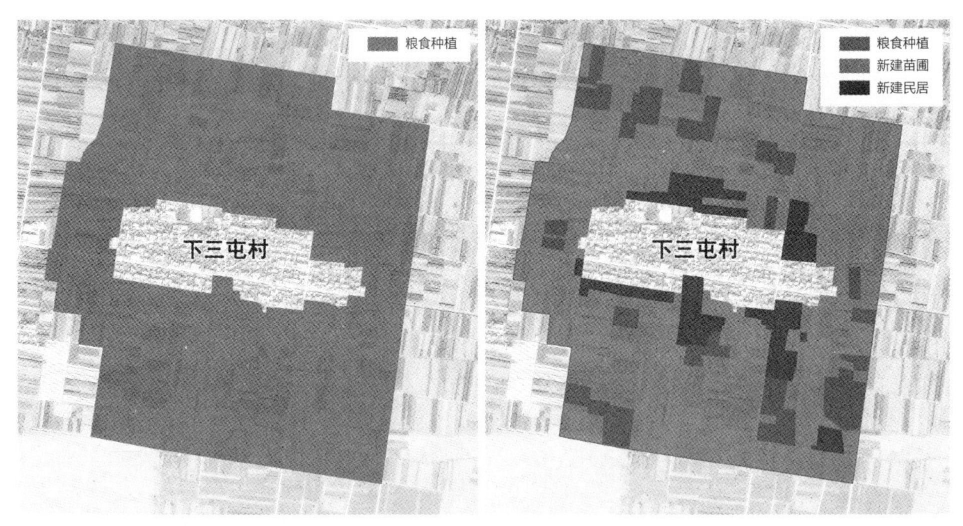

（a）适应性自发展之前　　（b）适应性自发展后

图3-26　下三屯村适应性自发展演变

（来源：自绘）

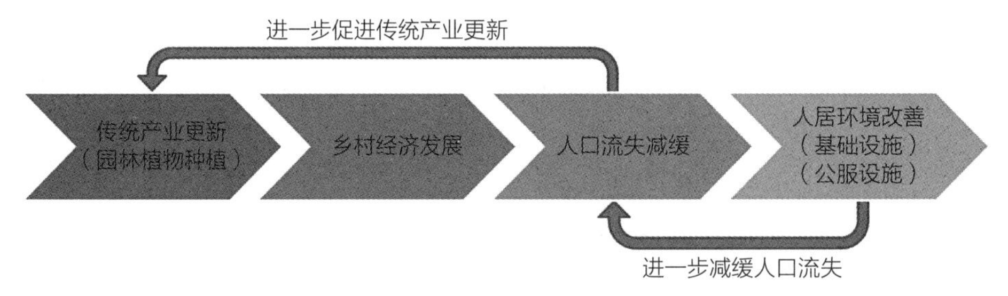

图3-27　下三屯村适应性自发展演变示意

（来源：自绘）

目前，全村共有4个自然村，14个村民小组，共825户，户籍人口3520人，总耕地面积3400亩。

下三屯村近年来主要出现了以下适应性自发展演变（图3–26～图3–28）：

（1）产业经济

该村的主要产业为农业。适应性自发展之前，农业产业类型主要为粮食种植，全部耕地基本种植着冬小麦、夏玉米或油菜等。历经适应性自发展之后，虽然支柱产业仍为农业，但如今全村近八成的耕地种植有园林绿化植物。同时农业经济发展的同时，乡村中还出现了建筑材料厂、食品厂、模具有限公司、阀门厂等小型乡村工业。

（2）社会人口

产业更新，经济发展，令乡村人口流失较为缓慢，根据调研该村常住人口与户

（a）完善的社区服务中心

（b）新建与在建的民居

（c）典型的民居

（d）充分利用的运动场

（e）园林植物种植业

图3-28　下三屯村发展现状
（来源：自摄）

籍人口的比为0.67，高于缓慢演进型乡村的平均值0.54。乡村中新型产业的生产与经营对技术水平要求高，因此村中保留有较多的中青年优势劳动力，整体劳动力的素质较高。

（3）人居环境

该村地处平原区，民居院落多为矩形，并采取规整的空间组合，形成了笔直的街巷与正交的路网。适应性自发展之前，聚落为方正的空间形态，之后，随着产业与经济的发展，村民建房实力与热情高涨，新建宅院较多，这些宅院布置在道路两侧布置，聚落空间形态延路网蔓延。

适应性自发展以来，经济提升，人口流失缓慢，使得乡村中新建与翻修的建筑与院落众多。民居院落建设和装修的质量、标准较高，体现着关中农村的审美情趣，建筑多为砖混结构，民居中主要的建筑多为灰瓦坡屋顶结构，屋脊多有装饰，墙面贴有浅色瓷片，家用的太阳能、卫星电视接收器、空调等设施配置齐全。

目前乡村中建设有一个社区服务中心，其包括一个村卫生室与小型超市。乡村中还有两个运动场地。以上设施由于有着较多的使用人口，因此能够维持着良好的运行。

乡村中的基础设施完善，全部路面均已硬化，主要道路与广场配置有路灯、垃圾箱与行道树，并且设施维护情况良好。

3.3.3 剧烈演进型之城镇功能承担型城郊乡村的演变

选择西安市未央区汉城街道办事处的西查村作为适应性自发展模式演变研究的典型案例。西查村位于西安主城区西北的汉长安城遗址区内，虽然该村距城市较近，但处在大遗址保护区的范围，因此一直未被城镇扩展所吞并。该村利用区位、交通、土地优势，改变乡村产业类型，就近承担城镇功能，引入或自主发展制造业、仓储业、房屋租赁等城镇特征的产业，从而引起乡村各个子系统的改变，成为城镇功能承担型乡村适应性自发展模式的典型代表。

西查村距西安主城区中心的直线距离为9km，距主城区边界的直线距离为2km，区位条件优越（图3-29）。西查村位于渭河阶地之上，距离渭河主河道约7km，地势平坦开阔，土地肥沃，地下水埋藏较浅，具有良好的农耕条件。

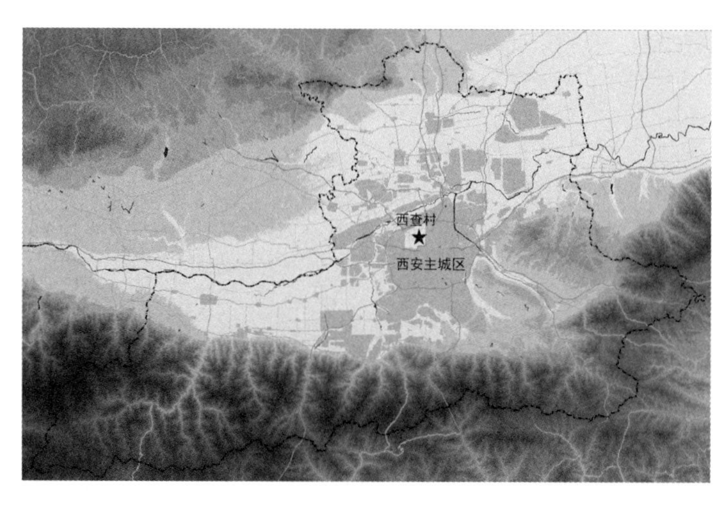

图3-29　西查村区位
（来源：自绘）

（a）适应性自发展之前　　（b）适应性自发展后

图3-30　西查村适应性自发展演变
（来源：自绘）

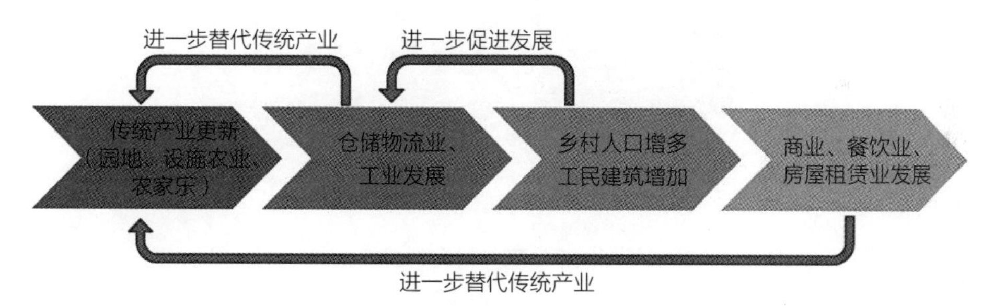

图3-31　西查村适应性自发展演变示意
（来源：自绘）

目前，西查村现有户籍人口1108人，总户数321户，总耕地面积1500亩。

随着城乡空间格局的改变与都市区的整体发展，西查村近年来主要出现了以下的适应性自发展演变（图3-30～图3-32）：

（1）产业经济

适应性自发展之前，西查村的主导产业类型为农业，以粮食种植为主，少量种植有莲藕与蔬菜。

适应性自发展开始之后，首先进行了传统产业的更新，园地、设施农业增多，

（a）乡村中心商业街

（b）新建的设施农业

（c）鱼塘与农家乐

（d）在民居中开设的小型工厂

（e）露天货场

图3-32 西查村发展现状

（来源：自摄）

粮食种植面积减小，初级农家乐出现；之后，依托距离主城区较近的区位优势、本地大量的土地与空间资源，发展制造业与仓储物流业出现，并吸引来大量人口；最后，服务大量人口的商贸餐饮业、住房租赁业也逐渐发展。

适应性自发展的过程中，乡村主导产业转变为城镇特征的制造业、仓储物流业、商贸餐饮业，以及房屋租赁业，农业成为副业。由于如今乡村的主要产业附加值较高，因此乡村的整体经济实力较强。

（2）社会人口

乡村中出现了新兴的城镇职能、可就近在城市就业、乡村整体经济实力增强，这些原因令该村本地人口流失较少，同时接纳了大量的外来人口。根据实地调研，该村常住人口与户籍人口的比达到了3.64，常住人口增长了三倍有余。在本地就业或者去附近城镇就业的外来人口，通过租赁房屋居住在乡村中，这部分人群主要为中青年的优势劳动力，虽然收入较低，流动性大，但来自全国各个地区，整体素质要高于本村村民，同时也为本地带来了新的多元文化。

（3）人居环境

适应性自发展之前，西查村建筑以民居为主，院落多为矩形，通过规整的空间组合，形成了笔直的街巷，乡村外围有大量的耕地与设施农业用地。

适应性自发展开始之后，聚落外围的大量粮食种植耕地被改为园地、设施农业用地；靠近公路的农用地被改为工厂、库房、露天货场；民居增加，乡村聚落向外为扩展，方正的空间形态被打破；人口增加，村落中心的商业街逐渐形成；经济发展，令各项基础设施开始完善。

3.3.4 剧烈演进型之乡村旅游接待型城郊乡村的演变

选择西安市长安区滦镇街道办事处上王村，作为乡村旅游接待型城郊乡村演变研究的典型案例。该村地处秦岭北麓的平原，依托本村优良的自然风光与邻近景点的区位优势，伴随着城乡人口生活水平提高，积极承接都市区短途旅游，发展乡村旅游业，实现乡村产业升级，推动乡村各个子系统的发展。

上王村地处西安市长安区中部的滦镇街道办事处，位于关中环线旁，与西安市主城区中心直线距离25km，与210国道的直线距离1.5km，与西安秦岭野生动物园的直线距离1.5km（图3-33）。该村紧邻秦岭北麓的平原地区，自然风光优美，地

图3-33　上王村区位
（来源：自绘）

势平坦而开阔，土壤肥沃，灌溉便利，农业发展条件与旅游资源条件优厚。上王村现有3个村民小组，户籍人口596人，共163户，总耕地面积720亩。

随着乡村旅游业的兴起，与都市区人口收入的增加，该村适应性自发展的演变主要有以下几个方面（图3-34～图3-36）：

（1）产业经济

适应性自发展之前，上王村的主导产业类型为农业，以粮食种植为主。

随着关中环线公路与秦岭野生动物园的修建，乡村旅游业发展的基础条件充

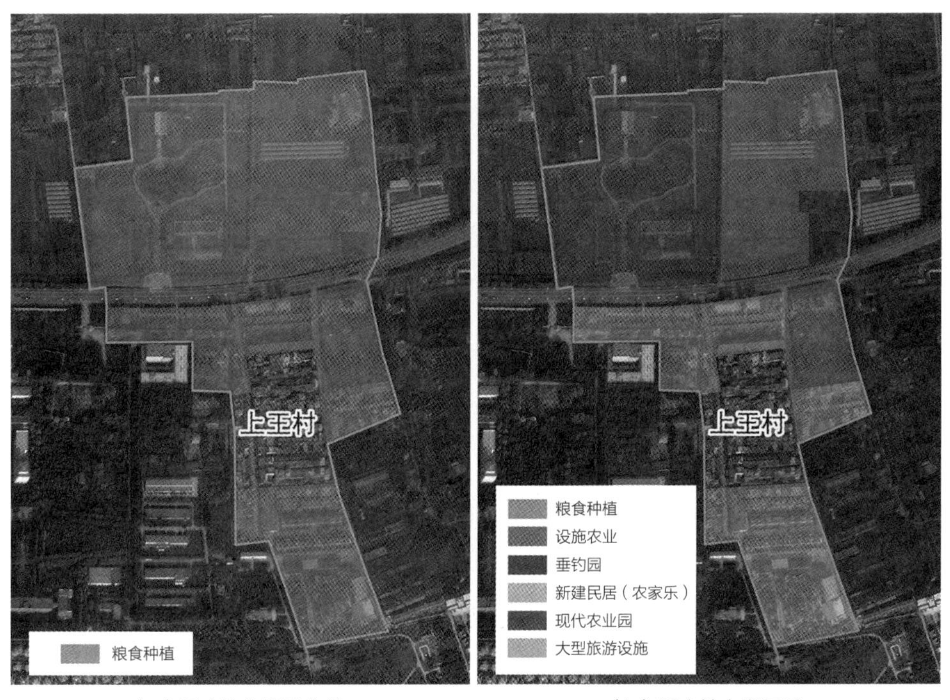

（a）适应性自发展之前　　（b）适应性自发展后

图3-34　上王村适应性自发展演变
（来源：自绘）

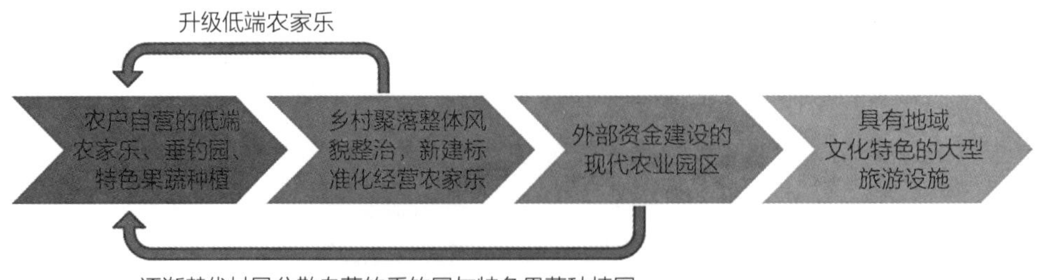

图3-35　上王村适应性自发展演变示意
（来源：自绘）

（a）乡村入口景观

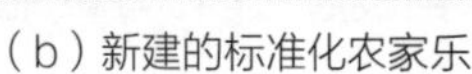
（b）新建的标准化农家乐

（c）改造后的原有农家乐

（d）现代农业园

（e）原有鱼塘改造为景观湖

（f）在建的大型旅游设施

图3-36　上王村发展现状

（来源：自摄）

值，上王村开始了适应性自发展的过程。首先，村民利用自家民居经营农家乐提供简单的餐饮与住宿，修建鱼塘提供垂钓服务；之后，发展标准化的农家乐，打造乡村旅游的品牌；再后来，引入外界资本，发展现代农业产业园，农家乐开始向外承包；最后，经过多方筹资，逐渐兴建具有地域文化特色的大型旅游设施。

适应性自发展之后，乡村主导产业由农业转变为旅游业，旅游业属于高附加值产业，极大地增强了乡村整体经济实力。

（2）社会人口

旅游业作为高附加值的服务产业，需要人与人，面对面地提供产品，决定着乡村本地人口流失缓慢，同时也吸引力着外来的从业人口，根据实地调研，该村常住人口与户籍人口的比达到了2.72。

发展乡村旅游产业，使得乡村中出现了大量的都市区的短途旅游人口，这些人流主要是利用节假日出行，呈现出周期性波动，如：夏季少，春、夏、秋季多，工作日少、节假日多。旅游者在该村中停留的时间多为半天到两天，属于短期性旅游。

（3）人居环境

适应性自发展之前，上王村的建筑以民居为主，院落多为矩形，通过规整的空间组合，形成了笔直的街巷，乡村外围大量的农业用地种植有粮食作物。

适应性自发展开始之后，首先，民居被改造为农家乐，进行了简单的装饰，农用地中开挖出了鱼塘；之后，随着新农村建设开展，乡村进行了统一的规划与设计，乡村入口兴建了“古树”样式的牌坊，延环山路建造关中民居风格的标准化农家乐建筑，新风貌设计也指导了原有民居的改造；再之后，外来资本兴建了现代农

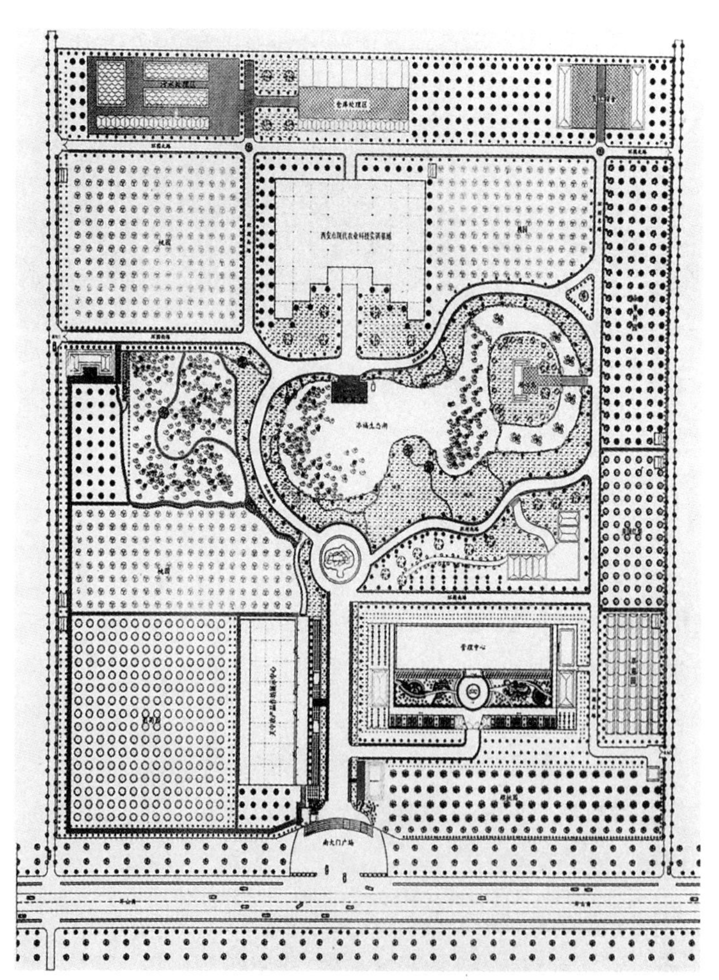

图3-37　上王村现代农业园平面图（来源：自摄）

业园，该园采取城镇园林的设计，虽然包含设施大棚、园林化的鱼塘和农田，但已与乡村风貌不同（图3-37）；最后，开始兴建大型关中风格的旅游设施建筑，体量巨大、传统风格突出，此时乡村特征的景观感知正逐渐被改变。

3.4 西安都市区城郊乡村适应性自发展模式的启示

随着都市区发展与城镇化进程，西安都市区城郊乡村所产生的各类适应性自发展模式，体现着时代的特征，包含着丰富的启示，既有成功的经验，也有制约的瓶颈。

3.4.1 城郊乡村适应性自发展模式的经验

（1）缓慢发展型城郊乡村的经验

缓慢发展型城郊乡村是适应性自发展推进得最为缓慢的乡村，虽然演进缓慢，但在发展中也存在着一些经验：

1）保护乡村基本农田

根据1999年颁布的《基本农田保护条例》，“基本农田是指按照一定时期人口和社会经济发展对农产品的需求，依据土地利用总体规划确定的不得占用的耕地”，提出了对于高产优质耕地的严格保护，以确保国家与地区的粮食安全。2008年，国土资源部又提出要划定“永久基本农田”，以限制城镇无序扩展。

该型城郊乡村在演进过程中，往往没有产生或很少产生新的产业，仍然延续着传统的农业，乡村中的用地仍以小麦、玉米等关中主要粮食作物的种植为主，而那些地势平坦开阔，水肥条件良好，高产的基本农田继续作为粮食生产之用，确保了地区的粮食战略安全。

2）维持传统景观特征

产业发展缓慢，人口流失，直接地减少了乡村景观中人工力的作用，人工景观的增长缓慢。乡村景观的土地利用与格局仍然延续传统景观特征，以农用地为主；乡村建筑的建设密度较低、体量较小、建筑样式也体现乡土特征；质朴的关中传统乡村整体景观感知仍然保留。

3）修复自然生态环境

同样因人工力作用的减少，使得乡村中的自然生态逐渐开始修复。一些坡度较大、地块狭小不利于机械化作业的耕地，与一些水肥条件不好的耕地，被逐步放弃耕种，或施行退耕还林还草措施，在自然恢复与人工恢复下，植被丰富、栖息地扩大，自然生态环境逐步修复。

（2）传统产业更新型城郊乡村的经验

该类乡村通过寻找都市区对于农产品的新需求，更新传统产业，推进乡村各个子系统的演进，实现乡村整体的发展。该类乡村在适应性自发展中有着以下的经验：

1）推进现代农业发展

“现代农业是用现代工业装备的，用现代科学技术武装的，用现代组织管理方法来经营的社会化、商品化农业”[239]。实现传统农业向现代农业的转变是该型乡村适应性自发展的主要途径。在演进中，通过分析都市区市场供需的基础上，采取新的种植与养殖技术，更新农产品的品种，采取差异化竞争的手段，打造特色品牌，提升农业附加值。这种以市场需求为导向，以商品化经营为管理，以新技术为基础，以新产品生产为方式，切实推进传统农业现代化的经验值得肯定。

2）人口与环境相协调

该型乡村在适应性自发展的过程中，乡村产业有着更新性发展，经济状况略好，人口既流失较少，也未大量激增，与乡村生态环境、基础设施、公共服务设施的承载力，维持在一个较为协调的关系。

一方面，该型乡村人口流失的情况好于缓慢演进型乡村，乡村基础设施与公共服务设施能够得到充分的利用，可以保证这些设施的充分使用与日常维护。

另一方面，该型乡村未出现城镇功能承担型与乡村旅游接待型城郊乡村的常住人口与流动人口的大幅度增长，进而造成生态环境和乡村级基础设施、公共服务设施的承载力不足问题。

（3）城镇功能承接型城郊乡村的经验

该类乡村在适应性自发展中，承接城镇的各种职能，推进乡村各个子系统的发展，在演变中有着以下的经验：

1）拓展多种乡村职能

该型乡村利用自身在区域和资源方面的优势，承担着那些集中于城镇中的某些功能与产业，拓展乡村在区域中的职能，提高乡村在城乡体系中的地位。新的产业比传统农业有着更高的生产力和较好的效益，为乡村居民带来了新领域的经济收入，摆脱了农业产能与附加值的束缚。新的多样化职能为乡村带来了更多人口，也为服务业的发展又提供了提升的空间。

2）促进各项设施提升

新的多样化职能，更多的常住人口，对乡村的公共服务设施、基础设施提出了更高的需求，原有的各项设施与服务体系难以承载，往往阻碍了乡村在城乡体系中的地位提升、产业的更新升级以及人口的维持。因此，新的需求对乡村各项设施的建设产生倒逼现象，极大地促进乡村基础设施与公共服务设施的发展。

（4）乡村旅游承接型城郊乡村的经验

1）优势的乡村旅游业

“旅游业是以旅游资源为凭借、以旅游设施为条件，向旅游者提供旅行游览服务的行业”[240]，从属于第三产业。乡村旅游业作为旅游业的一个分支，具有旅游业的性质与特征。

首先，相比于农业，乡村旅游业是服务都市区人口高层次需求的产业，经济效益较好，投入成本比较高。相比于工业，乡村旅游业具有无污染、低成本的优势。其次，乡村旅游是一项具有文化特性的活动，发展乡村旅游，需要从乡村的各个层面提升本地的文化特征。再次，乡村旅游业是一个由本地提供产品的产业，旅游者需要通过各种交通方式到达乡村，无论是周边，还是交通沿线的区域都能够被整体带动发展。最后，乡村旅游业是一个综合性的产业，涉及了旅游者的“吃、住、行、游、娱、购”六大方面，需要乡村提供多种的服务。

2）形成多产联动发展

由于乡村旅游业的综合性，需要乡村承担多种的功能，使得乡村其他产业在提供这些服务中，嵌入旅游业而寻找自身发展机遇，形成围绕旅游产业的多产联动，极大地促进了乡村各个产业的综合提升。如：部分该型乡村在发展旅游业的同时，进行传统农业的更新，积极发展现代农业，开发特色果蔬种植、观光农业、体验农业等，形成乡村旅游业和农业的相互促进。

3）促进乡村聚落改造

乡村聚落是该型乡村发展旅游业的重要旅游资源与经营场所。良好的景观感知，独特的建筑风格，便利的基础设施能够吸引更多的旅游者。从初期村民各自改造自家宅院，到中期统一民居风貌，再到最后进行聚落的整体规划、设计、建造。该型乡村一直在努力地寻求着乡村聚落的改造，极大地改善了乡村聚落的整体风貌、建筑质量、基础设施等。

3.4.2 城郊乡村适应性自发展模式的瓶颈

（1）缓慢发展型城郊乡村的瓶颈

1）乡村区位与资源条件利用不足，导致产业发展滞后。

在适应性自发展中，一部分该型城郊乡村未能充分地发掘和利用自身的区位条件与本底资源，从而造成产业更新的跟随性与盲目性较强，一方面，被动地等待其他乡村模式蔓延；另一方面，错误的定位导致产业发展的失败。

2）经济水平落后，人口严重流失，人居环境建设未能及时应对。

城郊乡村总人口的流失是城镇化发展的必然，经济水平落后使得该型城郊乡村的人口流失最为严重。然而面对乡村人口的急速减少，人居环境的规划建设未能及时地应对。乡村失败原因是综合因素所导致的，仅仅通过改善居住环境就能阻止乡村衰败的观点，却一直影响着该型乡村人居环境的规划与建设。这种观点造成该型乡村的人居环境建设存在着严重的过剩，浪费人力与物力，缺少使用与维护的环境、设施也会造成凋敝的景象。

（2）传统产业更新型城郊乡村的瓶颈

1）传统农业还未能全面转向现代农业。

该型乡村在自发展中虽然有效地推进了传统农业向现代农业的发展，在迎合市场，使用新品种，运用农业科技方面做出了进步，但是整体乡村农业的发展仍然缺少规模化生产，从业人员素质较低，人均产值较低，资本投入较少，应对市场能力不足，不能考虑市场供需关系，盲目发展，恶性竞争，难以形成区域合作关系等一系列传统农业遗留下来的问题，距离全面的现代农业还有很大距离。

2）经济发展与人口流失，使得民居建设严重过剩。

一方面，产业更新促进乡村经济增长，村民建设民居的热情高涨。另一方面，乡村人口的持续流失，造成民居的使用率低。这两方面原因共同造成了乡村民居建设出现了最为严重的过剩现象，建筑的使用率低。超量的建设引起资金的大量浪费，当出现产业发展困难，或产业继续升级更新的时候，资金难以为继。

（3）城镇功能承接型城郊乡村的瓶颈

1）农用地破坏严重，基本农田被转为它用。

依托区位优势，该型乡村在适应性自发展中，所利用的主要自身资源是廉价的土地、建筑等空间资源，承接大量对空间需求较大的产业。因此在产业发展过程中，对于乡村空间的占用极为迅速，尤其是更易获取和方便使用的平坦农用地。

2）乡村生态环境与基础设施的负担过重。

人口与非农产业在该型乡村中逐渐增多与集中，废渣、废水、废气的排放量增大，传统乡村的基础设施薄弱，缺少污水处理、垃圾转运、废气治理等设施与管理体系。未经处理的废弃物大量排向外界环境，引起乡村生态环境的急剧恶化。

3）新兴产业与居住混杂，人居环境恶化。

该型乡村中新兴的产业，常利用民居中的建筑与院落开展经营，小型工厂、库房与居住混杂，机器、车辆、人员所产的大量噪声、异味、粉尘等严重影响乡村人口居住环境。

4）人工力增强造成乡村景观特征丧失。

开发建设、人口集中、产业集聚等，都令乡村景观中的人工力增强，经营景观与自然景观持续减少，植被减少，栖息地缩小，乡村景观良好的自然生态环境，优美的乡土景观感知均已遗失殆尽。

（4）乡村旅游承接型城郊乡村的瓶颈

1）旅游接待量盲目发展，超出生态环境与基础设施的承载力。

西安都市区城郊地区的乡村旅游逐步起步，优质的乡村旅游点较少，对于这些乡村旅游地市场处于“供小于需”的状态。春、夏、秋三个季节的节假日，乡村旅游业发展较好的该类城郊乡村，往往客流量较大。为了获取更多收益，乡村盲目地扩大旅游接待量，所产量废弃物、人类干扰，已经超出了乡村环境与基础设施的承载力，造成自然生境破坏与，废弃物超标排放。

2）过度开发，造成乡村景观特征丧失。

同理，乡村为了接待更多的旅游人口，获取更多经济收益，进行了过度的开发建设，使得原有乡村景观特征丧失，人工建设增多，经营景观与自然景观急速减少，乡土风貌丢失，与城镇的差异化缩小，进而无法满足今后城镇人口寻找与城镇差异化的乡村体验需求。

3）缺乏长远的产业发展计划。

从该类乡村的演变中可以看出，乡村所发展的旅游业，常处在一个被动适应市场的过程中，绝大部分乡村的创新力不足，总是简单模仿某一时期的成功案例，缺少长远的产业发展计划，缺少引导市场能力，缺少特色产业的打造，在市场转型的过程中总有衰败的乡村。

4）拼贴式的建设，缺乏统一长远的规划。

被动适应市场，产业发展缺乏长期的计划，进而导致乡村缺少一个统一而长远的物质空间规划，乡村中的各种建设一直处在修修补补的“拼贴式”发展，一次次的整治与翻建，导致大量的人力与物力的浪费，乡村空间环境混乱，乡村景观感知不断变化，人居环境逐渐恶化。

3.5 本章小结

本章是对城镇化进程以来，尤其是快速城镇化与都市区形成以来，西安都市区城郊乡村在适应外部环境改变，自主地调整乡村各个子系统，实现乡村发展的总结与梳理。

首先，通过收集文献、遥感数据、乡村大数据等资料建立西安都市区城郊乡村基础数据库；基于“密集处多选、稀疏处少选”的原则，利用ARCGIS随机选择出

50处城郊乡村聚落调研点；并对调研点进行实地考察与走访，收集第一手的感性与理性资料数据，并录入数据库；基于数据库与其他资料，分别对西安都市区城郊乡村的聚落分布、人口流动、经济产业、人居环境的现状进行整体性分析研究。

其次，针对西安都市区城郊乡村面对城乡环境改变，所出现的千差万别的发展现状与历程，提出需要通过归类法，建立起体系，以方便研究工作的开展；因此按照乡村自发展的程度与方向特征，将其进行分类，建立起适应性自发展模式的体系：即包括缓慢演进型与剧烈演进型，其中剧烈演进型分为传统产业更新型、城镇功能承担型以及乡村旅游接待型四种类型；并从社会人口、产业经济、人居环境三个方面，描述出每种城郊乡村类型的特征。

再次，分别以显落村、下三屯村、西查村、上王村作为缓慢演进型、传统产业更新型、城镇功能承担型、乡村旅游接待型的典型案例，梳理出适应性自发展期间，乡村在社会人口、产业经济、人居环境三个方面的演变。

最后，基于城郊乡村适应性自发展的特征与典型案例研究，分别总结每个类型的城郊乡村，在适应性自发展中所形成的经验与瓶颈。

第4章 西安都市区城郊乡村景观典型类型与快速城镇化时期演变

在西安都市区城郊中的乡村景观，受多种因素影响，产生了空间异化现象，通过总结与调查，归纳典型乡村景观类型，并分析研究其在快速城镇化时期的演变特征、规律与动力。

4.1 乡村景观的内涵

4.1.1 景观的概念

在中国，景观在《说文解字》中的解释为："'景'，光也，'观'，谛视"❶。在西方，景观一词最早见于希伯来语的《旧约全书》中，其描述圣地耶路撒冷的美景，由此可见中西方对于景观最初的含义均有景色、感受之意。19世纪，德国地理学家洪堡德（Humboldt）首先对景观赋予了地理综合体的含义，此后景观成为了地理学一个重要研究问题。美国地理学家理查德·哈特向（Richard Hartshorne）将景观最初的含义与地理学中的新含义描述为："作为感觉的景观到引起感觉的物体的转变"[241]。1939年，德国生物地理学家特罗尔（Corl Troll）提出将景观概念拓展到生态学领域，创立了地理学与生态学的交叉学科，即景观生态学，并在1971年将景观高度概括为："综合了地理圈、生物圈、智慧圈的人为事物的人类生活空间的总空间和可见实体"[242]。1986年，福曼（Forman）与戈德（Godron）在其著名的《景观生态学》一书中，将景观定义为"一个几公里宽的，处在相互作用的生态系统中的异构土地镶嵌体"[243]。1997年，肖笃宁等在综合各家观点的基础上，从景观生态学角度给定了景观的定义为"景观是一个由不同土地单元镶嵌组成，具有明显视觉特征的地理实体；它处在生态系统之上，大地理区域之下的中间尺度；兼具经济、生态和文化的多重价值"[244]。

风景园林学属于工程技术类学科领域，在借鉴地理学、景观生态学等理论学科的研究基础上，结合自身理论基础与工程实践特征，进一步丰富景观概念。作

❶ [东汉] 许慎:《说文解字》,[清] 陈昌治刻本。

为人居环境科学分支的风景园林学，将景观理解为一个作为人居环境的，处在生态系统中，受人类干扰影响，具有视觉特征与人类感知的土地及土地上的空间和物体所构成的综合体。在宏观尺度，景观具有自然地域综合体的内涵；在中观尺度具有土壤异质镶嵌体的内涵，在微观尺度具有物质实体的内涵，以及各个尺度都所都包含的“人类感知与表达”[245]，本书的研究重点讨论中观与微观尺度的景观。

4.1.2 乡村景观的概念

对于乡村景观的解释，不同学者与组织从各自学科背景角度提出了差异化的定义。刘黎明认为乡村景观“是乡村地域范围内不同土地单元镶嵌而成的复合镶嵌体”[246]。王云才对乡村景观的定义是“具有特定景观行为形态和内涵的景观类型，是聚落形态由分散的农舍到能够提供生产和生活服务功能的集镇所代表的地区，是土地利用粗放，人口密度较小，具有明显田园特征的地区”[247]。陈威认为乡村景观是“乡村地区人类与自然环境连续不断相互作用的产物，包含了与之有关的生活、生产和生态三个层面，是乡村聚落景观、生产性景观、自然生态景观的综合体”[248]。全国科学技术名词审定委员对乡村景观的定义是“乡村地区的农田及村庄、树篱、道路、水塘等类型组合特征，是乡村经济、人文、社会、自然等现象的综合表现”[249]。

从以上学者与组织的观点可以看出，乡村景观是相对于城镇景观提出的，其包含有以下几个内涵：首先，从地域角度理解。乡村景观是乡村地区的景观，位于城镇建成区之外；其次，从人工影响强度理解。乡村景观所受到的人工影响强度是介于城市景观与纯自然景观之间的。最后，从乡村景观构成上理解，乡村景观是由乡村中的“乡村聚落景观、乡村经济景观、乡村文化景观和自然环境景观构成的”[250]。

立足于风景园林学角度，本书将乡村景观定义为：处在乡村地区，受低强度人工影响的，具有乡土田园视觉特征与人类感知特征的土地及土地上的空间和物质实体，是乡村地区中人工景观、经营景观以及自然景观的综合体。

4.1.3 城镇景观与乡村景观的差异

城镇景观与乡村景观有着不同的形成与演变过程。城镇景观基于非农产业、社会政治、人类聚居以及精神需求而产生，高度聚集着社会的人口、财富与文化，深受利益协调、资本运作、审美情趣等活动的深刻影响，因此城镇景观由自上而下的多项规划设计所控制与安排，其演变过程集中地体现着人工力。乡村景观主要是诞生在第一产业之上，是人类依附于自然，并与自然和谐相处的体现，受人工力与自然力共同作用，因此被赋予更少社会功能的乡村，各项景观要素的形成与演变，更多的基于实用主义，有着功能至上、经济节约的特征（图4–1）。

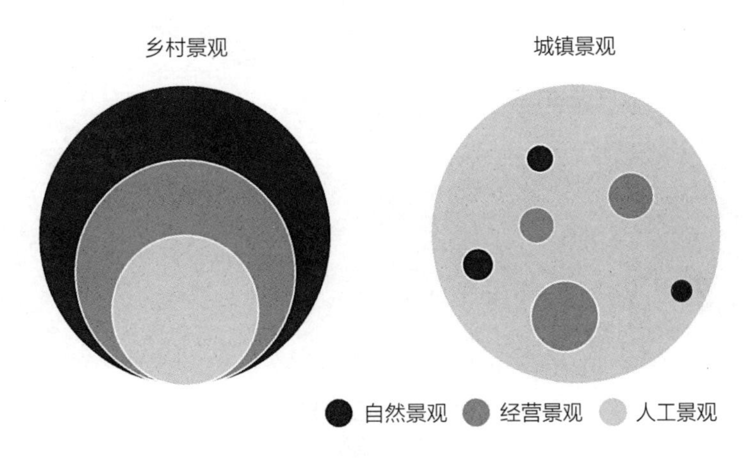

图4–1　乡村景观与城镇景观构成示意
（来源：自绘）

4.2　西安都市区城郊乡村景观典型类型

根据前文的概念梳理，乡村景观是处在乡村地区，受低强度人工影响的，具有乡土田园视觉特征与人类感知特征的土地及土地上的空间和物体所构成的，人工景观、经营景观以及自然景观的综合体。乡村景观的形成是受到自然环境、社会经济、文化传统等多种因素的影响。

快速城镇化之前，在农业技术、文化传统、乡村社会等相对趋同，与人工活动、自然动力相对稳定的西安都市区城郊，决定不同城郊乡村景观差异的主要因素为自然地貌。自然地貌直接决定了乡村聚落空间形态、农业经营方式与自身生态环境，从而直接影响着乡村景观的特征。

西安位于关中地区中部，区内地形特点为“南北高，中心低”。西安都市区城郊地区的自然地貌主要包含了：关中平原南北两侧的秦岭与北山、中部平原，以及平原两侧的黄土台塬与丘陵[225]。因此，按照自然地貌的类型将西安都市区城郊典型乡村景观划分为4种，分别为：平原型、台塬型、丘陵型以及山地型（图4–2）。

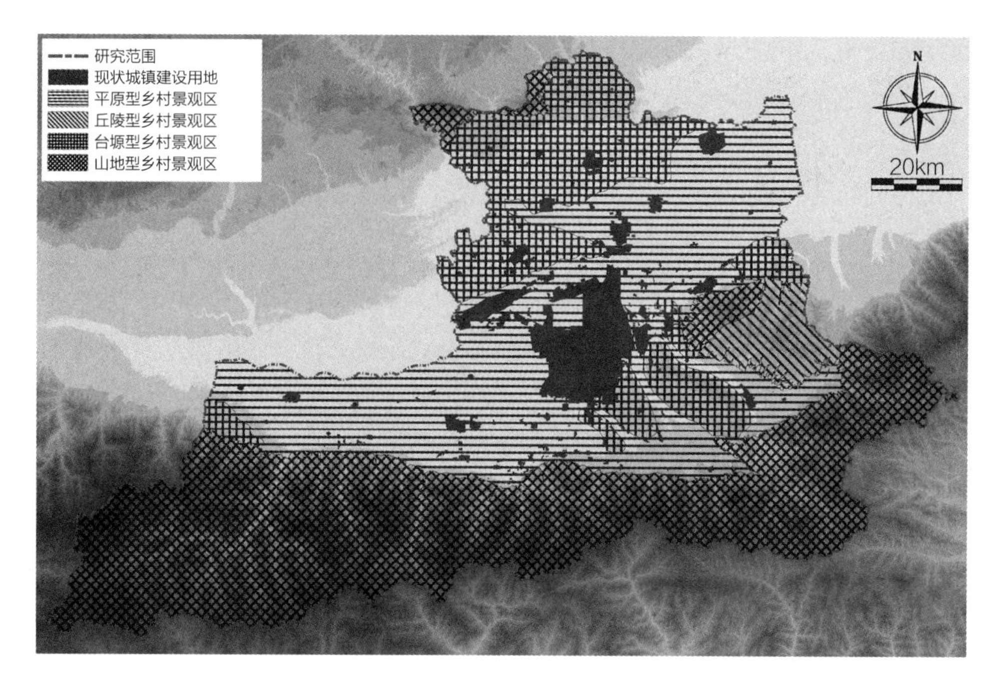

图4-2　四类城郊典型乡村景观的分布

（来源：自绘）

4.3　西安都市区城郊典型乡村景观特征

4.3.1　典型乡村景观特征研究方法

本书运用“斑块-廊道-基质”模式进行西安都市区城郊典型乡村景观的类型研究。该模式是景观生态学中划分景观要素，进行景观格局分析的主要模式理论。对于西安都市区城郊典型乡村景观特征研究是运用该模式，提炼不同乡村景观要素及其空间布局的独特属性。

1986年Forman和Godron在观察和比较各种不同景观的基础上，认为景观要素的空间镶嵌虽然有着千万种的空间组合，如串珠状排列的斑块、小斑块群、相邻的大小斑块、两种彼此相斥且隔离的斑块等等，组成景观的结构单元不外乎三种类型：斑块、廊道和基质[251]，这些是景观空间格局最基本的构成，即所谓斑块-廊道-基质模式。景观中的任何一点都属于斑块、廊道或基质，它们构成了景观的基本结构单元。

斑块泛指与周围环境在外貌或性质上不同，并具有一定内部均质性的，独立的，非线性空间单元。内部均质性是相对于其周围环境而言的，可以是一个动植物群落、居民区、农田、水域等，其外观或性质上与周围环境具有明显的差异。同时斑块的界定，应具有较为明显的边界，以便进行分类、测量、格局研究和比较分析。斑块可按照成因分为4种类型：第一，残存斑块，即原有大面积基质或斑块在受到干扰后，现在所剩余的斑块，如：城镇扩张后所包围的城中村；第二，引进斑块，即由干扰所因引入的斑块，如：乡村景观基质中出现的城镇景观斑块；第三，干扰斑块，即受到局部的自然或人工干扰，使得原先相对同质的基质，发生改变，如：森林火灾后出现的空地；第四，环境资源斑块，即由于不均衡的环境资源条件，所产生的不同类型斑块，如：不同的投资所带来的建筑物的差别。

廊道是线性的斑块，具有通道和阻隔的双重作用，是物质迁徙的重要路径，对于维护景观稳定与物种多样性起着重要的作用。廊道与斑块类似，按照成因可分为：残存廊道、引进廊道、干扰廊道和环境资源廊道。廊道存在边缘效应，由于廊道的宽度较窄，外围环境对内部影响的接触面更大，往往造成廊道中的物种少于斑块。

“基质是景观中范围广阔、相对同质且连通性最强的背景地域。很大程度上决定着景观的功能和变化。其区别于斑块的主要特征是总面积相对较大，连通性强，以及一般用凹形边界包围其他景观要素。并在景观的动态变化中发挥着比其他景观要素更大的控制作用。”[252]

“在实际研究中要确切地区分斑块、廊道和基质有时是很困难的，也是不必要的。因为景观结构单元的划分总是与观察尺度相联系，所以斑块、廊道和基质的区分往往是相对的。斑块–廊道–基质的组合是最常见、最简单的景观空间格局构型，是景观功能、格局和过程随时间发生变化的主要决定因素。景观的这种简单空间构型模型是进行景观生态学研究的基础，通过描述这些基本单元的组合结构特征，可对景观镶嵌体格局进行分析和量化，进而与生态过程相联系，研究格局与过程之间相互作用、相互影响的机理。”[253]

4.3.2 城郊平原型乡村景观

平原型乡村景观是西安都市区城郊乡村景观中面积最大的，主要分布在西安都市区的中部（图4–3、图4–4）。

（1）地形地貌

平原型乡村景观位于西安都市区中部的平原区。平原区地貌包括冲积平原、河谷平原与洪积平原，即渭河及其支流所冲积、洪积形成的冲积平原与山前洪积扇。

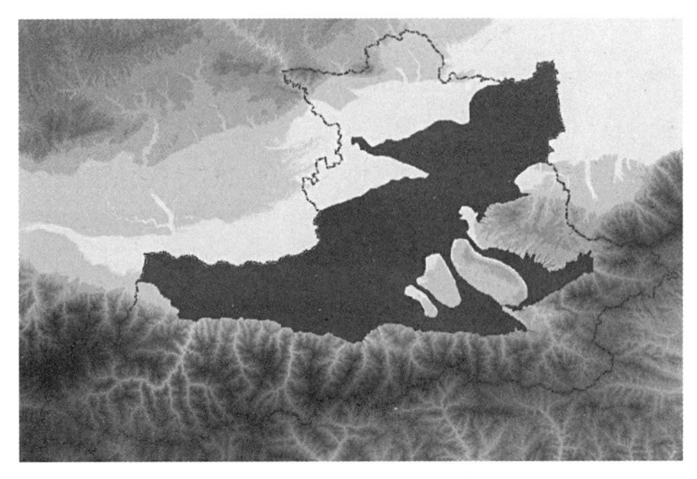

图4-3　城郊平原型乡村景观的分布
（来源：自绘）

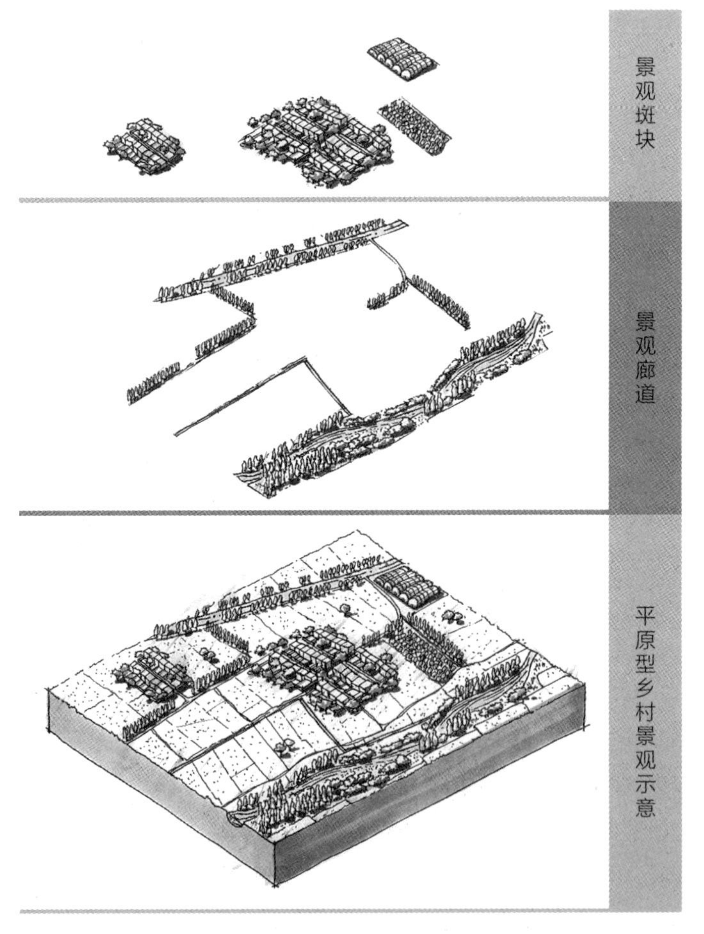

图4-4　城郊平原型乡村景观示意
（来源：自绘）

平原区地势平坦而开阔，东西向贯穿整个西安都市区，南北最宽处约为40km，海拔高度为300～700m。平原区中的河流众多，自古以来西安便有着“八水绕长安”之说，各个河流主要属于渭河流域。渭河由西向东贯穿该区，发源于南、北山地区的渭河众多支流汇入中部渭河。众多的河流与较低的海拔，使得平原区的地下水丰富，埋藏较浅；河流常年的搬运作用与堆积作用，令该区土层深厚、土壤肥沃。

（2）景观基质

该型乡村景观的景观基质主要为广大平坦农用地。由于平原区地势平缓，土层肥沃而深厚，河流众多，便于修建渠灌与井灌设施，特别适宜于农业耕种，自古以来，该地区就有着发达的农业水平，景观基质体现着强烈的人工痕迹。

大面积的平坦农用地，缺少自然因素的限制，农用地中的土地分割往往呈现出正东、正西、正南、正北的极轴方向，近似的耕种方式，往往使得农作物的排列整齐，造型统一。随着乡村劳动力外流与农业机械化的发展，统一品种的机耕作业日益推广，原先按照各家各户分割的小型农田地块，如今逐步消失。

农用地中主要种植有粮食、果树、蔬菜等农作物。粮、油作物主要为小麦、玉米、油菜等中国北方常见的高产型大田作物，其中小麦为“冬小麦”，即“冬播春收”，玉米为“夏玉米”，即“夏种秋收”。“一年两熟”的耕种制度、粮食作物生产周期较短，以及玉米和小麦植株体型上的差异，令农田景观会出现较大的季节性差异。农用地中的果树主要为葡萄、石榴、猕猴桃等本地特色水果。蔬菜为北方常见蔬菜，大棚蔬菜逐渐增多。

（3）景观斑块

该型乡村景观中的景观斑块主要是由人类活动所形成的引入斑块，即：乡村建设用地、林地、涝池、鱼塘、设施农业用地等人工景观与经营景观。平坦的地形与常年的高强度人工活动，使得大多数的景观斑块呈现出规整的形状。景观斑块散布在农用地之中，往往由道路、河流、植物廊道相互连接。

林地主要为苗圃地、块状的防护林地与次生林地，在西安都市区城郊的广大地区中零散分布。拥有便利的灌溉和土壤条件在周至县与户县北部的渭河一级阶地上，因种植园林植物有着良好效益，分布有连片的苗圃地。

在水质条件较好和灌溉条件便利的沿河的平原地区，设施农业用地斑块有较多分布，如：泾河沿岸、近秦岭北麓的平原地区。

延河流两侧的平原，有较多人工和自然的鱼塘、湖泊、湿地等斑块的分布。

地势平坦、人口分布均匀，人均耕地与建设用地的面积差异不大，同时限于日常通勤距离的制约，造成乡村景观中的乡村建设用地斑块大小较为均衡，并且成团

（a）砖混结构平屋顶式民居

（b）砖混结构坡屋顶式民居

图4-5　城郊平原型乡村景观中的民居建筑
（来源：自摄）

地均匀分布在景观基质之上。乡村建设用地中的民居院落多为规整的矩形，外设围墙，一个院落中常有多所住宅建筑，村落中的院落组合常采取整齐排布的方式。民居建筑以一至三层的砖混结构居多，也有少量土木结构与砖木结构住宅，屋顶形式有平屋顶与坡屋顶（图4-5）。

（4）景观廊道

河流、交通网络、水渠、防护林带等是平原型乡村景观中的主要景观廊道。

除去由西边流入的渭河以外，其他河流均发源于渭河平原南北两侧的秦岭与北山，均汇入中央的渭河。河流水量的季节化差异较大，河床中往往生长着自然植被；河流的“渠化”现象与“裁弯取直”现象严重，生态功能被极大削弱；河道两侧往往有人工种植的防护林，但树种单一。

交通网络包括道路、铁路、管道等。其中道路为主要交通廊道，主要道路多以极轴方向构成格网，连接乡村建设用地斑块，主要道路的两侧常种植有杨树、柏树、女贞树、栾树等行道树。

防护林带的功能主要为农田防风，树种为体型高大的杨树，常延道路与田埂布置。

（5）景观感知

开阔富饶的农田、随季节变化的大田作物、规整种植的苗圃、整齐高大的杨树防护林带、笔直的道路、掩映在树林中的村庄是西安都市区城郊平原型乡村景观典型的感知特征。在天气晴朗的时候，该型乡村景观中能够形成良好通视，可以远望南北两侧的山地、台塬、丘陵，并与之共同构成辽阔而壮丽的田园景色（图4-6）。

（a）耕地与设施农用地

（b）河流廊道

（c）民居院落

（d）道路与防风林

图4-6　城郊平原型乡村景观实景
（来源：自摄）

4.3.3　城郊台塬型乡村景观

西安都市区城郊的台塬型乡村景观主要分布在渭河南北两侧的黄土台塬（图4-7、图4-8）。

（1）地形地貌

台塬是阶梯状的台状黄土地貌，西安都市区城郊台塬地貌的海拔高度约为

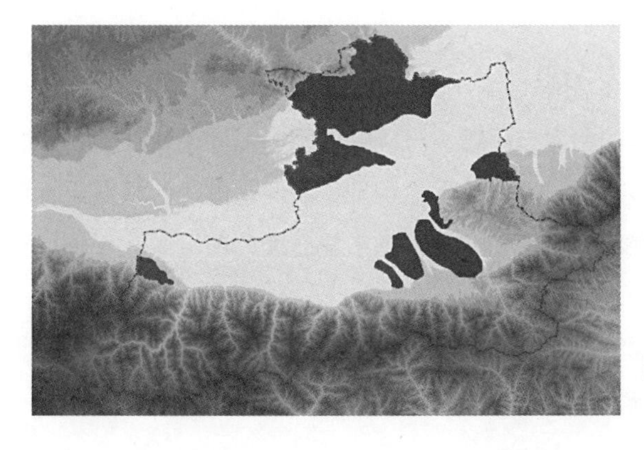
图4-7　城郊台塬型乡村景观的分布
（来源：自绘）

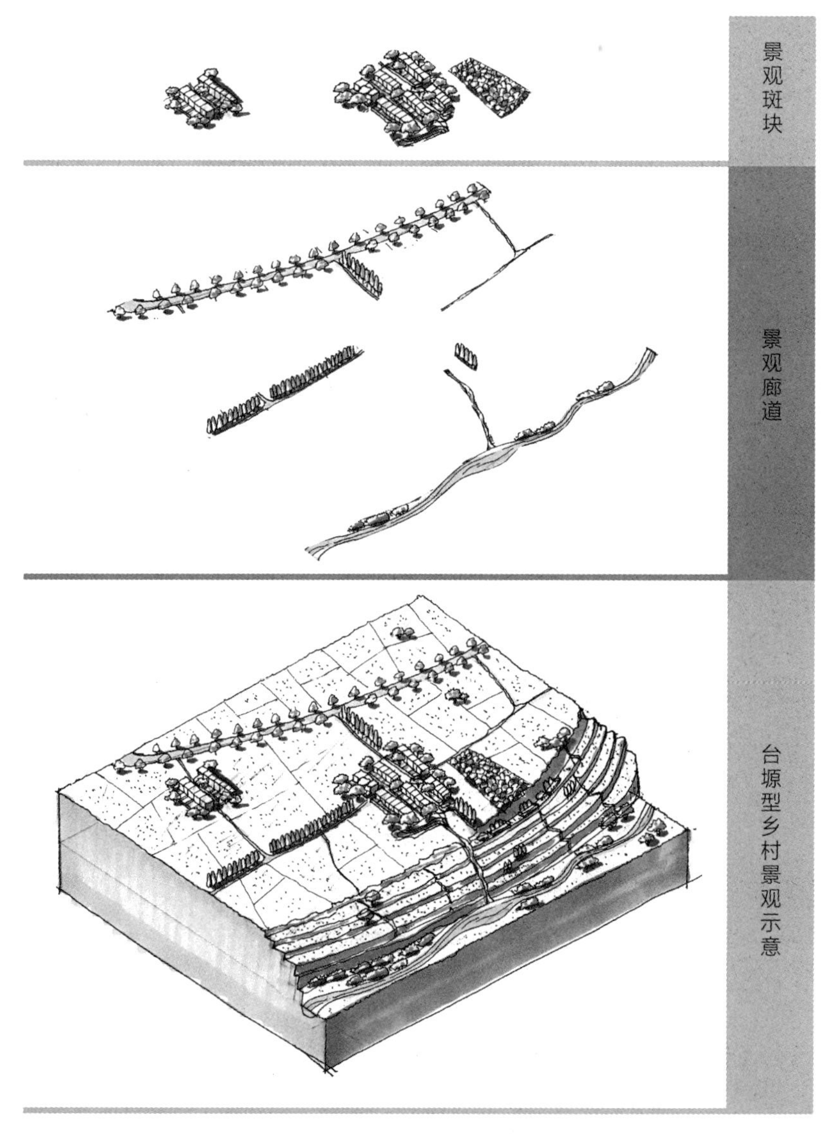

图4-8　城郊台塬型乡村景观示意
（来源：自绘）

400～800m。台塬地貌主要由深厚的湿陷性黄土堆积而成，黄土地质易被水流侵蚀，因此台塬地貌有着陡峭、破碎的台缘与平缓、开阔的台面。渭河南北两侧的台塬地貌有着不同的特点，受到众多发源于秦岭的河流切割，渭河南侧的台塬呈断续分布；渭河北侧河流较少，侵蚀现象较小，台塬地貌基本呈连续分布。

（2）景观基质

塬缘处的阶梯式农用地与台面的平整式农用地是台塬型乡村景观的景观基质。台面地势平坦开阔，农用地平整连片，面积较大，适宜大规模的机耕作业。塬缘处地形破碎，坡度陡峭，主要为阶梯式农用地，面积较小，分布零散，不利于机耕作业与农业基础设施的修建。随着乡村劳动力的流失与农业比较效益较低，塬缘处的农用地正逐步荒废，演替为自然与人工林草地。台塬地区的地势高，地下水埋藏较深，长期的水流侵蚀也使得河流位置较低，因此农业生产所需的渠灌与井灌条件均为不便，农业生产条件不及平原型乡村景观。农用地中的粮食作物以小麦与玉米为主，但种植密度与产量均不及平原区，部分区域无法种植需水量较大的玉米，仅能种植耐旱的小麦。同样是受限于灌溉条件，缺少大面积的蔬菜种植。

（3）景观斑块

该型乡村景观的景观斑块主要为：乡村建设用地、果园、人工与自然的次生林草地等。

受地形、地貌影响，台面上的乡村建设用地成团地均匀分布，塬缘处的乡村建设用地不规则的离散分布。台面上的民居院落主要为规整的长方形，院落组合采取整齐排布，并外设围墙；一个院落中包含多间住宅建筑，民居建筑多为一至三层的砖混结构与砖木结构住宅，屋顶形式有平屋顶与坡屋顶。塬缘处的民居院落依照用地而现状不一，部分院落不设围墙；院落中常有多间住宅建筑，民居建筑多为一至三层的砖混结构与砖木结构住宅，屋顶样式为平屋顶或坡屋顶，紧靠陡崖还有少量的窑洞，其中大部分已经废弃（图4-9）。

台塬区海拔高，有着较大的昼夜温差与更多的光照，适宜苹果、梨、樱桃等耐寒、耐旱果树的生长，目前存在有较多的果树斑块。

随着退耕还林、还草政策的推行，部分农用地开始演变为人工与自然的林草地斑块。在不利耕作的沟壑内、河流旁分布有大量天然次生林斑块。

（a）地坑窑式民居

（b）砖混结构平屋顶式与坡屋顶式民居

图4-9　城郊台塬型乡村景观中的民居建筑

（来源：自摄）

（4）景观廊道

在台塬型乡村景观中，防护林带与道路是主要人工景观廊道，河流与水流侵蚀台体所形成的沟壑是主要的自然景观廊道。

主干道路多延台塬体的长轴方向伸展，连接着大型的人工斑块；塬缘处道路曲折，台面上道路笔直；主要道路两侧种植有行道树或防护林。

防护林带主要用于农田防风，并延道路、田埂、河流两侧分布。

平原地区的河流基本发源于西安都市区南、北两侧的山区，流经台塬地区，最终汇入中部的渭河。台塬区的湿陷性黄土地质易被水流侵蚀，同时具有很强的下渗能力，在常年河流的冲刷下，沟壑普遍较深，河流流量不大，且水体浑浊。受水流滋养，河流两侧往往有着比较密集的次生植被。

（5）景观感知

台塬型乡村景观因其独特的地形地貌特征，产生了丰富且变化强烈的景观感知。由于阶梯状的地形难以形成良好的通视，平坦开阔的台面同陡峭的沟壑与台坎之间的景象，在塬缘处瞬间的变化，从而形成戏剧化的感知特征。从平原区延蜿蜒的山路爬上陡峭的台坎，可豁然开朗地看到开阔的台面；在台面的边缘处回望平原区，又可一览无遗壮阔的平原区景象；从台面向沟壑走去，巨大落差的沟壑会突然出现在脚下，同时台面干旱的黄土地与沟壑中丰富的绿色植物又呈现出鲜明的对比。

台塬型乡村景观与平原型乡村景观是西安都市区中面积最大，历史最久远的乡村景观，两者共同作为关中“八百里秦川”的典型乡村景观代表，贯穿着整个中华文明的发展轨迹，承载着独特的景观感知与深厚的地域文化，如：著名文学作品《白鹿原》中对台塬型乡村景观的描述（图4-10）。

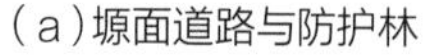
（a）塬面道路与防护林

（b）塬缘处农田与林草地

图4-10　城郊台塬型乡村景观实景

（来源：自摄）

（c）沟壑与河流

（d）塬缘处道路

（e）塬面处的村落斑块与耕地

（f）塬缘处新建院落与废弃窑洞

图4-10　城郊台塬型乡村景观实景（续）
（来源：自摄）

4.3.4　城郊丘陵型乡村景观

西安都市区中的城郊丘陵型乡村景观总面积较小，主要位于蓝田县与临潼县境内的横岭（图4-11、图4-12）。

（1）地形地貌

横岭的海拔高度为500～1200m；岭脊大体沿西北至东南方向呈弧形伸展；横

图4-11　城郊丘陵型乡村景观的分布
（来源：自绘）

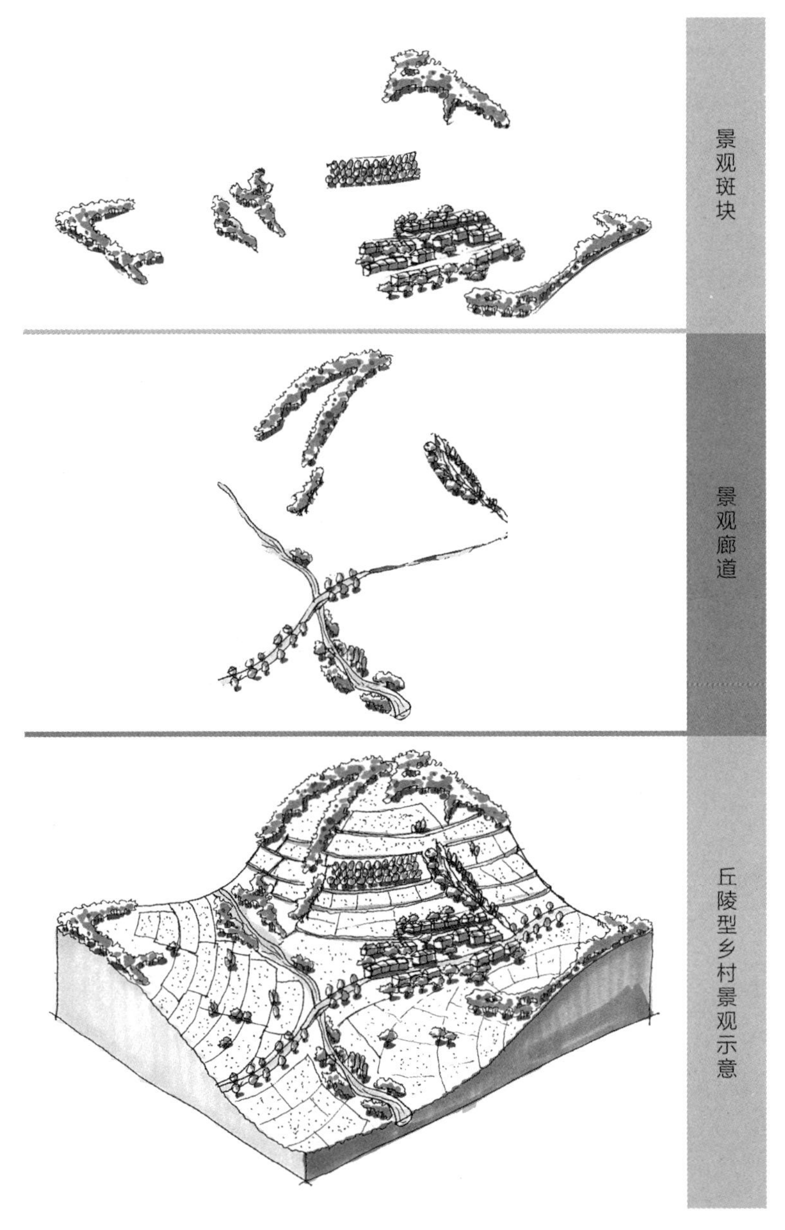

图4-12　城郊丘陵型乡村景观示意
（来源：自绘）

岭的下部为石质山体，其上覆盖有深厚的黄土，共同形成黄土梁状的丘陵；黄土地质易被侵蚀，造成整个横岭沟壑纵横，沟谷处的地形破碎；石质山体作为横岭的基础，地壳运动所形成的起伏地形，塑造出高低多变的丘陵地貌。[225]

（2）景观基质

受长期农耕文明与地形、地貌特征的影响，丘陵型乡村景观中的主要景观基质为众多缓坡型或阶梯型的耕地。丘陵上部的黄土层深厚，下渗作用强，地下水埋藏较深，也难以形成地表径流，加之起伏多变的地形不宜修建农业水利设施，使得丘陵上部的耕地难以得到良好的灌溉，农作物以小麦、土豆等旱作粮食作物为主。沟壑区中黄土层较浅，部分石质山体裸露，岩层中有较多的小型溪流，形成小型的水浇地，常种植有小麦、玉米以及果蔬等。

（3）景观斑块

该乡村景观中的主要景观斑块为乡村建设用地、湖泊、水库、湿地、块状的次生林草地以及人工林草地。

乡村建设用地多为小型组团形，自由零散地分布在地形较为平缓的向阳坡面或坡顶处。民居是主要的乡村建筑；少量民居存在小型院落，大部分民居不设院落；民居建筑多为一至三层的砖混结构或砖木结构，坡屋顶样式比例近八成；民居空间组合依据地形，采取整齐排列与自然排列相结合。多变的地形使得乡村建设用地中，不易利用空间较多，这些空间由自然植物占据，因此该型乡村聚落的自然生态良好与小气候环境宜人（图4–13）。

小型的水库、湖泊、湿地，在该型乡村景观中零散地分布。在水流量较大的河流上修建有小型水库；在自然集水区形成有零星的湖泊与湿地。

长期人工活动使得原生林草地荡然无存，随着近年来人工活动范围的集中，次生的林草地开始恢复，其斑块主要分布在难以耕种的陡峭坡面、溪流两侧以及沟谷中。

退耕还林、还草政策推行后，人工林地、草地斑块大量出现，这些斑块主要由原来的农用地演变而来，位于距离村庄远、坡度大、面积小等耕种条件较差的农用地上，种植有核桃、苹果、梨树、桃树等林果树木或园林绿化植物。

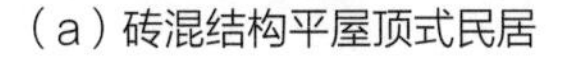

（a）砖混结构平屋顶式民居

（b）砖混结构坡屋顶式民居

图4-13　城郊丘陵型乡村景观中的民居建筑

（来源：自摄）

（4）景观廊道

该型乡村景观的景观廊道主要为道路、河流、带状的林草地。

道路是该型景观中的主要人工廊道，也是人工活动的主要路径。整个道路网为树枝状；其中主干道路延岭脊建设，蜿蜒延伸；次要道路呈枝杈状分布在整个乡村景观中。

小型河流广泛地分布在该型乡村景观中。丘陵地貌的下层为石质山体，为良好的隔水层，发源于南部秦岭山区与自身涵养的水源，在岩层的缝隙中流动，在沟壑与裂缝处形成河流、溪流等地表径流。受水分的滋养，河流两侧自然生长着丰富的乔灌木植物。

丘陵地貌的上部为黄土地质，不易存储水分，而下层为岩层，不透水，且裂隙多，水流丰富。因此带状的次生林地与草地，往往沿着坡度较大，不宜耕作的沟谷，以及河流两侧分布。

（5）景观感知

丘陵型乡村景观因其面积较小，在西安都市区城郊地区，乃至陕西中北部地区都较为罕见。平缓变化的地貌是该型乡村景观典型的视觉特征，给人以舒缓、平静的感觉；蜿蜒的道路、散布的村庄，梯田与坡地的随机结合，从而形成了多变、丰富的景象；沟壑与陡坡中有着较多的林地与草地，整体乡村景观的自然植被丰富，生态环境良好，小气候宜人。该型乡村景观较之平原型与台塬型乡村景观有着更为丰富与优美的景色，整治与开发难度小、可利用空间较之山地型乡村景观更大，同时距主城区较近，有着发展乡村休闲游憩产业的独特本底条件（图4-14）。

（a）起伏变化的丘陵地形

图4-14 城郊丘陵型乡村景观实景

（来源：自摄）

（b）阶梯型与缓坡型农用地

（c）小型水库

（d）蜿蜒的公路与小型乡村建设用地

（e）沟壑中丰富的自然植被

（f）退耕后的人工林地

（g）乡村聚落与民居

图4-14　城郊丘陵型乡村景观实景（续）

（来源：自摄）

4.3.5　城郊山地型乡村景观

西安都市区城郊研究范围中的山区包括：北部北山、中部骊山以及南部秦岭，其中秦岭山区占到山地地貌总面积的95.08%，因此本书将秦岭山地型乡村景观作为主要研究对象。西安都市区城郊的秦岭山区主要分布在周至、户县、长安、蓝田县南部（图4-15、图4-16）。

图4-15 城郊山地型乡村景观的分布
（来源：自绘）

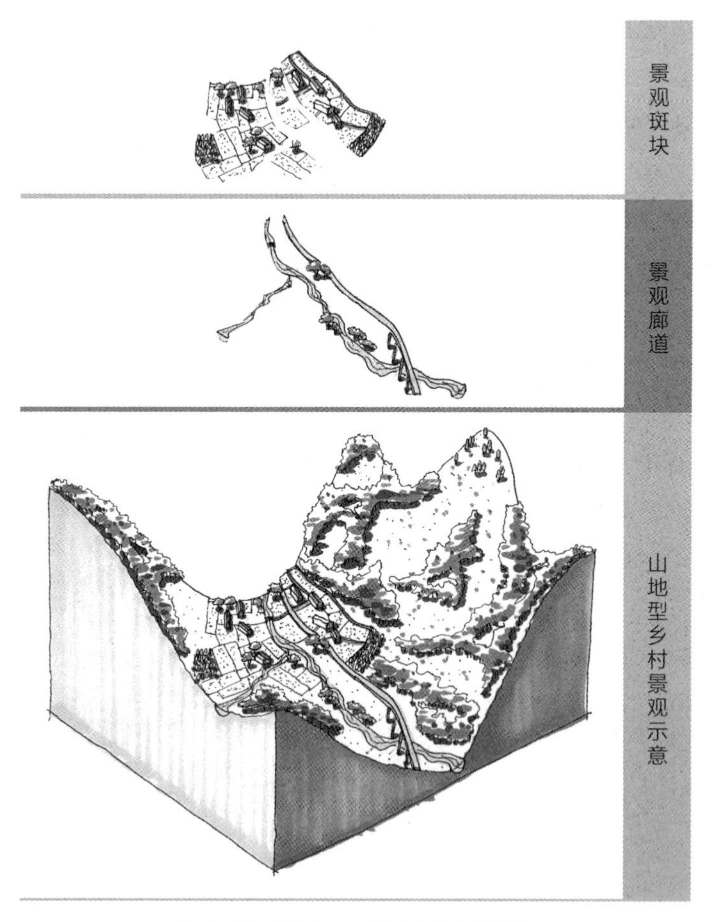

图4-16 城郊山地型乡村景观示意
（来源：自绘）

（1）地形地貌

西安都市区城郊范围的秦岭山区，其海拔在1200～3767m之间，高出中部的渭河平原1400～3300m。剧烈的造山运动，使得整个秦岭山高谷深，地形多变。巨大的海拔落差，在山区中产生出明显的垂直自然分布带，形成复杂而严酷的气候环境，石质山体受冰川、流水、冰冻、风化等作用强烈地侵蚀，大部分地区的基岩破碎。秦岭山中的山地型乡村景观，集中分布在浅山地带和地势较为平缓的沟谷地区。

（2）景观基质

该型乡村景观的基质为广大秦岭山体。交通闭塞人类活动稀少，加之近年来严格实行的生态保护措施，自然植被保持良好，陡峭的山体上覆盖着大量次生与原生乔灌木。在土层较薄，水分易流失的山体顶部，植物的植株较小，密度较少；在土层较厚、水分较易保持的山体中下部，植物的植株较大，密度较高。

（3）景观斑块

乡村建设用地、农用地、水库等人工景观和经营景观是主要的景观斑块。

乡村建设用地斑块面积小，多零散地分布在交通便利与地势平坦的山谷中。限于平坦土地的匮乏，在长期农耕社会中，为了节约土地，用于农业生产，乡村建设用地的建设密度大，容积率较高，建筑排列紧密，民居基本不设院落。该型景观中的建筑以民居建筑为主，多为二、三层的砖混结构，土木结构或砖木结构的独立式住宅。限于本底条件的劣势，乡村经济落后，该地区整体民居建筑质量比其他地区较差（图4-17）。

农用地多为梯田和坡地，分布在临近村庄，坡度平缓的地区。作物多为耐寒、耐旱、高产的玉米与土豆等粮食作物，以及少量的蔬菜和药材等。

（a）土木结构平屋顶式民居

（b）砖混结构坡屋顶式民居

图4-17　城郊山地型乡村景观中的民居建筑

（来源：自摄）

在主要峪口中的河流上，修建有中大型的水库，作为水源地，供给城镇居民。

（4）景观廊道

该乡村景观的景观廊道主要为道路与河流。崇山峻岭，使得道路的修建异常的困难，为了节省人工，减少开挖，道路多蜿蜒于山谷之中，桥梁与隧道众多。道路对生境产生了严重的分割，阻碍了自然物种的迁移与物质的流动，也破坏了岩层的稳定，易造成滑坡、泥石流等地质灾害。秦岭丰富的植被，涵养了丰沛的水源，溪、泉、河流众多，主要的河流常年无断流，巨大的落差也使得流速较高，对于山体的侵蚀力巨大，因此也主要分布在深谷之中。秦岭山区中的河流水质清澈，无污染，水量充沛，是西安都市区最主要的水源地。

（5）景观感知

崇山峻岭，高山深谷，蜿蜒道路、湍急河流、零散农田、隐秘村庄、丰富植被、良好生态是该型乡村景观的典型感知。作为西安都市区唯一的以自然景观为主的乡村景观，拥有着极高的旅游价值、生态价值（图4-18）。

（a）山谷中的河流

（b）村落、苗圃与农田

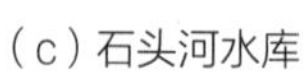

（c）石头河水库

（d）民居、农田、道路

图4-18　城郊山地型乡村景观实景

（来源：自摄）

4.4 快速城镇化前后西安都市区城郊乡村景观的典型演变

如今，西安都市区城郊的各类乡村景观在演变过程中均出现了差异化的现象。这种差异化的形成主要是在快速城镇化时期产生的。自20世纪90年代以来，西安都市区的快速城镇化是由工业化推动的经济、社会、聚居方式飞速变革的时期。从1990年起，西安市的城镇化率每年以近1%的速度增加，截至2011年，城镇化率已经达到70.1%。西安都市区城镇的快速发展对周边地区的“极化效应”与“扩散效应”极大增强，进而引起城郊乡村景观的巨变。

4.4.1 城郊乡村景观典型演变研究的原理与方法

（1）景观“格局与过程”原理

“景观生态学是以整个景观为对象，通过物质流、能量流、信息流与价值流在地球表层的传输和交换，通过生物与非生物要素以及人类之间的相互作用与转化，运用生态系统原理和系统方法研究景观结构和功能、景观动态变化以及相互作用机制，研究景观的美化格局、优化结构、合理利用和保护”[281]，属于生态学的分支，是地理学与生态学的交叉学科。

景观生态学对于景观格局，也称为空间格局，定义是指不同形状大小的景观要素在空间上的分布与组合，也是景观异质性在空间上的体现。景观过程，是指不同生态学过程，包括各种物质与能量循环流动、群落演替、干扰传播等。

景观生态学认为景观具有空间异质性与景观多样性，在演变中存在时间与空间两个维度，也对应地存在这两个尺度，不同的研究尺度界定会有不同的观点与结果，而景观的空间异质性与景观多样性也会随着尺度变化而不同。景观在空间维度与时间维度的演变体现在景观的格局与过程中。景观的格局与过程受到人工因素与自然因素的影响，这些影响包括了人类政治、社会、经济活动与自然气候气象、水流侵蚀、地壳运动、动植物演替等。

（2）景观指数的计算与比对

“景观指数是指能够高度浓缩景观格局信息，反映其结构组成和空间配置某些方面特征的简单定量指标”[254]。当前，描述景观演变较为准确的方法是通过景观指数的计算和对比，因此本书对于西安都市区城郊乡村景观典型演变的研究也使用该方法。

近年来，利用景观指数研究中国城镇化时期乡村景观的探索有：2011年，姜鹏等利用景观指数分析香格里拉中心区的景观格局[255]；2013年，肖禾等通过计算土地覆盖的景观指标，研究小尺度乡村景观的演变[256]；同年，谢跟踪等借助GIS与RS技术对海口市郊区乡村的景观格局进行分析[257]。以上研究探索了景观指数分析与3S技术应用于乡村景观的方法，为量化分析乡村景观格局打下了研究基础。

分别从四类西安都市区城郊乡村景观分区中选取一处典型演变的景观样片（图4-19），采用卫星影像数据，利用GIS技术与Fragstates软件，通过计算与比对景观指数，分析快速城镇化前后城郊乡村景观的典型演变。

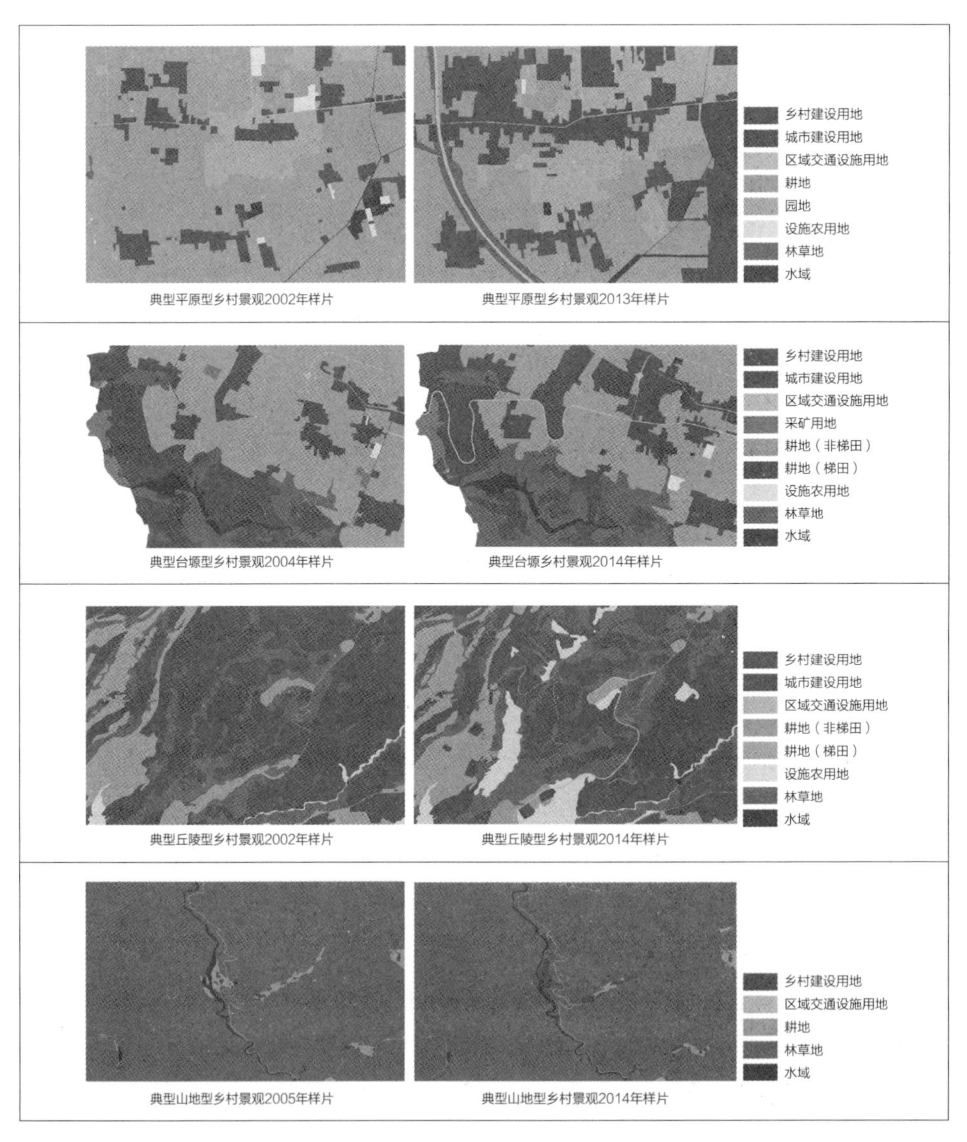

图4-19 西安都市区城郊典型乡村景观不同时期的用地样片
（来源：自绘）

本书所选取和比对的景观指数包含以下几种：

1）景观的面积百分比（*PLAND*）

景观的面积百分比（*PLAND*）用以度量景观的组分。它是计算的是某一斑块类型占整个景观的面积的相对比例。

$$PLAND=P_i=\frac{\sum_{j=1}^{n} a_{ij}}{A}(100) \tag{4-1}$$

式中：a_{ij}——斑块ij的面积；

A——所有景观的总面积。

2）斑块数量（*NP*）

斑块数量（*NP*）是用以度量景观斑块数量的指标。

$$NP=N \tag{4-2}$$

式中：NP——景观中某一斑块的总个数；

N——该斑块的个数。

3）斑块密度（*PD*）

斑块密度（*PD*）是指景观中单位面积上的斑块个数，单位为斑块数/100公顷。

$$PD=\frac{n_i}{A}(10000)(100) \tag{4-3}$$

式中：n_i——第i类景观斑块的总面积；

A——所有景观的总面积。

4）景观形状指数（*LSI*）

景观形状指数（*LSI*）是指景观中所有斑块边界的总长度除以景观总面积的平方根，再乘以正方形矫正常数。正方形斑块时，$LSI=1$；当景观中斑块形状不规则或偏离正方形时，*LSI*值增大。

$$LSI=\frac{0.25E}{\sqrt{A}} \tag{4-4}$$

式中：E——斑块周长；

A——斑块面积。

5）分维数（*PRFRAC*）

分维数（*PRFRAC*）反映了不同空间尺度的性状的复杂性。分维数取值范围一般应在1～2之间，其值越接近1，则斑块的形状就越有规律，或者说斑块就越简单，表明受人为干扰的程度越大；反之，其值越接近2，斑块形状就越复杂，受人为干扰程度就越小。

$$PRFRAC = \frac{2}{\frac{\left[n_{ij}\sum_{j=1}^{n}\left(\ln p_{ij} - \ln a_{ij}\right)\right] - \left[\left(\sum_{j=1}^{n} p_{ij}\right)\left(\sum_{j=1}^{n} a_{ij}\right)\right]}{\left(n_i \sum_{j=1}^{n} \ln p_{ij}^2\right) - \left(\sum_{j=1}^{n} \ln p_{ij}\right)^2}} \tag{4-5}$$

式中：a_{ij}——斑块ij的面积；

p_{ij}——斑块ij的周长；

n_i——斑块数目。

6）聚合度（AI）

聚合度（AI）是基于同类型斑块像元间公共边界长度来计算。当某类型中所有像元间不存在公共边界时，该类型的聚合程度最低；而当类型中所有像元间存在的公共边界达到最大值时，具有最大的聚合指数。

$$AI = \left[\frac{g_{ii}}{\max \to g_{ii}}\right](100) \tag{4-6}$$

式中：g_{ii}——相应景观类型的相似邻接斑块数量。

7）景观的申农多样性指数（$SHDI$）

申农多样性指数（$SHDI$）是指每一斑块类型所占景观总面积的比例乘以其对数，然后求和，取负值。被用以检测群落多样性，该指标能反映景观异质性，特别对景观中各斑块类型非均衡分布状况较为敏感。另外在比较和分析不同景观或同一景观不同时期的多样性与异质性变化时，$SHDI$也是一个敏感指标。如在一个景观系统中，土地利用越丰富，破碎化程度越高，其步定性的信息含量也越大，计算出的$SHDI$值也就越高。

$$SHDI = -\sum_{i=1}^{m}(p_i \ln p_i) \tag{4-7}$$

式中：p_i——景观斑块类型i所占据的比率。

（3）景观感知的比较

在计算和比对景观指数的同时，本书还探索了乡村景观感知的典型演变，即运用景观视觉感知比较，利用直观的视觉感受，比较同一类型的乡村景观中各种景观要素，在历经快速城镇化时期之后，景观感知的典型差异。具体方法为：采取乡村实地的踏勘调研与定性分析相结合的手段，通过多个观察者走访不同景观类型的西安都市区城郊乡村，观察和比较同一类型乡村，发现其不同景观要素的视觉差异，甄别其演变时间，提出乡村景观感知的典型演变。

4.4.2 城郊平原型乡村景观的典型演变

对比快速城镇化前后，平原型乡村景观样片的景观指数，可看出平原型乡村景观样片的景观格局整体演变较大，人工景观与经营景观均出现了大量的变化，具体来看：乡村建设用地的面积百分比增加了6.25%；城市建设用地的面积百分比增加了15.03%，增幅较大；建设用地占有大量的农用地，使得农用地的面积百分比减小了23.26%；农用地中耕地使得耕地的面积百分比减小了34.87%，耕地向园地的演化明显，园地的面积百分比增加了11.6%；各类景观斑块面积所占总面积的比例趋于相似，导致总体景观的申农多样性指数增加了0.63，增长较大；景观的形状指数与分维数也出现明显的增大，说明用地之间的交错程度趋于复杂，不同人工与自然的活动受格局影响，相互之间的影响更为加大。

可从不同演变程度的乡村景观中发现，平原型乡村景观的典型景观感知演变有：建筑的层数增加，容积率变大，建设密度提高；更加注重外墙的装饰，较多地使用了涂料和瓷砖，从而改变了聚落色彩；预制水泥建材的使用，令平屋顶样式的建筑比例升高，对乡村建筑风貌影响较大，传统乡土景观风貌正逐渐丧失；村落的基础设施建设水平提升明显，水泥、沥青、砌体等硬质铺装的道路也改变了乡村色彩与风貌；道路绿化中原有的作为防风林的白杨树使用减少，城镇中常用的柏树、女贞树、栾树开始大量使用，新增树种的分支点过低，影响交通视线，同时高度较矮，使其不具备农田防风能力；建筑密度的增加，村落植被被大量砍伐；城镇形式的规整园林绿化出现在乡村中，但缺乏日常维护，视觉效果不佳，也难以和本土生物群落相适应，长势情况不好；乡村中出现的城镇型建筑与各类区域性基础设施，严重干扰传统的乡村景观风貌，如：大型的白色和蓝色彩钢板的厂房、巨大体量的公路与铁路立交桥、高大的高压输电塔等（表4–1、图4–20）。

2002 年与 2013 年城郊平原型乡村景观样片的景观指数比对　　表 4–1

景观类型	2002年						
	面积百分比（%）	斑块数量（个）	斑块密度（个/km^2）	景观形状指数	分维数	聚合度（%）	申农多样性指数
乡村建设用地	13.1453	51	6.2926	8.6368	1.056	96.2815	—
城市建设用地	0.2835	1	0.1234	1.4754	1.0787	98.368	—

续表

景观类型	2002年						
	面积百分比（%）	斑块数量（个）	斑块密度（个/km^2）	景观形状指数	分维数	聚合度（%）	申农多样性指数
区域交通设施用地	0.542	1	0.1234	12.9524	1.4796	70.7289	—
耕地	73.3639	6	0.7403	6.3709	1.1208	98.8957	—
园地	9.6535	19	2.3443	4.1864	1.0572	98.1876	—
设施农用地	1.3828	7	0.8637	3.1194	1.064	96.7844	—
林草地	0.1123	1	0.1234	1.9744	1.154	94.4848	—
水域	1.5167	22	2.7144	8.1702	1.1473	89.5698	—
总体	100	108	13.3254	6.6949	1.084	98.154	0.8949
景观类型	2013年						
	面积百分比（%）	斑块数量（个）	斑块密度（个/km^2）	景观形状指数	分维数	聚合度（%）	申农多样性指数
乡村建设用地	19.2928	26	3.208	7.5269	1.0833	97.3754	—
城市建设用地	15.3171	25	3.0846	5.8543	1.0634	97.8102	—
区域交通设施用地	1.4806	1	0.1234	11.3957	1.4166	84.7268	—
耕地	38.4936	11	1.3572	7.2136	1.1021	98.2349	—
园地	21.2607	9	1.1104	5.4962	1.0997	98.2778	—
设施农用地	0.0774	1	0.1234	1.25	1.0533	98.2979	—
林草地	3.1617	5	0.6169	6.6305	1.2037	94.3686	—
水域	0.9161	43	5.3055	13.5138	1.1574	76.6078	—
总体	100	121	14.9293	8.7669	1.1159	97.4928	1.5216

（a）　　（b）

图4-20　不同变化程度的城郊平原型乡村景观
（来源：自摄）

4.4.3　城郊台塬型乡村景观的典型演变

对比快速城镇化前后台塬型乡村景观样片的景观指数，可发现台塬型乡村景观格局有着较大的演变，主要体现在经营性景观转化为人工性景观与自然景观，具体来看：总耕地的面积百分比从74.33%下降到57.18%，迅速减少；人工活动增加，非梯田型耕地的面积百分比减少了10.04%，其较多地转为乡村建设用地与城市建设用地；乡村建设用地的面积百分比增加了2.58%；城市建设用地的面积百分比增加了5.02%，城市建设用地的面积百分比从0.83%增长到了5.84%，增幅较大，说明城镇扩张明显；较多的梯田型耕地转为林草地，令梯田型耕地的面积百分比减少了6.65%，林草地的面积百分比增长了8.68%；乡村景观中道路用地的面积百分比与景观形状指数增幅较大，表明新建道路增多，路网趋于完善；各个景观类型的面积比例趋于相同，使得总体景观多样性增加，表面人工力增长，自然力削弱。

可从不同演变程度的乡村景观中发现，台塬型乡村景观的典型景观感知的演变有：建筑的层数增加，容积率变大，建设密度提高；民居建筑更加注重外墙的装饰，较多地使用了涂料和瓷砖，改变了原有的村落色彩；平屋顶样式的建筑比例升高，坡屋顶的建筑比例减小，对乡村建筑风貌影响较大；塬缘处的窑洞民居大部分被废弃，而搬迁至塬上或塬下，改变了整体的聚落形式与民居样式；村落的基础设施建设水平提升，硬质铺装的道路也改变了乡村景观感知；建设增多，令村落中的植被逐渐减少；沟壑中和塬缘处的大量耕地荒废，或实行退耕还林还草措施，使得这些地方的自然植被逐渐恢复，梯田受自然力侵蚀逐步演变为坡地；乡村中出现了城镇建筑、工矿厂房、区域性基础设施等，改变了基于农耕生产、生活的乡村景观感知特征，如：台面上的彩钢板厂房与民办学校、塬缘处的砖瓦窑与公共墓地、高压输电塔等（表4-2、图4-21）。

2004 年与 2014 年城郊台塬型乡村景观样片的景观指数比对　表 4-2

景观类型	2004年						
	面积百分比(%)	斑块数量(个)	斑块密度(个/km^2)	景观形状指数	分维数	聚合度(%)	申农多样性指数
乡村建设用地	10.6715	20	1.7491	9.629	1.1266	96.0751	—
城市建设用地	0.8271	3	0.2624	2.629	1.0802	97.2857	—
区域交通设施用地	0.539	40	3.4983	15.77	1.0753	69.4203	—
采矿用地	2.3211	5	0.4373	3.4686	1.095	97.5696	—
耕地（非梯田）	49.4714	4	0.3498	6.5693	1.085	98.8259	—
耕地（梯田）	24.7647	7	0.6122	6.0786	1.1388	98.4844	—
设施农用地	0.2051	2	0.1749	1.8226	1.0885	97.1885	—
林草地	9.0352	11	0.962	6.6732	1.1252	97.1924	—
水域	2.165	16	1.3993	4.995	1.1299	95.9243	—
总体	100	108	9.4453	8.3474	1.1037	98.0336	1.4006
景观类型	2014年						
	面积百分比(%)	斑块数量(个)	斑块密度(个/km^2)	景观形状指数	分维数	聚合度(%)	申农多样性指数
乡村建设用地	13.2491	30	2.6237	9.1968	1.1235	96.6521	—
城市建设用地	5.8433	7	0.6122	4.1988	1.0925	98.0311	—
区域交通设施用地	1.642	39	3.4108	20.4195	1.0727	77.2397	—
采矿用地	1.7004	2	0.1749	2.7684	1.1224	97.9645	—
耕地（非梯田）	39.065	12	1.0495	7.5544	1.1176	98.4446	—
耕地（梯田）	18.1175	11	0.962	6.7708	1.1239	97.9873	—
设施农用地	0.4784	2	0.1749	1.9043	1.0597	98.0149	—

续表

景观类型	2014年						
	面积百分比（%）	斑块数量（个）	斑块密度（个/km^2）	景观形状指数	分维数	聚合度（%）	申农多样性指数
林草地	17.7176	6	0.5247	7.0702	1.1535	97.8576	—
水域	2.1868	17	1.4867	5.0746	1.1233	95.8643	—
总体	100	126	11.0194	9.9738	1.1059	97.5813	1.663

（a）

（b）

图4-21　不同变化程度的城郊台塬型乡村景观
（来源：自摄）

4.4.4　城郊丘陵型乡村景观的典型演变

对比快速城镇化前后，丘陵型乡村景观样片的景观指数，可以发现如下演变：城市建设用地出现在了丘陵型乡村景观地区；乡村建设用地略有增加，面积百分比增加了1.61%；区域交通设施用地的面积百分比增加了0.74%，其聚合度增加较大，表明道路的联通性提高，路网趋于完善；耕地的面积大幅减少，面积百分比下降了13.59%；草地与林地的面积大幅上升，面积百分比增加了10.7%；景观总体的斑块数增加明显，提高了18%；景观多样性提高明显，申农多样性指数从1.15增长到1.44。

可从不同演变程度的乡村景观中发现，丘陵型乡村景观的典型景观感知的演变有：由于退耕还林还草的实施，村域中的耕地风貌减少，缺乏维护的梯田受到雨水冲刷，逐渐恢复自然坡地形态，自然植被与人工植被增加，自然生态环境与景观风貌得到改善；村落中的新建筑增多，建设的容积率增大；新建建筑多采用砖混式坡屋顶的独立式住宅，不设院落，并注重外墙装饰，常采用白色瓷砖或涂料，使得村落风貌既能延续传统，又使得色彩更加明快；乡村中的基础设施得到极大的改善，尤其是道路的建设质量较高，新建道路没过多地破坏原有地形，蜿蜒的道路与起伏的丘陵融为一体，形成多变的景观（表4-3、图4-22）。

2002年与2014年城郊丘陵型乡村景观样片的景观指数比对　表4-3

景观类型	2002年						
	面积百分比（%）	斑块数量（个）	斑块密度（个/km²）	景观形状指数	分维数	聚合度（%）	申农多样性指数
乡村建设用地	4.1196	57	6.4933	10.8506	1.1125	91.7251	—
城市建设用地	0	0	0	0	0	0	—
区域交通设施用地	0.4483	166	18.9104	28.1125	1.1318	29.3025	—
耕地（非梯田）	16.0545	17	1.9366	9.8505	1.152	96.2554	—
耕地（梯田）	56.9228	16	1.8227	9.1218	1.0921	98.1775	—
林地	21.2158	33	3.7593	15.2308	1.1669	94.7657	—
草地	1.226	4	0.4557	7.1136	1.1815	90.4812	—
水域	0.0131	1	0.1139	2.7857	1.2997	67.9487	—
总体	100	294	33.4919	11.8938	1.1322	96.4722	1.1541
景观类型	2014年						
	面积百分比（%）	斑块数量（个）	斑块密度（个/km²）	景观形状指数	分维数	聚合度（%）	申农多样性指数
乡村建设用地	5.728	54	6.1518	11.3239	1.1133	92.659	—
城市建设用地	0.4058	2	0.2278	1.8947	1.0613	97.548	—
区域交通设施用地	1.1876	203	23.1261	30.7923	1.1447	52.8258	—
耕地（非梯田）	15.2259	20	2.2784	9.8035	1.1347	96.1713	—
耕地（梯田）	44.1654	16	1.8227	11.1091	1.1437	97.425	—
林地	25.3891	38	4.329	15.5301	1.1708	95.1101	—
草地	7.7589	13	1.481	7.7311	1.1529	95.8859	—
水域	0.1393	1	0.1139	2.3556	1.1858	93.462	—
总体	100	347	39.5308	14.2614	1.142	95.7193	1.4419

（a）

（b）

图4-22 不同变化程度的城郊丘陵型乡村景观
（来源：自摄）

4.4.5 城郊山地型乡村景观的典型演变

对比快速城镇化前后，山地型乡村景观样片的景观指数，可看出山地型乡村景观整体演变不大，少量的演变主要为原本就较少的耕地转为乡村建设用地，以及区域交通设施用地的建设。总体景观的分维数、聚合度以及申农多样性指数都基本维持不变。

虽然山地型乡村景观样片的景观指数演变不大，但从不同演变程度的乡村景观中发现，山地型乡村的景观感知的变化还是较大的，主要体现在：乡村周边的耕地要素减少较多；乡村建设用地的建设密度、容积率都有较大的提高；新建民居建筑层数增加，并改变了原来的土木结构与砖木结构形式，多以独立式砖混结构住宅为主，坡屋顶比重下降，层数增多；新、老建筑开始注重外墙装饰，多采用白色、赭石色的灰色瓷片或涂料进行装饰，改变了以土黄色和黑灰色为主原有村落色调（表4-4、图4-23）。

2005 年与 2014 年城郊山地型乡村景观样片的景观指数比对　表 4-4

景观类型	2005年						
	面积百分比（%）	斑块数量（个）	斑块密度（个/km²）	景观形状指数	分维数	聚合度（%）	申农多样性指数
乡村建设用地	0.4787	39	2.309	8.8509	1.1065	85.9144	—
区域交通设施用地	0.3589	20	1.1841	23.3636	1.3203	53.3993	—

续表

景观类型	2005年						
	面积百分比（%）	斑块数量（个）	斑块密度（个/km^2）	景观形状指数	分维数	聚合度（%）	申农多样性指数
耕地	1.6619	14	0.8289	7.0519	1.1279	94.2322	—
林草地	96.3058	6	0.3552	3.7274	1.1682	99.6613	—
水域	1.1947	2	0.1184	7.8833	1.2155	92.2388	—
总体	100	81	4.7955	4.2491	1.1703	99.2506	0.203
景观类型	2014年						
	面积百分比（%）	斑块数量（个）	斑块密度（个/km^2）	景观形状指数	分维数	聚合度（%）	申农多样性指数
乡村建设用地	1.2277	35	2.0721	9.5191	1.1233	90.498	—
区域交通设施用地	0.5108	77	4.5586	29.5678	1.243	50.3096	—
耕地	0.7501	8	0.4736	5.2098	1.131	93.9758	—
林草地	96.557	6	0.3552	4.62	1.1981	99.5511	—
水域	0.9544	2	0.1184	8.3913	1.2048	90.6557	—
总体	100	128	7.578	5.0164	1.2005	99.0617	0.1959

（a）

（b）

图4-23　不同变化程度的城郊山地型乡村景观

（来源：自摄）

4.5 快速城镇化时期西安都市区城郊乡村景观演变动因与存在问题

4.5.1 西安都市区城郊乡村景观演变的动因

西安都市区城郊乡村景观演变是随着工业化的进步、社会经济的发展、与快速城镇化的推进，城镇作为增长极，所产生的聚集效应与扩散效应逐步增加，城郊乡村在此过程中流失人口与资源，同时耦合都市区发展需求，更新自身产业水平与产业结构。

具体可体现在以下几个方面:

（1）城镇空间形态的扩张

在快速城镇化阶段，在集中发展力与分散发展力双重作用下，西安主城区同心圆式的单中心城市结构被打破，并向多中心结构转变，城镇体系也随之升级，西安都市区逐渐形成。西安都市区城市形态最终形成一个大型中心团块与外围松散组团和斑块所共同组成。中心城区的扩张使得紧邻城区的乡村景观演替出大型的、综合性功能的城市景观斑块，形成城市边缘区。同时，一些对廉价土地、良好环境需求较高，而对交流活动需求较少的城市功能向更外围的乡村疏散，从而在乡村景观中出现小型的、单一功能的城市景观斑块，如孤立在乡村景观中的大中专院校、科研院所、物流仓库、工矿企业、工程设施、道路交通设施以及墓园等。

（2）乡村产业结构的升级

依托自身矿产、旅游、土地等资源，耦合都市区发展需求，部分城郊乡村积极开拓乡村二、三产业，逐步摆脱依靠单一农业，实现产业结构的升级。更多的新型产业功能被引入乡村，乡村建设用地中增加了大量的乡村工矿用地、旅游用地以及商业服务用地，促进乡村景观中乡村建设用地斑块比例的迅速增长，同时也侵占了大量的农用地，造成了农用地比重的下降。

（3）农业产业的快速发展

2012年，西安人均生产总值51166元，六个区县的人均生产总值超过1万美元大关，工业反哺农业的经济基础已经成熟，伴随着国家各级农业帮扶政策的落实，农业投入增加，温室大棚、水利、防洪等农业基础设施增多，部分地区实现坡地改梯田工程，改变着乡村景观。农产品结构的改变，粮油棉种植比重下降，为城镇提供蔬菜、瓜果与绿化树种的蔬菜大棚、园地和苗圃的快速增加，也改变着乡村景观感知。农业机械化的发展，大规模的机械化作业使得原有小块的耕地整合成大面积耕地，斑驳的农田景观感知逐步减少。

（4）生态保护政策的落实

快速城镇化阶段也是生态保护意识增强与经济快速发展的时期。生态保护意识增强使得退耕还林还草工程与天然林保护工程等措施得以深入人心，经济快速发展能够为生态保护政策提供资金支持。一系列生态保护政策的落实深入地改变着乡村景观，使得耕地斑块减少，林地与草地斑块扩大，河流廊道拓宽，改善着乡村景象，提高环境的舒适度。

（5）城市文化的广泛传播

台湾学者张丽堂将城市文化定义为“人类生活于都市社会组织中，所具有的知识、信仰、艺术、道德、法律、风俗，和一切都市社会所获得的任何能力及习惯”[258]。城市文化表现为聚集性、开放性、世俗性、秩序性、财富性与人工性。城市文化在西安都市区城郊乡村中的传播，直接导致乡村人口的审美情趣、价值取向、生活方式等，也直接导致乡村景观的特征向城镇景观特征的转变。

4.5.2 西安都市区城郊乡村景观演变存在的问题

快速城镇化时期，西安都市区城郊乡村景观产生了巨大的变化，这种演变有趋于产业合理构成、自然环境修复、人居环境改善的良性改变，但也存在着诸多问题，主要有以下几个方面：

（1）城镇景观斑块的无序布局

快速城镇化时期，对土地价格敏感的一些城市职能开始外迁，城镇景观斑块出现在乡村景观中，然而这些城镇景观斑块由于缺少统一而合理的规划，存在着无序发展的情况。为了获取更少成本、更优良环境的土地使用权，外来资本往往选择更易利用优良的农田、良好的自然生境地等进行建设。无序发展的城镇景观斑块，对乡村农业生产与自然生态环境保护产生了严重的影响。这种现象普遍出现在距主城区与良好自然景观较近的平原型乡村景观、台塬型乡村景观、山地型乡村景观中。

（2）乡村建设用地斑块的盲目扩张

经济的发展刺激了西安都市区人工活动的增加，也带来的乡村建设用地的扩张，然而这种扩张并未立足于现实的需求，而是存在着盲目的扩展。这种现象主要集中在以下两个方面：一方面，由于农民的市场经济意识较弱，从众心理较强，往往对于乡村产业的发展条件与形势产生误判，导致一些农家乐、工矿、厂房、仓库等项目的盲目兴建，低质化竞争严重，造成大量空废；另一方面，虽然乡村常住人口在大量地流失，但乡村中的攀比之风盛行，外出村民回乡建设的愿望仍很强烈，新批宅基地继续不断增加，但新建民居院落的日常使用率极低，造成严重的浪费。

（3）优质耕地严重侵占

无论是城镇斑块的进入，还是乡村建设用地的扩张，都是通过占用乡村中的耕地而实现的。尤其是临近村落的耕地，往往地势平坦，灌溉便利，综合耕种条件较好，却成为首先被侵占的对象。前文中，关于西安都市区城郊四类乡村景观在快速城镇化时期的典型演变研究中，发现各个景观样片中的建设用地均有增加，而耕地无一例外地出现了减少。城郊耕地有着重要的农业生产、改善区域生态环境、限制人工景观无序扩张的诸多功能。城郊耕地被严重侵占，也就使得以上这些功能的逐渐减弱，影响着西安都市区的粮食安全、生态环境品质和城乡用地合理布局。

（4）自然生境恢复缺少系统的生态考虑

伴随着快速城镇化时期，经济的增长和生态保护意识的提高，以及退耕还林、还草工程与天然林保护工程的落实，使得西安都市区城郊乡村地区的自然生态环境有了明显的恢复，乡村景观斑块中林草地的面积比快速提高。但是自然生态环境的恢复仍然缺少系统的生态考虑，以及足够理论指导的景观生态规划和实施策略。

以退耕还林工程为例，根据中国2003年实施的《退耕还林条例》，退耕还林的主要区域为："水土流失严重的；沙化、盐碱化、石漠化严重的；生态地位重要、粮食产量低而不稳的、江河源头及其两侧、湖库周围的陡坡耕地以及水土流失和风沙危害严重等生态地位重要区域的耕地。而对于基本农田保护范围内的耕地和生产条件较好、实际粮食产量超过国家退耕还林补助粮食标准并且不会造成水土流失的耕地，不得纳入退耕还林规划"[259]。从退耕区域选定目的来看，是以保证生产与生活、修复荒漠化、阻止水土流失为主，是自然生态环境修复与保护的低层次目标，仍然过度地倾向于农业生产，还未把实现区域生态系统整体的良性运转作为目标，不能按照生态与生产结合的原则，系统的规划区域中的所有用地，合理地布局经营景观、人工景观以及自然景观。由县级人民政府的林业部门负责安排具体的退耕工作，往往出现生态考虑不周，技术力量参差不齐，造成林地布局不合理，树种单一等现象。如：丘陵型乡村景观样片的景观指数对比中可以看出，施行退耕还林还草政策后，林、草地斑块数量大幅增加，说明斑块之间的连通性不高，难以形成物种交流的良性生态系统。

（5）乡村景观风貌缺乏传承与保护

"中国是一个历史悠久的农业大国，至今已经有了近万年的农耕历史"[260]，在传统的农耕社会里，农业是经济与物质的主要来源，而乡村生态环境是农业生存的根本，中国人很早便认识到这一点，将克制个人物欲，维护农业生态环境作为一种文化基因，代代传承。西安所处的黄河流域是中国最早的农耕文明发源地之一，在这种小心翼翼地维护农业生态环境做法的影响下，形成了西安都市区独特的传统乡村景观风貌，具有极高的景观经济和文化价值。然而，在城市文化与全球化的冲击下，西安都市区城郊乡村景观风貌，尤其是建筑风格，正逐步地趋向于城市样式，乡村总体景观风貌缺乏对于优秀传统的继承。同时，在西安都市区，乃至绝大部分的中国，对于乡村景观风貌的保护还没有形成普遍的共识，更缺乏切实有效的措施。高速公路、铁路、高压电塔等大型基础设施在规划、设计与建设中，并未考虑对乡村景观风貌的影响，巨大的体量与冰冷的样式，毫无遮拦地矗立在乡村景观中，成为最格格不入的景观元素。

4.5.3 西安都市区城郊乡村景观演变存在问题的根源

首先，在当前城乡体系下，上级城镇的管理难以深入到乡村自治的体制中，使西安都市区城郊乡村成为都市区中缺乏有效集中管控的地区。长期以来，“熟人社会”的乡村往往更倾向于封闭的“自治”，对于外界干预有着天然的抵御。在我国长期奉行的城乡二元体制中，城镇与乡村又长期存在社会管理、土地政策等方面的隔离与差异，因此对于土地和开发建设的集中管控难以在乡村中推行。

其次，西安都市区城郊乡村人口消减严重，尤其是大量优势人口流失，使得乡村理性的自我管理能力被极大削弱。快速城镇化时期，城镇像巨大的“抽水机”，从乡村中吸收了大量的人口，这些人口往往是乡村中体力、智力、受教育水平都占优的中青年人，也是乡村中主要的高素质劳动力。优势人口的丧失，令乡村自我管控的水平、能力、效果的极大削弱，难以从理性和长远角度思索乡村发展，保护公众利益。

最后，大量资本进入乡村，令乡村成为资本空间生产的场所，乡村景观要素成为资本运作的实体。“资本是投入到生产过程中能进行保值和增值的价值，资本的本质是带来剩余价值”[261]，贪婪的逐利是无限性的，进而会引起一连串的社会、经济、生态的负面效应。快速城镇化期间，社会主义市场经济体制逐渐完善，工业化快速推进，令西安都市区的社会资本迅速积累，并在各个领域与空间进行流动。在资本进入乡村以后，缺乏管控的资本深入到各个领域，一切以资本所有者的利益进行运作，侵占着乡村中的优质资源，挟持了广大村民的公共利益。

4.6 本章小结

第一，基于现有国内外研究成果，对景观与乡村景观概念进行界定，开展对城乡景观差异的辨析，从而深刻理解乡村景观的内涵。

第二，剖析西安都市区城郊典型乡村景观空间异化的因素，确定地形为主导因素，按照地形分类，提出：平原型、台塬型、丘陵型与山地型4种城郊典型乡村景观类型，并据此进行空间区划。

第三，针对西安都市区城郊的4种典型乡村景观类型，借助景观生态学的“斑块–廊道–基质”模式，总结这四类乡村景观的主要的特征与景观感知。

第四，面对快速城镇化时期是西安都市区城郊各个典型乡村景观产生巨大差异，通过乡村景观样片的景观指数对比与景观感知对比，研究各类乡村景观的典型演变的特征、动力因素，剖析演变存在的问题与根源。

第5章 西安都市区城郊乡村发展模式与空间区划

本章将借鉴国内外城郊乡村发展经验，分析城乡供给与乡村转型动力，提出西安都市区城乡关系转型进程中，城郊乡村未来的发展模式，并通过建立空间区划的评定体系，利用“3S”技术与空间分析方法，实现西安都市区城郊乡村发展模式的空间落，进而可与乡村景观典型类型实现空间匹配。

5.1 西安都市区城郊乡村发展模式的基础

5.1.1 西安都市区城郊乡村转型的内涵

（1）西安都市区城郊乡村转型的概念

按照系统论的观点理解乡村，乡村是一个集经济、社会、空间、生态等所构成的动态开放系统，处在城乡体系的大环境中，不断与整个大环境发生着物质、信息、能量的关系。“系统的结构、状态、特性、行为、功能等随着时间的推移而发生的变化，称为系统的演化内外因素作用的结果，内部动力主要指系统内部各要素之间的相互作用或结构的改变，外部动力指环境的变化以及环境与系统相互作用方式的变化，导致系统内部发生变化，从而最终导致系统整体特性和功能的变化”[262]。乡村发展属于乡村系统的演化。传统封闭性的乡村受第一产业的制约，由内部动力所推动的演化缓慢。如今中国乡村快速变化的主要动力为外部环境所产生的，即城乡体系的改变。整个城乡体系在社会、经济的快速变革，一方面，改变了各种交换的内容、强度、频率，促进了乡村系统的改变；另一方面，也造成乡村原有各个系统不能适应这种变化节奏时，乡村问题逐渐突显。

按照控制论的观点，系统的发展具有可控空间，在变化的可能性中，可以运用控制能力，去改变系统演化的目的与速度[263]。当乡村系统原有结构不适应快速变化的城乡体系大环境，各种乡村问题集中爆发，制约城乡统筹发展时，需要在短时间内大幅度地调整乡村中各个子系统，以破除发展的障碍，建立起新的乡村系统，从而实现乡村跨越式发展。这种在短时期内进行的乡村各系统变化被称为乡村转型，也称乡村重构。

乡村转型研究的视角集中于经济学、社会学、地理学领域，重点关注乡村中的“效率、农民、空间”[264]，张泉（2006）认为乡村转型是“以科学发展观为指导，全面贯彻落实城乡统筹战略而事实的一项集经济、社会、空间为一体的乡村发展战略”[265]；刘彦随（2007）认为是“实现乡村传统产业、就业方式与消费结构的转变，以及由过去城乡隔离的社会结构转向构建和谐社会过程的统一”[266]；花龙楼（2012）认为是“快速工业化好城镇化进程中因城乡人口流动和经济社会发展要素重组与交互作用，并有当地参与者对这些作用与变化做出响应与调整而导致的农村地区社会经济形态和地域空间格局的重构过程”[267]。

综合多位学者的观点，可以将乡村转型理解为在新的时代背景与区域环境下，对乡村经济、社会、空间等各个系统，进行适当的调整和重新安排，以协调乡村人口、产业、资源、环境，适应时代与区域发展趋势，破解当前乡村出现的困难，实现乡村的良性发展的短期性乡村变革过程。

根据该概念，西安都市区城郊乡村转型可以理解为在未来的发展中，西安都市区城郊乡村主动的调整乡村中社会、经济、文化、人居环境等各个子系统，重点针对乡村产业、人口、乡村景观、聚落规划、民居建筑、生态环境等方面进行深刻的变革，继承现有乡村适应性自发展模式的经验，破解其瓶颈，探索新的发展途径，积极抓住城乡关系转型的新机遇，耦合新需求，以适应未来都市区城乡体系大环境转变趋势。

（2）乡村转型是落实西安都市区城郊乡村发展战略的途径

西安都市区历经了近代兴起的现代工业、新中国成立以后的计划经济、近三十余年的改革开放、二十余年的快速城镇化，以及近十余年的“工业反哺农业，城市支持农村”，作为乡村系统所处的大环境，一直处在变化之中，尤其是近年来的速度明显加快。乡村中的社会、经济、文化、人居环境等子系统虽然出现了新的转变，但仍然基本建构于传统社会。面对大环境改变所带来的物质、信息、能量交流的波动，城郊乡村总是盲目顺从、被动接受、疲于应对，造成适应性自发展模式出现的诸多瓶颈。在前文中提出了西安都市区不同乡村的发展战略，对于城郊乡村确定了“多样化主动适应”的基本战略，以此应对出现的问题，并适应未来的趋势。城郊乡村发展战略是对乡村发展的总要求与长远定位，“多样化”与“主动适应”都需要落实在每个乡村中社会、经济、文化、人居环境等各个系统上，只有对各系统进行深刻的变革，才能发展出多样的乡村特征，适应多样化的都市区需求，进而落实乡村发展战略，因此乡村转型是落实西安都市区城郊乡村发展战略的途径，是一条乡村“必走的路”（图5-1）。

5.1.2 西安都市区城郊乡村发展模式的内涵

（1）西安都市区城郊乡村发展模式的概念

发展是“事物在规模、结构、程度、性质等方面发生由低级到高级，由旧质到新质的变化过程”[268]。乡村发展是乡村社会、经济、文化、人居环境等诸多领域摆脱旧状态，克服现有问题与困境，进入新状态的过程。模式是“某种事物的标准样式或使人可以照着做的标准形式”[206]。为了实现乡村转型，本书提出乡村发展模式的概念，即：立足于城乡关系转型，突破现有乡村适应性自发展的瓶颈，以城郊乡村在都市区中的主要职能为重点，涵盖乡村产业结构、经济运行方式、人居环境构建等各个乡村子系统的，差异化乡村转型的标准形式。

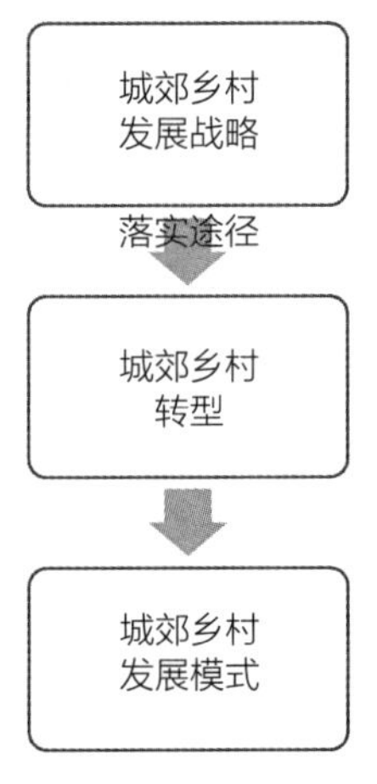

图5-1 城郊乡村发展战略与城郊乡村转型的关系
（来源：自绘）

（2）乡村发展模式是实现西安都市区城郊乡村转型的可行性方法

西安都市区城郊乡村聚落点有近9000个，每个乡村有着不同的特征，如果针对每个乡村，从长远角度与区域角度，研究其转型发展的道路，需要巨大的工作量，这种做法是不切实际的。面对复杂而多样的事物，较常采取分类法进行研究。采用分类法是“由于客观事物有多方面的属性，事物之间有多方面的联系，因而人们可以根据不同的实践需要，依据不同的标准，对事物进行各种不同的分类，可以使大量繁杂的材料条理化、系统化，从而为人们进行分门别类的深入研究创造条件。”[269]因此对于为数众多不同的乡村，提出其转型发展道路的可行性方法就是分类，通过总结城郊乡村适应性自发展启示，按照西安都市区的关键需求与乡村所能耦合的主要职能，提出若干种新的乡村发展模式，以此指导城郊乡村在城乡关系转型中的“多样化主动适应”的发展。因此提出西安都市区城郊乡村发展模式是乡村转型的可行性方法。正如：城市规划通过若干种的用地性质来划分城市用地，虽然用某一种性质来表示该地块的职能，但现实中的每个地块并不只具备该种单一功能，而该职能则是用地的主要职能（图5-2）。

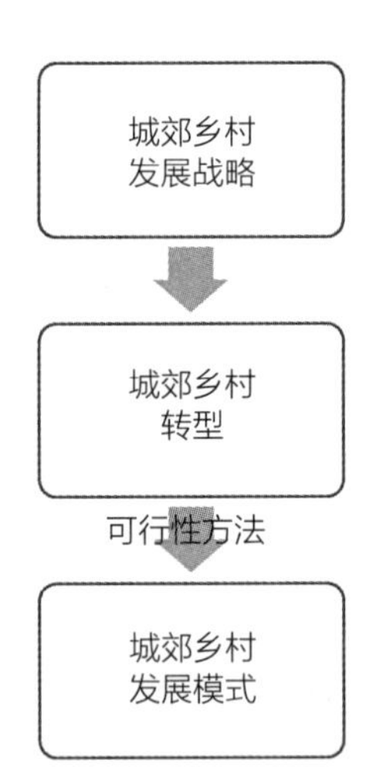

图5-2 城郊乡村转型与城郊乡村发展模式的关系
（来源：自绘）

5.1.3 西安都市区城郊乡村发展模式提出的现实需求

根据前文所梳理的概念，乡村发展模式是基于乡村发展现实，抓住乡村发展的主要矛盾与关键问题，以乡村在都市区中主要职能为主导，涵盖乡村产业结构、经济运行方式的差异化乡村发展的标准形式。目前，西安都市区城郊乡村的差异化发展虽然初现端倪，但并未形成典型的乡村发展模式类型，本书之所以提出西安都市区城郊乡村发展模式，是立足于以下的现实需求：

（1）重拾城郊乡村自身价值的重要性

在中国，城市与乡村是人类聚居的两种主要形式。工业化之前，农业、手工业作为经济的主体，其主要聚集在乡村，城市仅作为政治的中心。工业化之后，第二、三产业构成经济的主体，城市逐渐成为区域政治与经济的中心，乡村地位开始下降，乡村所具有的价值也一并被忽视，而重新重视与发掘乡村的价值，是西安都市区城郊乡村发展模式确定所要重点关注的。

（2）扭转城郊乡村自我发展的盲目性

当前，西安都市区城郊乡村的自我发展存在着比较突出的盲目性，纵观全局主要体现在以下几个方面：

第一，乡村产业的同质化恶性竞争。以第一产物为主的乡村产业，本来就处在产业层级的初级，发展受到有限的自然产出、薄弱的资本投入、较低的人口素质所制约，提高生产力与增值均较为困难，某一地域中出现的新兴产业或经营方式，总是被迅速抄袭，缺乏创新的简单复制，造成同类型的产品供大于求，形成同质化的恶性竞争。如：西安都市区城郊地区中广泛出现的葡萄种植产业、以经营鱼塘和农家餐饮为主的低端农家乐等。

第二，人居环境建设缺乏继承传统文化，一味抄袭城镇风格。城镇文化作为当前的强势文化，强烈地渗透到西安都市区城郊乡村的方方面面，乡村人居环境建设一味地抄袭城镇风格，从而丢弃了传统乡村人居环境建设的功能理性、绿色循环、独特风貌以及低成本营建的特征，造成千篇一律，不伦不类，成本上升的情况。例如：遍布乡村的民居建筑，不顾乡村生产、生活需求，模仿城镇别墅的营建方式；乡村中的园林绿化模仿城镇特色，消耗人工大，植物长势不良；乡村基础设施建设追求城镇模式，投入高，利用低，浪费多。

第三，乡村青年人口的持续流失。城镇在经济、文化方面具有强力的吸引力，尤其是对于青年人，造成乡村人口的大量流失，其中不乏众多人口不具备城市生活的技能而盲目跟风外迁，造成城镇负担过重，而乡村劳动力大量流失。

第四，乡村自然资源与生态环境破坏严重。在西安都市区城郊乡村中，盲目提高农田产出而造成化肥与农药的滥用；对于矿产资源的破坏性开发；过度发展鱼塘、园林植物、耗水工业等导致水资源的紧缺与污染；追求短缺效益，引进污染型工矿企业造成乡村生态环境的破坏；旅游活动深入乡村腹地，人工活动严重干扰野生动物栖息地等问题普遍存在。

（3）提高外部帮扶城郊乡村的导向性

2004年，“工业反哺农业、城市支持农村”的城乡发展政策，与2005年，社会主义新农村建设的再次提出，标志着在国家整体经济实力的充实下，大规模外部扶持的乡村发展开始实施，农业、乡村人居环境建设、服务设施、交通设施等是外部扶持乡村的主要方向。以上国家政策的推行，符合时代背景与社会经济发展规律，对于破除城乡矛盾有着非常积极的作用。然而这些政策在具体实施过程中存在着导向性不足的问题，在西安都市区城郊乡村实地调研过程中，发现以下的问题：

首先，在农业扶持的方面。由外界兴建的现代农业示范园区的实际产业带动能力不强，部分项目以套取国家农业科技扶持资金为实际目的；农业基础设施建设的扶持力度虽然较大，但缺乏社会、经济、自然等综合考虑，不能因地制宜，例如：在部分山地与丘陵地区进行了大规模的梯田建设，然而这些地区本应作为区域中的自然生态保育地，又因该地区人口锐减，机耕作业不便，修好的梯田实际撂荒较多；科技推动农业的发展，主要利用现代工业，作物高产的背后，也造成了化肥与农药的过度使用，乡村生态环境遭到破坏，食品健康与农产品品质受到影响。

其次，在乡村人居环境建设扶持的方面。新农村建设容易忽视生产优先的原则，陷入了“给农民盖新房”的误区；大部分新农村规划与建设往往机械规整，千篇一律，失去地域传统乡土风格；援建的民居建筑仿照城市别墅样式，脱离本地乡村生产与生活的功能需求，不能继承地域特色的建筑风貌；建设工程中的材料与技术，需要大量地从外界引进，增加了施工难度与承包，也不利于本地产业发展；援建工程往往未顾及乡村人口衰减的现状，造成大量建筑的使用率低，甚至荒废。

最后，在乡村公共服务设施与基础设施建设方面。部分公共服务设施不符合乡村人口的实际需求，如：村干部往往在家中办公，村委会、文化活动站等设施使用率较低；基础设施建设不能跟随乡村人口、产业的动态发展，如：人口衰减却兴建过量的基础设施、道路建设的标准难以适应大尺寸与大载重量汽车和农机的使用。

在处理西安都市区城郊乡村接受外部帮扶存在的问题时，提高引导性是破解的主要方式，因此需要基于城郊乡村社会、经济、资源的综合性研究，预测未来发展趋势，确定实施策略，从而做到因地制宜，有的放矢。通过建立西安都市区城郊乡村发展模式，可区分出不同的乡村发展类型，指导外部帮扶提供不同的帮扶侧重和力度，提高帮扶的引导性。

（4）增加都市区中城乡发展的协调性

都市区是由各级城镇与乡村组成的，都市区中城乡协调发展是由城镇体系与乡村的共同协调所实现的。在当今的西安都市区中，城郊乡村的快速衰败，城乡差异加大，城乡互补失衡，破坏着都市区的协调发展。这具体表现在以下方面：

第一，城乡在经济、人口、基础设施、文化方面出现巨大差距。工业化与城镇化促进着中国城镇的发展，资本与人口向城镇集中，二元结构的城乡体制又限制了资源与产业向乡村转移，从而更加拉大城乡发展速度的差异，乡村的落后导致都市区内部发展的不均衡，加大了城市人口、产业、空间、环境的负担，进而影响着社会的公平与和谐。尤其是近年来，西安都市区的城乡经济差距持续加大，根据西安统计年鉴的数据进行计算，虽然西安农村居民收入每年以高于城镇居民的速度增长，但是收入绝对值的差距依然在逐年扩大，2002～2014年该差值增加了4.8倍（图5-3）。经济的差距进而导致了乡村人口的大量流失，尤其是优势人群流失严重，对乡村而言可谓是“釜底抽薪”，根据调研西安都市区城郊乡村人口中有34.88%常年外出。同时，基于稀疏人口所建立的小型公共服务设施与基础设施难以升级。在城镇文化强势崛起中，乡村的整体衰败导致了乡村文化逐渐没落。

第二，都市区人口的巨大休闲旅游消费能力，在城郊乡村中难以有效释放。每逢节假日，承担休闲旅游产业的城郊乡村，如：秦岭北麓的长安县与户县段，难以承载大量的休闲旅游人口，造成旅游品质下降，过多的人工干扰失去了乡土风貌。

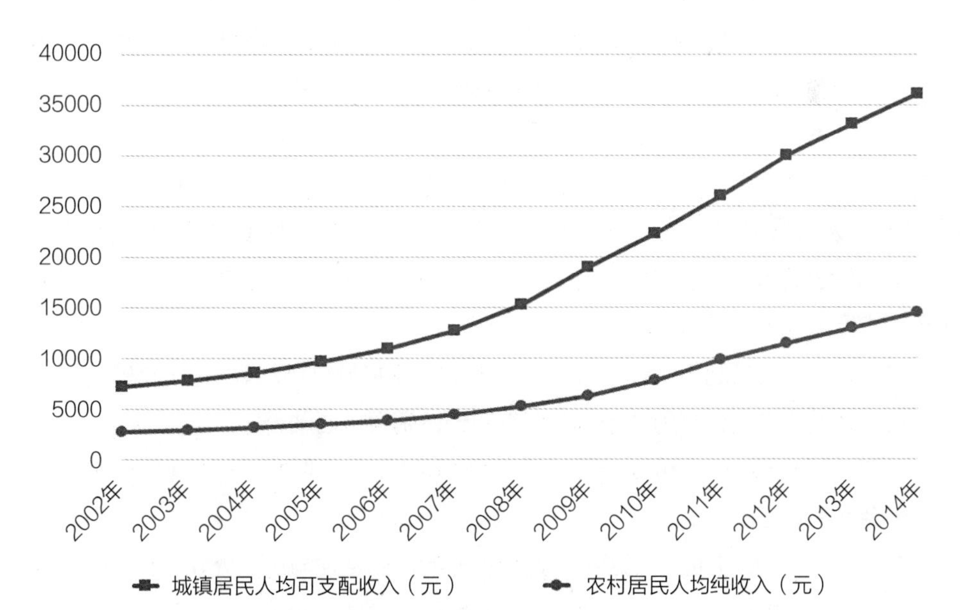

图5-3　2002年至2014年西安城镇居民人均可支配收入与农村居民人均纯收入变化
（来源：《西安年鉴》）

与此同时，大量具有良好旅游资源的乡村，如：秦岭腹地、丘陵区内的乡村，仍未能得到开发，乡村产业落后。一方面，都市区人口有着巨大的休闲旅游消费能力，另一方面无序、低质发展的城郊乡村难以承接这些消费需求。

第三，城郊农业成为产业发展的短板，不能满足都市区人口今后日益增长的需求。按照国外都市区发展经验，城郊乡村是作为都市区中蔬菜、水果及农副产品的重要来源地。城郊乡村因其运输距离较近，能够保证农产品新鲜，而地租价格更高，往往以生产高附加值农产品为主。随着健康生活方式的推广，都市区人口消费能力的提高，对于新鲜食品、有机食品、无公害食品的需求增加，而城郊乡村的农业将有着广阔的发展潜力。然而此时，在西安都市区中，城乡产业多元而丰富，高端农产品需求还未兴起，农业在竞争中处于劣势地位，附加值低，对于农业的依赖远小于其他地区，因此资金、技术、人才难以流向农业，农产品外购比例大，使得城郊农业发展成为短板，难以适应都市区人口日益增长的需求。

5.2 国内外城郊乡村发展经验

5.2.1 英国伦敦

2000年英国恢复了于1986年取消的大伦敦政府，该政府所管辖的伦敦市与32个自治市，其共同构成了伦敦都市区[270]，总面积为1572km^2[271]，2011年的人口为817万[272]。第二次世界大战后，英国政治、社会、经济的发展逐渐趋向于欧洲大陆，自20世纪末欧洲联盟成立后，英国已基本融入欧洲大陆，欧盟的相关政策直接影响着英国伦敦都市区发展战略，如：1991年出版的《2000年的欧洲：欧共体区域发展展望》、1994年发布的《2000年的欧洲：为区域发展而合作》、1999年发布的《欧洲空间发展展望》等[273]。在2004年大伦敦政府颁布的大伦敦空间总体规划中，既继承了传统英国城乡规划与发展的脉络，又融入了欧共体发展的相关思想，其中关于都市区城郊乡村发展的战略有以下方面：

第一，仍然坚持利用城郊乡村作为“绿带”，来控制城市的蔓延，严格限制“绿带”中的建设，并充分利用“绿带”提供户外休闲娱乐活动；

第二，强化城郊乡镇的发展，建设“城市村庄”，提供集中的现代化服务设施，避免乡村地区的衰退；

第三，设立国家公园，以保护乡村中重要的自然景观与历史景观；

第四，补贴农业，提供稳定的乡村就业岗位，维持农业景观，并就地提供农产品，保障城乡供给安全；

第五，积极维护广大乡村景观的传统自然田园风貌与良好的生态环境（图5-4、图5-5）。

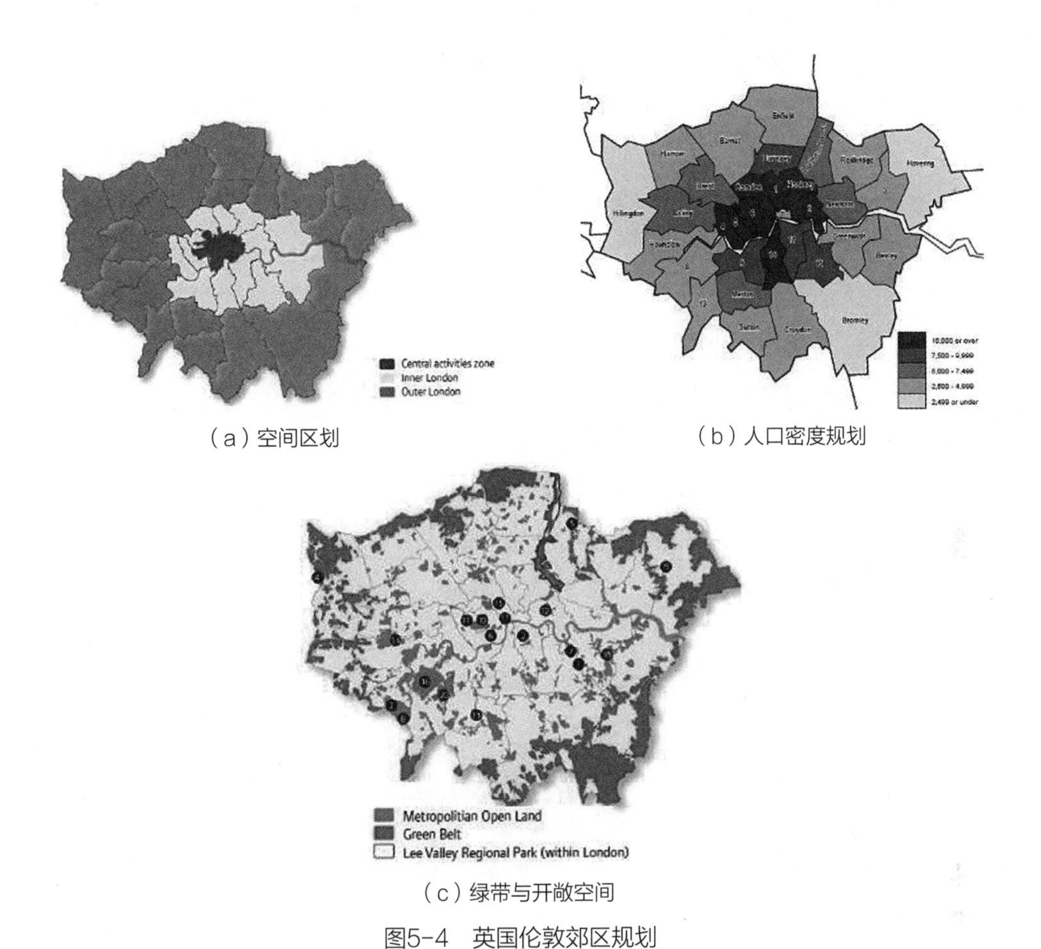

（a）空间区划　（b）人口密度规划

（c）绿带与开敞空间

图5-4　英国伦敦郊区规划

（来源：伦敦规划2009）

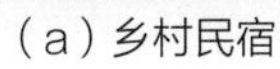

（a）乡村民宿　（b）农事体验

图5-5　英国伦敦郊区乡村

（来源：http://www.lefeng.com）

5.2.2 法国巴黎

巴黎大区位于法国中部，包括巴黎市与其他七个省级辖区，总面积12012km^2，2014年总人口为1180万。大巴黎都市区分为城市核心区、近郊区与远郊区，郊区面积约占都市区面积的99%，而郊区人口约占都市区总人口的70%，而各区的就业岗位却基本相同。乡村景观由核心区向外围郊区，比例逐渐升高，整个郊区约有70%的土地为“绿色”。第二次世界大战后，巴黎的集中过度发展影响到了整个国家的经济、社会的提高，因此提倡利用“增长极”带动落后地区，以均衡的目标实现区域的整体协调发展。因此对于大巴黎都市区的城郊乡村，采取了以下发展战略措施：

第一，积极提升乡村聚落的公共服务设施与基础设施；

第二，维持乡村农田、林地等绿色景观的用地比例；

第三，提高乡村建设用地上的建设密度与容积率，扩大乡村规模，为外来城镇人口提供更多住房，发展乡村房地产业。

以上措施使得作为衰败地区的乡村人口增加，城郊乡村出现城镇化的倾向，有的乡村演变为大城市的一部分，有的演变为城市外围的“卧城”，而有的则演变为小城镇，但以“绿”为主的整体乡村景观特征基本维持（图5-6、图5-7）。

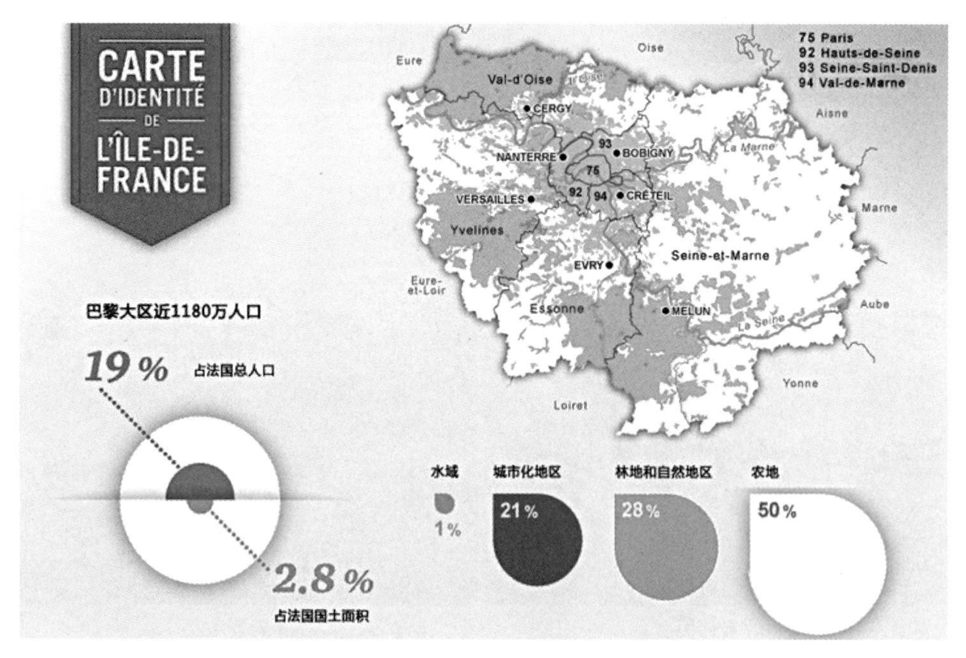

图5-6 巴黎大区2030年战略的空间规划

（来源：http://bbs.caup.net）

（a）维持乡村农业

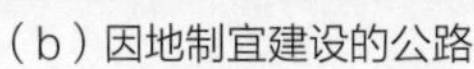

（b）因地制宜建设的公路

（c）和谐的自然、人工、经营景观

（d）扩大部分乡村功能与规模

图5-7　法国巴黎郊区乡村

[来源：（a）与（b）为自摄；（c）与（d）来源于应强]

5.2.3　日本东京

日本东京地区包括了“区部”“市部”“郡部”“岛部”。其中“区部”为城市核心地区，“市部”与“郡部”为近郊与远郊地区，“岛部”为海岛地区。首先，由于日本对土地私有制的严格保护造成了大规模的开发建设难以推行、个体建设的多样，以及农用地与建设用地交错；其次，日本发达的经济水平使得乡村的建设水平、服务设施水平与城镇同步；最后，狭小的国土与严格的自然绿地保护措施令建设用地紧张。基于以上因素，东京地区的城郊乡村发展战略有以下方面（图5-8）：

第一，为了就近提供生鲜食品、绿色景观和避难场所，反对将现有农业用地全部变为建设用地，从而实现城乡一体融合；

第二，限于较少的土地资源，积极开发多样化的都市农业，利用种植多样化有机食品、发展农业体验与教育活动等经营手段，提高农用地的综合产值；

第三，使得乡村地区与城镇地区拥有同等的公共服务设施与基础设施。

（a）小型都市农业

（b）极力保护的农业

（c）便利的基础设施

（d）受保护的河流廊道

图5-8　日本东京郊区乡村

［来源：（a）为http://www.ifeng.com；（b）~（d）为http://blog.sina.com.cn］

5.2.4　中国四川成都

在中共中央提出的“五个统筹”指导下，抓住西部大开发的战略机遇，成都市以提升城市竞争力，破解城乡二元结构体制，解决乡村发展问题为目标，反思发达地区城乡发展的经验教训，开创性地探索出一条城乡统筹发展的道路。成都的城乡统筹发展以各项政策为保障，以市场规律为动力，以工业向发展区集中、农民向城镇集中、土地向规模集中的“三个集中”为核心[274]，涉及城乡空间、产业、社会等诸多方面的全面发展战略。成都都市区中乡村发展从属于城乡统筹发展战略，自城乡统筹实施以来其城郊乡村发展方向主要有以下趋势（图5-9、图5-10）：

第一，对于城市边缘区的乡村，保留部分农用地，作为城市绿地与开敞空间，发展多样化的都市农业与休闲旅游业；

第二，对于广大郊区乡村，采取新型农村社区的方式，合并原有乡村，提高乡

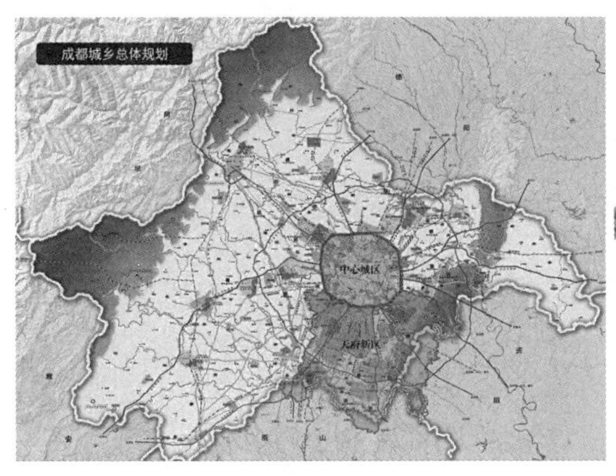

（a）城乡总体规划图

图例
生态绿线
水系湖泊
建设用地
生态田园
山体
生态绿楔
环城生态公园
成都市界

（b）绿地系统规划图

图5-9 成都城乡总体规划
（来源：http://www.cdgh.gov.cn）

（a）多样的乡村功能-美术馆

（b）优化景观感知-观光型荷塘

（c）多种的乡村产业-花鸟鱼虫展销

（d）休闲观光农业-体验型农场

图5-10 成都城郊乡村-“三圣花乡”
（来源：自摄）

村居民点的聚居规模；

第三，大力发展乡村地区的基础设施与公共服务设施建设；

第四，建立了适应城乡统筹下乡村发展的农村土地流转机制、人口流动机制、社区治理机制、公共财政制度、公共服务体系机制等制度与措施。

5.2.5 国内外城郊乡村发展经验总结

比较研究国内外不同都市区的城郊乡村发展，可以从中总结出这些都市区的乡村发展战略有着以下经验：

（1）利用严格管控的“绿色”城郊乡村，来限制主城区的无序扩张

在资本追求增值的本能推动下，“空间被用来生产剩余价值”[275]，国内外的城市出现了快速的膨胀，城镇吞噬着城郊乡村，巨大的空间体量与高密度的人口聚居导致了诸多“城市病”的发生。面对这种情况，各国政府均利用了城市外围的绿地来约束城市向四周的无序蔓延。然而这些绿地并不是纯粹的自然景观，而是自然与经营景观比例较大、人工景观比例较小的城郊乡村。为了限制绿地内部的建设量，避免被城市所侵吞，维持绿地以“绿色”为主，通常对其中城郊乡村的建设采取了严格的管控措施。

（2）改善乡村落后地区的人居环境，基础设施与公共服务

在各个都市区中，城郊乡村较之于城市是相对落后的地区，乡村的落后突出体现在产业经济、人居环境、基础设施、公共服务等方面。这种落后的现状使得乡村成为制约区域发展的瓶颈，也导致了乡村人口的大量流失，城市人口压力的增加。因此，国内外都市区中城镇发展水平达到一定阶段后，均开始反哺乡村，其中一个有效的措施便是改善破败的城郊乡村人居环境、提升落后的基础设施与公共服务设施水平，以此促进城郊乡村的社会、经济崛起，分担城镇人口压力，实现区域的整体协调发展。

（3）延续乡村自然与田园风貌

第二次世界大战以后，私人汽车普及，节假日增多，城市居民驾驶小汽车出游的方式开始兴起，城市周边的乡村因其优美的自然与田园风貌、便利的区位交通吸引着众多城市游客。同时，各国均发现了城市的扩展与乡村地区的城镇化，使得乡村景观萎缩，优美的传统乡村风貌遭到严重破坏。基于上述因素，在各个都市区城郊乡村发展中均提出要保护优美的乡村自然与田园风貌，传承本地乡土文化，为都市区人口提供乡村游憩场所。主要方式是制定城郊乡村开发与风貌保护的限制性措施，在典型景观风貌地区建立国家公园、乡村公园、风景名胜区等。

（4）开拓多样化的城郊乡村产业

城郊乡村产业是乡村的经济基础，其健康、高效运行决定了是否能实现乡村整体的进步，进而促进整个都市区的发展。城郊乡村普遍作为都市区中的落后地区，改善其落后的现状是每个都市区乡村发展战略中的重要内容，其中外界投资以改善城郊乡村人居环境与服务设施是作为“输血”措施，而提升乡村产业是激活城郊乡村的“造血”功能。各个都市区的城郊乡村发展中均提出了要开拓多样化乡村产业的发展与升级模式，以提高城郊乡村的经济水平，创造更多就业岗位，分担城市压力，其主要措施包括以下方面：首先，第一产业提倡发展高附加值的农业，如：有机农业、休闲观光农业、现代农业等；其次，第二产业应减少对城郊乡村生态环境与景观风貌有影响的工业项目，发展无污染的小型工业；最后，第三产业着力发展城郊乡村的休闲娱乐业、旅游业、餐饮业。

（5）修复与保护城郊乡村的生态环境

“城市作为一个耗散结构组织”[276]，有着高度聚居的人口与巨大的能源物质消耗量，使得城市自身无法实现生态、物质与能量的平衡，必须依托周边的城郊乡村来消解城市排放的各种废弃物。在环保意识还未形成的时候，城市对于城郊乡村的生态环境造成了长时间的破坏，导致整个地区存在着严酷的环境压力。如今，城郊乡村生态环境对于消解城市废弃物、平衡都市区生态环境、维护生态多样性的价值已经被各界认同，因此各个都市区均在城郊乡村发展中提出了修复和保护乡村生态环境的措施，如：限制生态敏感地区的开发建设；划定严格保护的特殊动植物栖息地；减少乡村产业造成的污染；兴建城郊乡村环境保护设施等。

5.3　西安都市区城乡供需分析与乡村转型动力

5.3.1　西安都市区对城郊乡村的需求

根据前文对于西安都市区城乡空间格局与城乡关系转型的分析，西安都市区今后的发展离不开城郊乡村的存在，都市区对于广大城郊乡村有着如下的需求：

（1）对维持城乡生态环境平衡的需求

西安都市区的各级城镇作为人工集中作用、人工景观集中存在的区域，西安都市区需求城郊乡村的自然景观与经营景观来维持城乡生态环境平衡。城镇自身是无法提供足够的水源与氧气，需要时刻地从城郊乡村中输入大量的清洁的水和氧气，同时向城郊乡村排出大量的废水与二氧化碳。城郊乡村利用自身的自然消解能力，再将废水净化，利用植物将二氧化碳转化为氧气。

（2）对保护动植物栖息地，维持地区生物多样性的需求

“生物多样性是某一地区所有生物物种及其遗传变异和生态系统的复杂性总称”[277]。人类已经认识到了维持生物多样性，所有具有极其重要的生态价值、经济价值、资源价值等。保护生物多样性的关键在于保护“生物的生活环境”[278]，即生物栖息地。西安都市区各级城镇中强力的人工干扰，无法确保动植物栖息地不被干扰，必须利用人工干扰较小的城郊地区乡村景观来保存这些栖息地，进而保护本地区特殊的动植物资源，维持生物多样性。

（3）对农副产品的需求

农副产品主要是由农业所生产的产品，“包括农、林、牧、副、渔五业产品”[279]。农副产品是维持人类生存的物质基础，也是部分工业生产的原料。农副产品的生产主要由经营景观所承担，在西安都市区中，经营景观主要集中在城郊乡村，而城镇中是无法提供的。

目前，虽然交通运输与农产品保鲜技术的发展，使得多种农副产品可以跨地区运输，但从地区与国家粮食安全战略与食品新鲜度追求的角度考虑，往往需要为城镇就近提供农副产品，那么这部分产品的生产则需要由城郊乡村承担。

（4）对大型廉价空间的需求

城镇是人口、产业、建构筑高度聚集的区域，用地与空间资源稀缺，使用成本较高，对于一些占用空间比较大，经济效益低的功能，较难通过经济手段布置在城镇中，如：户外运动场、墓地、新建大中专学校、养老院等。而城郊乡村有着大量的空间与用地，和低廉使用成本，因此都市区往往需要城郊乡村中的大型廉价空间与用地，布置上述功能。

（5）对乡村休闲游憩活动的需求

城郊乡村中开展的各种休闲游憩活动是都市区中城镇居民的一项重要需求。

当前，西安都市区城镇居民对于城郊乡村的休闲游憩活动还处于起步阶段，与西方都市区仍有较大差距。从巴黎、伦敦、西安，三个城市在春季周日11时的实时交通路况对比中可以看出：以巴黎、伦敦为代表的西方都市区，周末人口出行遍布整个都市区；而在西安，周末人口出行集中于主城区（图5-11）。

然而，西安都市区城镇人口对于乡村休闲游憩活动的需求正在逐步增加。根据前文的研究与推算，到2030年，西安都市区的城镇化率将超过80%，超过千万的人口将居住在城镇之中。按照西方都市区的发展趋势，今后高密度的人口聚居，紧张的城市生活，远离自然的人居环境，将会迫使城镇居民在节假日的时候走进乡村开展各种各样的乡村休闲游憩活动，如：农事体验、登山、露营、野炊、骑马、射箭、自行车、滑翔机等城镇中难以开展的户外活动。

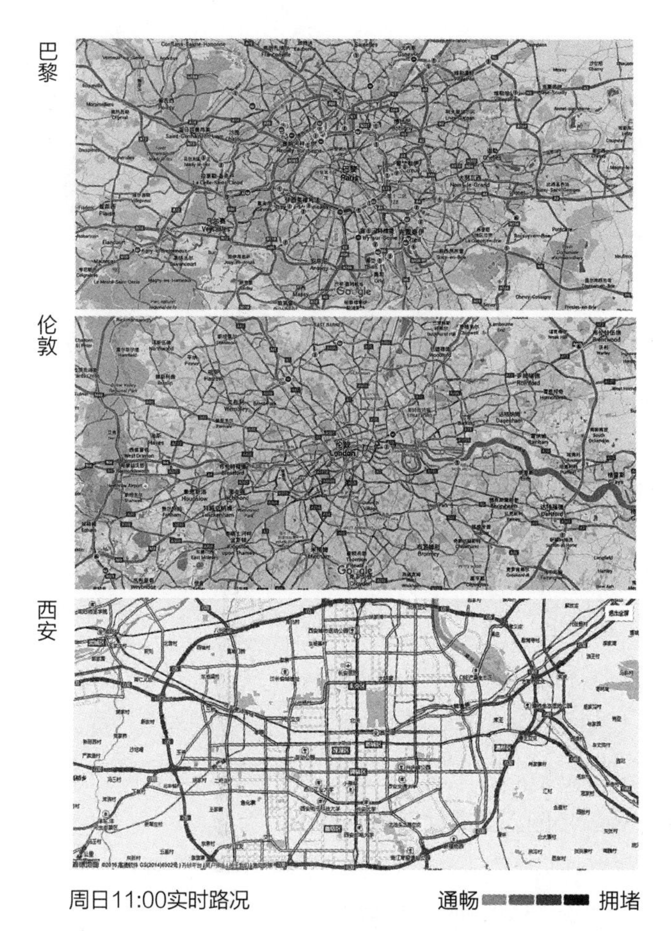

图5-11　巴黎、伦敦、西安春季周日11：00的实时路况对比
（来源：自绘）

5.3.2　西安都市区城郊乡村的价值

西安都市区城郊乡村包含的价值有如下方面（图5-12）：

第一，乡土文化的价值。乡土文化是人类在特殊的自然地理环境中长期形成的，蕴含着千万年来人类在乡村活动的经历总结，在全球化的浪潮中，乡土文化是定位本地特色的关键，在文化消费日渐兴起下，乡土文化将成为乡村复兴的资源；

第二，乡村的生产价值。城郊乡村作为都市区中一次产业的集中地，能够为城镇提供农副产品与矿产，便利的交通与区位可以保证农副产品的新鲜，减少其他资源的运输成本；

第三，乡村的生活价值。虽然目前乡村是农民人口的聚居地，但是中国传统社会中乡村一直是文人雅士的理想居住地，这种思想并未消灭，今后随着西安都市区郊区化发展与人们对田园生活的向往，西安都市区城郊乡村也将承接更多非农人口。

第四，乡村的生态价值。乡村景观中拥有众多的经营景观与自然景观，能够为都市区提供氧气与水，消纳城镇所排出的废弃物，为动、植物提供栖息地，维持区域的生态多样性与生态环境平衡；

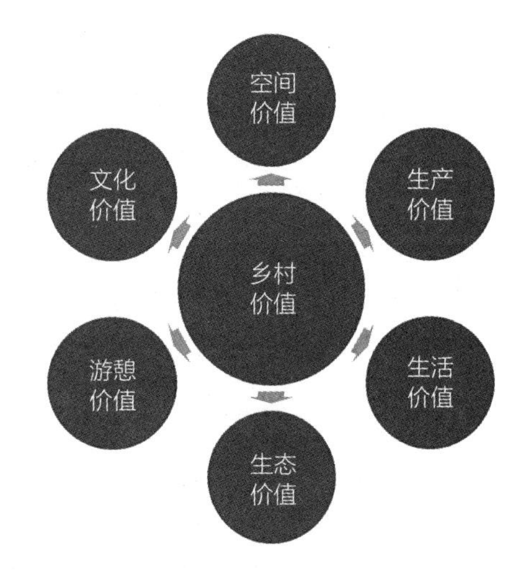

图5-12　城郊乡村价值示意
（来源：自绘）

第五，乡村的游憩价值。城乡景观差异日趋增加，城镇中较高的聚集度压抑着市民的身心，而乡村中有着优美的自然风光与田园景色，能够使人返璞归真、放松心情、享受田园生活，加之节假日增多与私人汽车普及，城郊乡村旅游正在成为经常性出游的形式。因此，开发城郊乡村的游憩价值是今后乡村发展旅游产业的基础。

第六，乡村的空间价值。城镇中各种要素的高度聚集，使得空间与土地成为稀缺的资源，然而乡村中的要素聚集度较小，空间与土地较为富裕，有着廉价的地租，便于为一些占地较广、产值较小的人工活动提供用地。

5.3.3　西安都市区城郊乡村转型的主要动力

影响西安都市区城郊乡村转型的动力因素有多个方面，在不同的时代背景下，这些动力因素此消彼长，或出现，或消亡，彼此之间相互制约又相互联系，构成复杂的动力机制。展望未来发展趋势，基于乡村内、外的两个视角，从以下方面探讨西安都市区城郊乡村转型的动力因素：

（1）城乡产业优化升级

根据产业经济学的定义，产业是指“在社会分工的条件下，进行同类生产，或提供同类服务的企业集合体”[280]。城乡产业是城乡经济的基础，决定着城乡各个领域的发展水平，“生产发展”也是社会主义新农村建设的首要目标，因此产业的优化升级是西安都市区城郊乡村转型的重要动力因素。产业的优化升级包含三方面的内涵：

其一，各个产业自身的发展，是指对内部的资本、人力、信息、自然等资源的优化配置，实现“低附加值转向高附加值升级、从高能耗高污染转向低能耗低污染升级、从粗放型向集约型升级”[281]；

其二，产业结构的升级，是指根据“配第–克拉克定理关于三次产业结构分类与演变规律的理论”[282]，推动产业结构由第一产业为主导，向第二、三产业为主导发展；

其三，产业布局的优化，是指根据产业区位理论，实现产业布局的全局统筹，合理地分散与集中，优化分工协作，提升整体经济效益，实现可持续发展。

目前，从西安都市区总体城乡产业发展来看，第三产业已经跃居产业结构中的第一位，第二产业位居第二，以农业为主导的第一产业比例逐年下降。在城郊乡村，主导产业仍为第一产业中的农业，第二、三产业的发展仍处在低位。

按照产业优化升级的相关理论，根据世界各国城乡发展的规律，就目前产业水平与产业结构来看，西安都市区的产业优化升级将对于城郊乡村转型产生以下驱动：

首先，西安都市区的第三产业将作为都市区最重要的“引擎”，将成为今后吸纳城镇就业人口的主要动力，也将进一步拉大城乡经济发展与公共服务的差距，加快城郊乡村人口的流失。同时城镇的第三产业也将为城郊乡村的第三产业提供借鉴案例，在城郊乡村中产生新的经济增长点。

其次，西安都市区的第二产业在第三产业的协助下，将扩大人才、技术、资金的引入，产业优化进程提速，经济效益增大。西安都市区整体工业化进步，会促进区内各产业的技术革新，推动城郊乡村中农业、交通运输业、建筑业等的技术水平与生产效益的提升。第二产业的重点区域，如：渭北工业园、民用航天基地等，将得到壮大，促进周边城郊乡村发展出配套工业区的餐饮、娱乐、休闲、小型加工等产业，实现产业升级。

再次，农业作为西安都市区城郊乡村第一产业的主导，“广泛应用现代科学技术，应用现代工业提供的生产资料和科学管理方法的，社会化的”[283]现代农业是其产业发展的必然趋势。高机械化、高集约化、高效率、高附加值的现代农业将会释放城郊乡村的劳动力，改变以家庭为主导的生产与经营组织方式，以及乡村农用地景观特征。

最后，西安都市区与乡村自身的社会经济的发展，会推动城郊乡村产业结构的升级，乡村第二、三产业比例将升高。乡村休闲旅游业、商贸业、餐饮业、娱乐业、小型制造业将作为乡村经济新的增长点，改变乡村建筑、聚落、土地利用、景观感知的特征，同时改变乡村居民的生产与生活方式。

（2）人口迁移的新趋势

城郊乡村人口的迁移受到经济、政策、社会因素的影响，人口的迁移直接导致乡村的兴起和荒废。

自改革开放以来，由于城乡经济与社会发展的巨大差异，导致城乡吸引力的不同，西安都市区城乡人口迁移的大体趋势主要是由城郊乡村向城镇迁移，城郊乡村人口锐减，乡村建筑的高空置率和民居院落的“空废化”现象严重，大量农用地撂荒。

依据国内外大城市发展的规律，当城镇化发展到一定水平时，在区域性公共交通与私人小汽车交通支撑下，逆城镇化、郊区城镇化、区域城镇化将会出现。当前西安都市区的城镇化与内部人口迁移已经出现了新的趋势，人口外溢出现、都市区内部的人口局部流动趋于复杂，从而使得城市空间形态已经从一个团块发展为一个大型中心团块同外围松散组团、斑块所共同组成的复杂形态。目前，主城区周边交通条件较好的部分乡村、外围大型城镇景观斑块周边的部分乡村以及旅游业集中地的部分乡村，能够依托区位、产业、生态环境优势，吸纳较多人口，成为为数不多的常住人口增加的乡村，这些乡村建设用地的容积率大幅提高，激增的生活、生产废弃物破坏了乡村环境，农用地非法占用严重，乡村景观风貌彻底改变。

随着地区经济水平增强，区域交通完善，私人小汽车的普及，以及城郊乡村基础设施与公共服务设施的改善，城郊乡村吸引力将从现在的廉价房屋和土地，转变为良好的人居环境、轻松惬意的生活状态、自然的健康饮食等，因此，今后西安都市区从城镇迁往乡村的人口规模将逐步增大。

综上分析，在可见的未来，在“整体消减、局部增多、分布不均”的城郊乡村人口迁移趋势的影响下，西安都市区城郊乡村将出现以下转型特征：一方面，在人口消减的城郊乡村，聚落规模与聚落数量将减小，农业机械将向大型化发展，人均耕种面积增大，不利机械化耕种的农用地将部分恢复自然景观；另一方面，在人口增加的城郊乡村，第二、三产业得到发展，提升村落基础设施与公共服务设施水平将成为发展重点，乡村景观将逐步具有一定的城镇景观特征。

（3）农村土地制度改革

自古以来，中国农村的核心问题是土地问题，土地问题主要受到土地制度的影响，土地制度的改革将会释放巨大红利，以促进乡村转型。按照《中华人民共和国土地管理法》的规定，中国土地所有制是中国特色社会主义公有制，即全面所有制和劳动群众集体所有制，在乡村土地主要的所有制为后者。从使用角度来说，自1978年以来，乡村土地的使用制度分为三类，分别为村集体共同使用集体土地、由划拨取得私人使用的宅基地与家庭联产承包责任制取得的私人使用的农地。新中国成立以后，农村土地缺乏流转制度的建立，个人使用的乡村宅基地与承包农用地被严格限制在承包者手中。如今的土地制度存在着以下主要问题：

首先，当前的乡村人口锐减，现代农业急需规模化经营，然而农用地流转制度不完善，农村社会保险不健全，坚持耕种自家承包土地成为部分留守老龄人口的重要经济来源，诸多的原因造成农用地难以流转到资金、技术、人才基础雄厚的家庭农场、农业企业等手中，也限制了资金、技术、人才在农业上的投入。

其次，现代农业是高投入高产出的产业，又有着较高的风险，农业的融资却很困难。宅基地是由村集体所有，并通过划拨取得，严格禁止向集体以外的个人与企业流转，民宅房屋是乡村家庭最有价值的资产，但其作为不动产无法与宅基地分离，也就不能在村集体以外进行交易，因此作为乡村家庭财富最大价值的房屋，难以像城市居民一样，进行抵押贷款，以获得农业发展的大量资金。

最后，我国当前的土地制度，只有国有土地能够挂牌拍卖，农村土地只有转为国有土地，方能进入市场交易。在农村土地征收价格与国有土地出让价格之间有着巨大的剪刀差，使得农村人口的利益有所损失。

综上可以看出，现行的农村土地制度已经开始制约中国乡村生产力的发展，目前农村土地制度改革正在酝酿，一些试点区域开始寻求探索，但是在公有制的前提下，促进农用地流转，保护基本农田，城镇化惠及农民，实现农民资产性收入，将是今后农村土地制度改革的主要方向，其改革成果作为乡村转型的重要动力。

（4）地域乡土文化重拾

乡土文化诞生于乡村农耕经济社会之上，在不同的地域，因其自然环境与文化风俗的差异，产生了不同的地域乡土文化。近代以来，传统乡土文化受到了两个方面的冲击：

一方面，来自于工业文明的冲击。乡土文化从属的农耕文明是基于农耕经济为主导的传统社会。随着近代以来，中国的工业化进程推进，第二产业逐渐占据社会产业结构的主导，工业文明也随之发展，并且冲击着乡村中的乡土文化。

另一方面，来自于城镇文化的冲击。伴随着工业化的推进，城镇的经济功能逐渐增强，并集中了社会的主要财富，这种高密度的聚居形式逐渐成为都市区人居环境的主流，所形成的城镇文化也对乡土文化带来了新的冲击。

工业文明是在资本运动的增值性推动下，人类不断追求更高的生产效率，以满足其无限物质需求的文明，虽然是最具创造性的文明，但也有着需要无休止地消耗地球资源，损害地球环境。城市文化是基于高密度聚集的财富与人口，虽展现着强大的人工力量，然而自然沟通缺乏、生态循环效益低下、社会成本消耗高。以上两者的弊端，恰为地域乡土文化的长处。地域乡土文化从属于农耕文明是人与自然长期共处的结晶，能够顺天应时，返璞归真，尊重自然规律，保护生态环境，按照土地的产出来控制人类物欲。

如今，人类逐渐开始反思工业文明与城镇文化所带来的问题，重拾地域乡土文化已经在西方发达国家出现，去乡村从事农业生产，享受田园风光，消费有机食品，感受乡土文化，甚至进行乡村养老等将成为未来的潮流，这种潮流也会在西安都市区城郊乡村出现，从而必然引起乡村的转型。

（5）生态环保意识增强

在中国，快速的工业化推进与人口增长打破了自然生态平衡，造成了严重的环境破坏。在城镇，废水、废渣、废气的排放超出自然消解能力，无限制的城镇景观扩张吞噬着绿色空间。在乡村，过多的人类干扰破坏了自然植被与物种栖息地，现代农业的发展造成农药化肥的滥用，增加的工业化产品难以自然消解，造成废弃物增多。长此以往，环境问题与生态问题将日趋严重，危及人类的生存。

在整个城乡系统中，城镇是以人工景观为主，乡村以经营景观与自然景观为主，城镇必须依靠乡村来平衡物质循环与能量流动，维持自身的生存。因此，人类普遍认识到为了解决目前的生态环保问题，必须减少排放与污染，这方面工作主要集中于工业与人口聚集的城镇。同时提高生态品质、扩大环境容量与人工干扰，这方面工作主要集中于自然景观与经营景观为主的乡村。

伴随着生态环保意识的增强，与投入增大，使得西安都市区城郊乡村必须承担更多的生态环保职能，以改变恶化的现状。当前，退耕还林还草、天然林保护工程、农村环保工程建设等一系列政策与措施的推行，已经逐步改变着西安都市区城郊乡村的乡村景观与生态环境。

2012年11月，中国共产党第十八届代表大会提出建设生态文明，该文明是继工业文明之后，人类发展的又一阶段，并提出“必须树立尊重自然、顺应自然、保护自然的生态文明理念”[284]。今后，国家的生态保护意识将更加增强，经济投入力度增大，届时各个政策、措施的实施，以及人民的自发行动，都将改变西安都市区城郊乡村的发展趋势，生态环保也将成为乡村转型的重要动力。

（6）都市区交通的完善

在中国的传统农耕社会，乡村家庭是一个较为封闭的经济组织，绝大部分的日常物品可以实现自我满足，商品流通需求较少。1840年以后，近代工业利用其高效率的优势逐步破坏乡村手工业，打开乡村市场，从而使得乡村对于外来工业商品与对外输出农产品的需求增大，进而对于交通需求增加。自20世纪80年代起，在中国的乡村普遍流行着“要想富，先修路”的话语，交通设施对于乡村发展有着巨大的推动力。

伴随经济发展，带来西安都市区整体交通体系的改善和升级。目前，城郊地区的客运交通主要由公共汽车与私人小汽车承担，货运交通主要由货运汽车承担。因此公路建设是目前西安都市区城郊地区交通建设的主要方面，道路的改善、升级、增加一直在推进，从而带来了整个城郊乡村交通条件的改善，促进了对外的交流，并直接地带动了乡村交通运输业与其他产业的发展。

私人小汽车的增加需要公路设施的升级，公路设施的升级又会刺激私人小汽车的增加，长此以往会则造成都市区中客流对私人交通的过分依赖，导致环境污染与能耗升高。按照国外都市区的发展经验，减少私人小汽车交通，扩大公共交通与自行车交通，尤其是增加轨道交通的比例是必然的趋势。目前，以西安为中心的关中城际铁路网已经获批，连接主城区与风景名胜的自行车生态长廊已经修建。

今后，以轨道交通、汽车交通、自行车交通所构成了西安都市区城郊交通体系将逐步完善，由此将扩大城郊乡村与外界的频繁联系，带来更多的物流、客流，缩短时空距离，提升更多乡村的区位优势，促进部分乡村实现产业与规模的升级，同时打破点、线状的乡村旅游业分布，从而形成面状发展。

（7）收入与消费的增长

改革开放以来，中国经济呈现飞速发展的态势，覆盖全体人民的各种社会保障制度得以建立与完善，国民人均收入水平逐步提高，进而带来消费的增长。这种收入与消费的增加是内需的主要动力，并深刻影响着经济社会，同时将会对都市区中的城郊乡村带来以下影响：

第一，城乡居民的膳食结构将改变，对于粮食作物的需求会降低，而对于蔬菜、水果、肉、蛋、奶、林产品的需求会增加，会改变乡村中不同农、林作物种植面积的比例，增加畜牧业、渔业的经营景观面积。

第二，城乡居民对于生态环境的需求提高，乡村中园林苗木的种植面积将增加。

第三，城乡居民对于乡村文化、休闲、旅游、观光等第三产业的需求将增大，会促进这些乡村产业的快速发展。

第四，城郊乡村的农民将改善乡村人居环境，翻修民居，兴建各项生产、生活基础设施。

2014年，西安市人均国内生产总值已迈入“1万美元大关”“人均国内生产总值1万美元是从中等收入阶段进入高收入阶段的界线”[285]，已经堪比中等发达国家，也标志着西安已经基本完成工业化，正在向后工业化转变，第三产业的贡献率将超过第二产业，今后消费对于经济的拉动作用会逐步加大。随着西安都市区人口收入与消费水平的增加，将会引起城郊乡村出现前文诉述的改变，也会成为乡村转型的重要动力。

5.4 西安都市区城郊乡村发展模式

5.4.1 西安都市区城郊乡村发展模式确定的原则

（1）顺应未来趋势的前瞻性原则

西安都市区城郊乡村发展模式是发展的标准形式，该方面的研究目的是指导乡村未来发展。城郊乡村的未来发展需要基于都市区社会、经济发展轨迹与未来趋势，从而寻找城郊乡村在今后都市区中所扮演的角色，所承担的职能，进而探索乡村人口、产业、人居环境的合理模式。因此，在确定西安都市区城郊乡村发展模式时，需要顺应未来趋势，坚持前瞻性的原则。

（2）满足关键需求的优先性原则

都市区的健康发展，需要城乡、区域、经济社会、人与自然各个方面的发展统筹协调。都市区的发展要符合城郊乡村的个体发展，个体的城郊乡村发展也要服从都市区的需求。都市区对于城郊乡村的各种功能需求，有着轻重之别，应着重保证区域生存与发展的基础，即生态破坏、环境保护、食品供给，因此乡村发展模式的确定应遵循关键需求的优先性原则。

（3）追求产业发展的侧重性原则

城郊乡村的落后突出体现在经济发展方面，而乡村经济是立足于乡村产业之上的，因此乡村产业的发展是乡村各项事业发展的基础。在西安都市区城郊乡村发展模式的确定中，在保证都市区关键需求的基础之上，应侧重于追求乡村产业发展。按照产业发展的理论，即“由一产向二产与三产转换、由劳动密集型向资本密集型与技术密集型转换、由低附加值产业向高附加值产业转换、由制造初级产品占优势产业向制造中间产品和最终产品占优势产业转换”[286]的产业升级发展方式，从而大力发展以旅游业、餐饮业、商贸业为主的乡村第三产业，并加速推动农业向现代农业转型。

（4）抓住主要特征的概括性原则

城郊乡村发展模式体现着城郊乡村的主要职能，不能覆盖城郊乡村所包含的各个职能。乡村不同于城镇，在都市区中，城镇的个数较少，而乡村的数量巨大。因此确定出每一个乡村的发展模式是无法实现的，这就需要利用概括性的原则，去抓住乡村发展趋势的主要特征，按照乡村的主要职能，对众多城郊乡村进行分类，从而形成若干个乡村发展模式类型。

（5）体现职能分工的差异性原则

确定城郊乡村发展模式是为了打破目前乡村发展缺乏战略指导、盲目而混乱的现状，针对不同发展条件的城郊乡村，寻找其在都市区未来发展中的职能定位，从而耦合乡村自身的经济、社会、人居环境的发展道路，形成区域合作与城乡合作。城郊乡村的本底发展条件各具不同，导致其在都市区中的职能分工也不尽相同，不能一概而论，因此在确定城郊乡村发展模式时需要秉持差异性的原则。

（6）立足实践操作的可行性原则

本书关于西安都市区城郊乡村发展模式的研究，不仅局限于理论层面的探讨，而是立足于城郊乡村发展问题的基础上，探讨如何破解现实的困境，为各级政府与机构实现乡村健康发展提供参考与借鉴。因此，面对现实困境，解决现实问题，必须在确定城郊乡村发展模式中遵循可行性的原则。

5.4.2 西安都市区城郊乡村发展模式确定的方法

西安都市区城郊乡村发展模式的确定方法为：采取定性的手段，以都市区对于城郊乡村的关键需求为引导，耦合乡村职能，寻找最符合都市区发展的几种乡村职能，进而确定以这些耦合的职能作为主要职能的城郊乡村发展模式。

第一，借鉴城市规划中确定城市性质的定性手段，进行城郊乡村发展模式的确定。城郊乡村发展模式与城市性质有着相类似的内涵，“城市性质是城市在一定地区、国家以至更大范围内的政治、经济与社会发展中所处的地位和所负担的主要职能”[287]。董光器在《城市总体规划》一书中将城市性质作为“城市发展战略的高度概括，是城市发展的总纲”[288]，而乡村发展模式则是乡村发展战略的概括，也是乡村所承担都市区的各种职能中的主要职能。城市规划历经多年的发展，有着较为成熟的理论与方法，通常在城市规划中确定城市性质主要采用定性的手段，进行各个城市职能之间的比较，寻找城市在区域中的承担主要职能。因此可以借助该定性方法来确定西安都市区城郊乡村发展模式。

第二，以都市区的关键需求作为城郊乡村发展模式确定的引导。城郊乡村是都市区的重要组成部分，都市区的生存发展离不开城郊乡村，都市区对于城郊乡村有着多种的需求，如果按照每一种需求来引导城郊乡村发展模式的确定，将会造成模式过多，难以实施，失去归类意义。因此需要抓住都市区的关键需求，以此引导城郊乡村发展模式的确定。利用前文的实地走访调研与国内外案例研究，确定目前西安都市区对于城郊乡村的关键需求为：维持乡村生态环境，以达到区域生态环境的平衡；就近供给粮食、水果、蔬菜、肉类、蛋类、树苗等农副产品；满足都市区居民的乡村休闲游憩活动需求；为小范围地区提供乡村特色的餐饮与商贸服务。

第三，将城郊乡村的职能与都市区的关键需求进行耦合，进而以主要职能确定城郊乡村发展模式。城郊乡村在都市区中承担着多种的职能，如：农产品生产、接纳休闲游憩活动、调节区域生态环境、乡村人口的居住、区域基础设施承接、工业品生产、提供餐饮与商贸服务等。根据都市区对于城郊乡村的关键需求，耦合城郊乡村的职能，确定四种耦合的乡村职能：平衡区域生态环境、提供地区性的服务业、发展乡村休闲游憩产业以及生产农副产品。

第四，西安都市区城郊乡村发展模式是以这四种耦合职能作为主要职能的乡村类型，即：生态保育型城郊乡村发展模式、地区服务型城郊乡村发展模式、休闲游憩型城郊乡村发展模式、现代农业型城郊乡村发展模式（图5-13）。

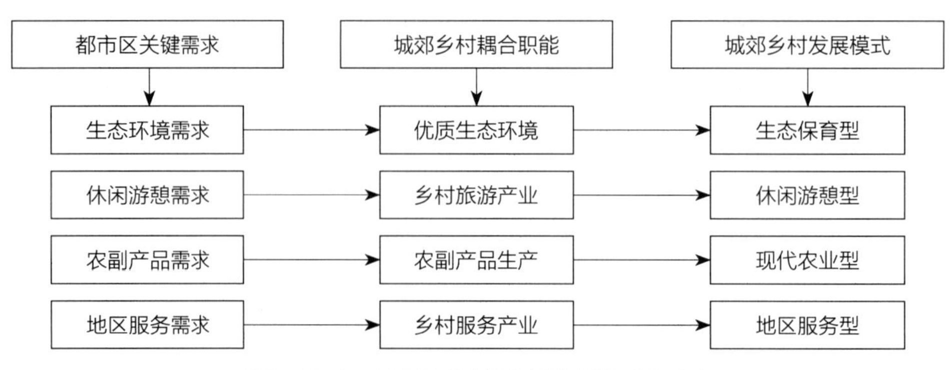

图5-13 西安都市区城郊乡村发展模式的确定
（来源：自绘）

5.4.3 西安都市区城郊乡村发展模式的四种类型

四类西安都市区城郊乡村发展模式的具体发展措施如下（表5-1）：

四类西安都市区城郊乡村发展模式一览表 表5-1

城郊乡村发展模式	生态保育型	地区服务型	休闲游憩型	现代农业型
总体路径	逐步向外迁移本地人口，收缩乡村产业，加大生态补贴与退耕还林还草力度，利用自然做功为主，人工干预为辅的方式，逐步恢复村域范围的自然生态环境，使其成为西安都市区重要的生态环境保护地	凭借临近城镇与交通节点的区位优势，发展乡村餐饮、商贸、娱乐等第三产业，为小范围地区提供综合服务，今后可承接部分逆城镇化人口	依托自然风光、人文景观、历史遗存等优质旅游资源，改善乡村旅游接待能力，发展乡村休闲旅游产业，以承接日益丰富的乡村休闲游憩活动	对于第二、三产业发展条件较差的乡村，顺应人口消减的趋势，积极推进第一产业的升级，利用科学技术，实现农业现代化，着力提高农业生产率与附加值，改善乡村人居环境

续表

城郊乡村发展模式		生态保育型	地区服务型	休闲游憩型	现代农业型
区域职能	主要职能	保育都市区中重要的自然生态环境与珍稀物种栖息地，维持物种多样性，提高区域环境容量与品质	为小范围地区提供乡土风味餐饮、特色商贸与娱乐服务	为整个都市区范围提供城郊乡村休闲游憩服务	为都市区供给新鲜、绿色、健康的农副产品
	次要职能	小规模的绿色农林产品生产；承接低强度、小规模的乡村休闲游憩活动	农副产品的生产；提供廉价土地与房屋的出租；提供小型工业品制造；提供小规模仓储物流服务	农副产品生产；改善区域自然生态环境；提供商贸、餐饮、娱乐等其他服务	承担自然生态保育职能；进行初级的农产品深加工；承接少量农业休闲观光旅游
乡村人口		逐步外迁现有乡村常住人口，减少乡村人口总量；优先迁移对公共服务设施依赖较大与产业发展条件较差的弱势人群	乡村常住人口数量增长或维持不变；主要为本地村民、外来务工人员，以及接纳的逆城镇化人口	乡村常住人口基本维持不变或略有增加；原著村民比重下降，外来务工人员比重增加；游客人数激增，伴随节假日呈现巨大波动	乡村常住人口减少；提高农业从业人口整体素质
乡村产业	主导产业	依托村域中的自然林与人工林，发展低干扰的绿色林产业	餐饮业、商贸业、娱乐业等第三产业	城郊乡村休闲旅游产业	以现代农业标准发展的种植业、畜牧业、林业、渔业
	次要产业	小规模低影响的种植业与畜牧业；低强度小规模的休闲旅游业	绿色种植业；小规模的乡村旅游业；小型工业；小型仓储物流业；乡村房地产业	与乡村旅游业相配套的特色种植业与畜牧业；商贸业、餐饮业、娱乐业等其他第三产业	涉及农产品深加工的小型工业；乡村休闲旅游业
人居环境	土地利用	以自然林草地、水域为主，极少量的耕地与乡村建设用地	有较大规模的乡村建设用地，其中有较多服务业用地，少量仓储用地与工业用地，村域中仍保留有大面积的耕地	供休闲旅游业使用的耕地、林草地、水域、建设用地的比例较大；供本地村民使用的建设用地比例减少	以耕地为主，并有少量的林草地、水域，极少量的乡村建设用地
	民居建筑	减少建设量，提高使用率；充分利用闲置建筑或进行绿色消解；减少本地建材使用；提高建筑绿色消解能力；建造方式应减少环境破坏；协调建筑与环境	发展尺度较大的公共服务类建筑，确保建造质量；村落建筑风貌应体现传统地域特色；适当提高民居建筑的总建筑面积；小型工厂与仓库应与村落风貌相协调	供乡村旅游使用的公共建筑比例增加；单个民居的总建筑面积增大，房间数增多；建筑风貌体现地域与乡土特色，并趋于统一	民居建筑风格体现村民个人情趣，展现地域乡土特色；民居中院落比重较大；用于农业生产的建筑较多，如：仓库、养殖场等

续表

城郊乡村发展模式		生态保育型	地区服务型	休闲游憩型	现代农业型
人居环境	公共服务设施	应对较少人口密度，提供最基础的公共服务设施	有着较其他类型乡村更为全面的公共服务设施，既能满足本地居民日常需求，也能满足外来居民的特色服务需求	拥有满足本地常住居民日常生活的公共服务设施；拥有大量服务于游客的公共服务设施	满足本地常住居民日常生活的小型化的公共服务设施，部分设施可采取周期性流动
	基础设施	生活性基础设施采取低干扰、低成本、小型化的建造模式；发展太阳能、风能、水电等自供能源；雨水采取自然下渗；污水、垃圾等废弃物采取高效处理或外运的方式	建设高效、现代、集中的基础设施；建设标准较高；拓宽部分道路，开辟停车场地；积极依托城镇基础设施，纳入其服务范围	建设高效、现代、集中的基础设施；建设标准应适应游客接待量；基础设施应与乡村风貌协调；给水、排水、污水、垃圾处理设施应尽量实现独立运行，减少外运	提高农业基础设施的比重，建设标准应适应现代农业发展，逐步大型化、高效化、自动化；乡村生活性基础设施应实现独立化、小型化，自给化

（1）生态保育型城郊乡村发展模式（图5-14）

（a）逐步减少乡村人口

（b）退耕还林还草

（c）保护自然生境与动物栖息地

图5-14　生态保育型城郊乡村示意

［来源：（a）、（b）来源于http://www.cnwest.com；（c）来源于http://www.xiangshu.com］

1）总体路径

该型城郊乡村主要位于具有重要价值的自然生态地区，如：重要的森林、湿地、河滩、草地等地区，应遵循生态保育优先的原则，减少人工对于自然生态环境的干扰，逐步向外迁移本地人口，收缩乡村现有的产业，加大对生态移民搬迁政策的补贴与退耕还林还草力度，利用自然做功为主，人工少量干预为辅的方式，逐步恢复村域范围的自然生态环境，扩大动植物的栖息地，使其成为西安都市区中生态效益良好、物种丰富度高的自然生态环境保护地。

2）区域职能

主要职能：保育都市区中重要的自然生态环境与珍稀物种栖息地，维持物种多样性，提高区域环境容量与品质。

次要职能：利用天然林或人工林进行小规模的绿色农林产品生产；承接低强度、小规模的乡村休闲游憩活动。

3）乡村人口

执行生态移民搬迁的政策，逐步外迁现有乡村常住人口，使得乡村人口总量呈锐减趋势；在移民搬迁过程中，应优先迁移对公共服务设施依赖较大与产业发展条件较差的乡村弱势群体，如：老年人、儿童、残疾人、低收入人群等。

4）乡村产业

主导产业：依托村域中的林地、草地、湿地资源，发展低干扰的绿色林产业，未来面向碳汇交易市场与生态补偿。

次要产业：小规模地开展对自然生态环境较低影响的种植业与畜牧业；发展低容量、低干扰的乡村休闲旅游业。

5）人居环境

土地利用：村域范围中的土地以自然林草地、人工林草地、水域为主，并包含极少量的耕地、乡村建设用地等。

民居建筑：为了减少对环境的干扰，应减少乡村中的建设总量，提高建筑的使用率；充分利用现有的闲置建筑，或对其进行绿色消解；改善建筑材料，采用外运建材，避免使用本地的木材或石材等；鼓励使用钢材、木材等，便于重复使用或能够绿色消解的建材；在建筑物的施工中，所采取的建造方式应减少对于周边环境的破坏；充分考虑建筑物与自然环境的协调与融合。

公共服务设施：面对未来锐减的人口，在公共服务设施的发展上，应适应较少的人口，配置日常所需的基础性公共服务设施，如：小商店、卫生所等，并提倡小型化、便民性与可移动性。

基础设施：生活性基础设施采取低干扰、低成本、小型化的建造模式；鼓励在村域范围内发展太阳能、风能、水电等，实现能源自给，减少输电设施建设对于动植物生存的干扰；乡村建设用地中的雨水采取自然下渗方式；污水、垃圾等废弃物采取高效处理或外运的方式。

（2）地区服务型城郊乡村发展模式（图5-15）

1）总体路径

该型乡村发展模式主要凭借临近城镇或交通节点的区位优势，通过发展餐饮、商贸、娱乐等具有乡村特色的第三产业，为小范围地区的城镇或乡村人口提供综合性的服务；同时可发展低污染、小型化的乡村工业与仓储业；因公共服务设施齐备，具城镇较近，交通便利，在今后出现的逆城镇化进程中，可承接部分城市外迁人口。

2）区域职能

主要职能：为小范围地区的城镇居民或乡村居民，提供乡土风味餐饮，日用品与特色农产品的销售，以及乡村娱乐活动等服务。

次要职能：利用村域耕地进行中、小规模的农副产品生产；凭借区位优势，为

（a）较大规模的乡村聚落

（b）乡村商贸、餐饮产业

（c）小型乡村工业

图5-15　地区服务型城郊乡村示意

［来源：（a）来源于http://www.quanjing.com；（b）来源于http://www.zjgcm.cn；（c）来源于www.chinanews.com］

外来资本与人口提供廉价的土地和房屋；进行小型工业产品的生产；提供小规模的仓储物流服务。

3）乡村人口

依托乡村第三产业的发展，今后该乡村模式的常住人口数量将会出现增长，主要为本地村民、外来务工人员，以及接纳的逆城镇化人口。

4）乡村产业

主导产业：服务小范围周边地区的乡土风味餐饮业、特色商贸业、娱乐业等乡村第三产业。

次要产业：利用村域耕地发展的绿色种植业；小规模的乡村休闲旅游业；利用民居院落发展的、无环境污染的小型乡村工业和小型仓储物流业；为了接纳外来人口，利用居民院落发展的乡村房地产业。

5）人居环境

土地利用：随着以第三产业为主导的乡村产业发展，乡村建设用地增大，其中有较多的服务业用地，少量仓储用地与工业用地；为了维持乡村景观特征与第一产业，村域中仍保留大面积的耕地。

民居建筑：发展尺度较大的公共服务类建筑，确保建造质量；村落建筑风貌应体现传统地域特色，以配合第三产业发展；为了应对人口增加，应适当提高民居建筑的总建筑面积；利用民居院落发展的小型工厂与仓库应与村落风貌相协调。

公共服务设施：有着较其他类型乡村更为全面的公共服务设施，不仅能满足本地居民日常需求，也应满足外来居民的特色服务需求。

基础设施：由于需要服务的人群较多，应按照常住人口与接待人口进行容量测算，提高建设标准，建造高效、现代、集中的基础设施；拓宽部分道路，开辟停车场地，作为第三产业的配套设施；积极依托城镇基础设施体系，纳入其服务范围，减少建设成本。

（3）休闲游憩型城郊乡村发展模式（图5-16）

1）总体路径

该类乡村发展模式是依托周边或村域内的优美自然风光、特殊人文景观以及丰富历史遗存等旅游资源，通过建设旅游服务设施，重塑乡村人居环境，改善乡村的旅游接待能力，重点发展乡村休闲旅游产业，以承接都市区人口日益增加的乡村休闲游憩活动需求。

2）区域职能

主要职能：为都市区范围的人口提供城郊乡村休闲游憩服务。

次要职能：利用村域中的耕地，配合旅游业发展，进行特色农副产品的生产；

（a）关中乡土风貌聚落

（b）多样化的休闲娱乐活动

（c）特色观光农业

图5-16 休闲游憩型城郊乡村示意

［来源：（a）来源于http://blog.sina.com.cn；（b）来源于http://bbs.photofans.cn；（c）来源于http://news.99ys.com］

恢复村域生态环境，构建良好乡村景观，改善区域自然生态环境；配合旅游产业，为游客提供商贸、餐饮、娱乐等服务。

3）乡村人口

乡村常住人口基本维持不变或略有增加；乡村旅游产业的发展必然引入外来资本，也会带来外来人口，使得乡村中的原著村民比重下降，外来务工人员比重增加；都市区的游客人数激增，并伴随着节假日呈现周期性的巨大波动。

4）乡村产业

主导产业：城郊乡村休闲旅游产业。

次要产业：与乡村旅游业相配套的特色种植业与畜牧业，以及主要服务游客的商贸业、餐饮业、娱乐业等其他第三产业。

5）人居环境

土地利用：村域土地中为用于休闲旅游业的耕地、林草地、水域、建设用地的比例较大；供本地村民使用的建设用地比例减少。

民居建筑：乡村建筑作为一个重要的旅游资源，其建筑风貌应突出体现地域与乡土特色，各类建筑的风格趋于统一。增加供乡村旅游使用的公共建筑比例；增加单个民居的总建筑面积与房间数，以承担更多的餐饮和住宿功能。

公共服务设施：提供满足本地常住居民日常生活的公共服务设施；同时增加大量的服务于游客的公共服务设施，如：特色农产品商店、练歌房、游客服务中心等。

基础设施：建设高效、现代、集中的基础设施；建设标准应能适应节假日的游客接待量；基础设施应与乡村整体建筑风貌相协调；给水、排水、污水、垃圾处理设施应尽量实现独立运行，循环利用，以减少外运。

（4）现代农业型城郊乡村发展模式（图5-17）

1）总体路径

现代农业型城郊乡村发展模式是对于第二、三产业发展条件与潜力较差的乡村，顺应乡村人口消减的趋势，积极推进以农业为主导的第一产业升级，利用科学技术，实现农业现代化，着力提高农业生产率与附加值，增加农民收入，促进乡村经济发展，同时健全乡村公共服务设施与基础设施，改善乡村人居环境。

（a）集约化、机械化的大农业

（b）收缩的乡村聚落

（c）高科技农业

图5-17　现代农业型城郊乡村示意

[来源：（a）来源于http://beta.elongtian.com/tianong；（b）来源于http://www.ctrip.com/；（c）来源于http://www.dongtai.gov.cn]

2）区域职能

主要职能：就近为都市区供给新鲜、绿色、健康的农副产品。

次要职能：对于耕种条件较差的土地，坚持退耕还林还草，恢复自然生态环境，使乡村承担更多的自然生态保育职能；利用本地农产品，积极进行农产品的深加工；利用本地农耕景观与农耕文化作为旅游资源，承接少量农业休闲观光旅游。

3）乡村人口

为了适应现代农业发展的机械化与高效率，乡村常住人口将继续减少，同时提高乡村第一产业从业人员的整体素质，改变当前从业人员老龄化的现状，以产业吸引人口。

4）乡村产业

主导产业：以现代农业标准发展的种植业、畜牧业、林业、渔业。

次要产业：以本地农产品为原料的小型农产品深加工；以农业观光为主要活动的乡村休闲旅游业。

5）人居环境

土地利用：村域土地以耕地为主，并有少量的林草地、水域，极少量的乡村建设用地。

民居建筑：民居建筑风格体现村民个人情趣，并展现地域乡土特色；民居中院落的比重较大；村落中用于农业生产的建筑较多，随着农业生产集中化与机械大型化，这些生产建筑体量较大，如：仓库、养殖场、小型加工厂等。

公共服务设施：因为乡村人口锐减，应发展满足本地常住居民日常生活的小型化公共服务设施；提倡部分公共服务设施的流动性，如：定期的流动商贩、医疗服务队等。

基础设施：乡村基础设施中，农业基础设施的比重高，建设标准应适应现代农业发展，逐步大型化、高效化、自动化，如：为了适应大型农业机械的通行，应拓宽村域中的道路，提高道路质量，减小道路密度；乡村生活性基础设施应实现独立化、小型化、自给化。

5.5 西安都市区城郊乡村发展模式的空间区划

5.5.1 西安都市区城郊乡村发展模式空间区划的原则

（1）遵循现状乡村职能的空间分布规律

在进行西安都市区城郊乡村发展模式的区划中，应遵循乡村职能的现实空间分布差异，依照其规律确定不同模式分区的评定因子与标准。随着快速城镇化的推进与都市区的发展，西安都市区城郊乡村职能空间差异化日趋明显。在前文关于西安都市区城郊乡村现实境况的研究中，已经详细分析了城郊乡村职能在空间分布上的现状特征和规律。这种城郊乡村职能与产业分布的空间规律是立足于乡村不同的区位、交通、旅游、农业基础条件等本底资源，通过自发性的村民社会经济活动而造成的，总体上是符合社会经济发展的规律与趋势，其存在有着重要的意义与价值。因此在西安都市区城郊乡村发展模式的区划中，在满足乡村发展模式要求的基础上，应遵循这种乡村职能的空间分布规律，扬长避短，强化现有布局合理的职能，调整布局欠妥的职能。进而在今后实际实施乡村发展模式区划中，能够充分利用群众与产业基础，提高现实的可行性。

（2）优先保护区域重要的自然生态环境

基于生态优先，首先对于西安都市区中的重要自然生态环境进行隔离与保护。重要的自然生态环境是都市区中动植物最丰富、栖息地保存最完好、物质能量循环利用最高效、水源补给最丰富的地区，如：分布在西安都市区南部秦岭深山区中的众多自然保护区、森林公园等。重要的自然生态环境对于维护生物栖息地，保持物种多样性，实现区域生态平衡有着无可替代的价值。在人类活动频率、强度、范围日益增大的今天，自然生态环境不断受到人类的干扰，在西安都市区中生态环境最为重要的秦岭山区，出现了“*旅游景区、游乐场所和房地产开发项目违规建设，污染严重；矿产资源开发管理力度不够，生态环境破坏严重；修建交通道路对沿线生态环境的破坏；天然森林资源减少，生态功能下降；城镇建设不规范；盗采野生植物的现象时有发生*”的情况[289]。因此，在城郊乡村发展模式的区划中，首先应对于含有重要自然生态保护环境的城郊乡村进行优先隔离和保护。

（3）重点保护都市区中优质的农业耕地

在西安都市区城郊乡村发展模式区划中，需要重点保护都市区中，土地条件良好的优质农业耕地。1999年，中国出台了《基本农田保护条例》，对于高产的优质耕地提出了严格保护的要求。2008年，国土资源部又提出要划定“永久基本农田”，旨在保护城镇周边的优质农田，利用城郊优质农田划定城镇发展边界，避免城镇“摊大饼”[290]。由此可见，城郊乡村中的优质农业耕地所具有高效农业生产与限制城镇无序扩展的双重价值，因此在区划城郊乡村不同发展模式中，应对于城郊优质农业耕地遵循重点保护的原则，提高区划中农业耕地因素的影响权重，切实落实国家相关的政策与战略。

（4）追求产业发展的效益最大化

需要根据产业经济学理论，从乡村产业发展与产业合理布局入手，进行西安都市区城郊乡村发展模式的区划。城郊乡村发展模式的确定与区划，一个重要的目的是促进建立在产业效益提高上的乡村经济发展。可以说，乡村产业是乡村经济“造血功能”的基础，关于产业进步与产业布局所需要的理论与方法主要来自于产业经济学。因此，在区划城郊乡村发展模式的过程中，按照产业经济学的理论与方法，利用产业结构序位理论，优先划定不同的乡村发展模式，采用产业布局的原理与方法，确定不同产业的乡村发展模式具体空间分布，进而实现产业经济效益的最大化。

5.5.2 西安都市区城郊乡村发展模式空间区划的方法

西安都市区城郊乡村发展模式的区划方法是利用空间影响因子，建立城郊乡村发展模式的空间区划评定体系，基于西安都市区数据库，借助ArcGIS软件，采取栅格空间分析功能与地图叠加技术，按照不同类型的城郊乡村发展模式，逐个进行综合条件的初步区划，再运用概括的方法进行分区的整理，以得到最终的西安都市区城郊乡村发展模式的区划。具体步骤如下：

（1）建立城郊乡村发展模式空间区划评定体系。首先，对于不同发展类型的城郊乡村，根据其主要职能，筛选与确定影响职能分布的主要空间因子；其次，依照不同因子的影响大小，确定影响权重；再次，根据乡村职能现实的空间分布规律与未来的发展趋势，确定不同因子的空间影响范围与强度的大小，划分等级，并赋予分值，以此作为因子评定标准；最后，根据总分值，划分等级，完成乡村发展模式空间区划评定体系的建立。

（2）借助ArcGIS软件，利用栅格空间分析功能与地图叠加技术，使用区划评定体系，对不同类型乡村发展模式进行初步地区划。首先，按照优先隔离与保护西安都市区中重要自然生态环境的原则，进行生态保育型城郊乡村发展模式的区划；其次，从经济最大化原则，根据产业结构次序，优先发展乡村第三产业的方法，对地区服务型城郊乡村发展模式进行区划；再次，按照产业结构次序，乡村旅游业优先农业的方法，对休闲游憩型城郊乡村发展模式进行区划；最后，其他乡村发展模式之外的区域为现代农业型城郊乡村发展模式的区域。

（3）对于完成的初步区划进行整理与概括，得到最后的模式区划范围。由于采用栅格空间分析与地图叠加技术，在初步区划中，往往会出现范围较小区划，导致区划无效；或出现过多的零散区划，就会增加实施的困难。因此对于初步区划，进行局部的整理与概括，形成较为完整且方便指导实践的区域。

5.5.3 西安都市区城郊乡村发展模式空间区划的评定体系

西安都市区城郊乡村发展模式空间评定体系根据不同的乡村发展模式，从区位与资源角度，设立有三个层级的评定因子。三级评定因子从属于二级评定因子，二级评定因子从属于一级评定因子。每个评定因子均有其影响权重，其中将第三级评定因子作为基础因子，确定其评定标准以及相应分值。最终划定是否为该类乡村发展模式的总分值标准，作为区划评定方式（表5-2）。

（1）生态保育型城郊乡村发展模式空间评定体系

生态保育型城郊乡村发展模式主要职能为保护西安都市区重要的自然生态环境，而西安都市区中重要的自然生态环境主要位于自然保护区与风景名胜区之中，因此在空间区划评定体系中的一级评定因子为“自然生态价值”。其下属的二级评定因子为：“与自然保护区和风景名胜区的关系”，三级基础因子为：“是否位于自然保护区和风景名胜区内”。

（2）地区服务型城郊乡村发展模式空间评定体系

地区服务型城郊乡村主要职能是为小区域的城乡人口提供第三产业服务。第三产业发展需要一定量的被服务人口作为基础，这就需要该类型的城郊乡村周边能够提供足够的人口，同时需要便利的交通条件来满足人口的流动。因此影响服务产业的一级评定因子为“交通条件”与“区位条件”。具体如下：

1）交通条件

由于该型乡村主要服务对象为周边地区，封闭道路或铁路主要为长距离交通服务，因此不能为该类乡村提供周边人流。为了实现地区性服务，该类乡村需要具有较好的交通条件，以实现物流与人流的快速流动，因此所需的交通类型主要为县道、国道等较高等级的非封闭道路。综上原因，交通条件中的二级评定因子为“非封闭公路交通条件”，三级基础评定因子为：“与国家级非封闭公路的距离”“与省级非封闭公路的距离”“与县级非封闭公路的距离”。

2）区位条件

该型乡村的职能为提供具有乡村特色的餐饮、商贸、娱乐等服务业，其服务项目与城镇的服务业形成差异化竞争。在今后，私人汽车的普及与城镇人口对于乡村生活向往的增加，同时作为日常性的服务，使得该型乡村服务业的主要吸引对象为周边的城镇人口，与周边城镇的距离将决定该型乡村区位条件的优劣。因此，在“区位条件”中的二级评定因子为“与城镇的位置关系”，三级基础评定因子为：“与城镇的距离”。

西安都市区城郊乡村发展模式空间区划评定体系表

表 5–2

城郊乡村发展模式类型	评定因子			因子评定标准	标准分值	因子权重			评定方式
	一级评定因子	二级评定因子	三级评定因子			三级评定因子权重	二级评定因子权重	一级评定因子权重	
生态保育型	自然生态价值	与自然保护区和风景名胜区关系	是否位于自然保护区和风景名胜区内	位于自然保护区和风景名胜区内	10	1	1	1	总分值>5分的区域为本模式区域；总分值≤5分的区域不为本模式区域
				位于自然保护区和风景名胜区外	1				
地区服务型	交通条件	非封闭公路交通条件	与国家级非封闭公路的距离	直线距离≤500m	10	0.25	0.5	1	总分值>6分的区域为本模式区域；总分值≤6分的区域不为本模式区域
				500m<直线距离≤1000m	5				
				1000m<直线距离	1				
			与省级非封闭公路的距离	直线距离≤400m	10	0.15			
				400m<直线距离≤800m	5				
				800m<直线距离	1				
			与县级非封闭公路的距离	直线距离≤300m	10	0.1			
				300m<直线距离≤600m	5				
				600m<直线距离	1				
	区位条件	与城镇的位置关系	与城镇距离	直线距离≤3000m	10	0.5	0.5		
				3000m<直线距离≤5000m	5				
				5000m<直线距离	1				

续表

城郊乡村发展模式类型	评定因子			因子评定标准	标准分值	因子权重			评定方式
	一级评定因子	二级评定因子	三级评定因子			三级评定因子权重	二级评定因子权重	一级评定因子权重	
休闲游憩型	旅游资源	地形	坡度	15° <坡度	10	0.2	0.5	1	总分值>3分的区域为本模式区域；总分值≤3分的区域不为本模式区域
				5° <坡度≤15°	5				
				坡度<5°	1				
		与旅游资源的位置关系	与自然保护区和风景名胜区距离	直线距离≤1500m	10	0.2			
				1500m<直线距离≤3000m	5				
				3000m<直线距离	1				
			与较大水域距离	直线距离≤800m	10	0.1			
				800m<直线距离≤1200m	5				
				1200m<直线距离	1				
	交通条件	封闭公路交通条件	与高速收费站距离	直线距离≤3000m	10	0.12	0.35		
				3000m<直线距离≤5000m	5				
				5000m<直线距离	1				
		非封闭公路交通条件	与国家级非封闭公路的距离	直线距离≤1500m	10	0.1			
				1500m<直线距离≤3000m	5				
				3000m<直线距离	1				

续表

城郊乡村发展模式类型	评定因子			因子评定标准	标准分值	因子权重			评定方式
	一级评定因子	二级评定因子	三级评定因子			三级评定因子权重	二级评定因子权重	一级评定因子权重	
休闲游憩型	交通条件	非封闭公路交通条件	与省级非封闭公路的距离	直线距离≤1000m	10	0.08	0.35	1	总分值>3分的区域为本模式区域；总分值≤3分的区域不为本模式区域
				1000m<直线距离≤2000m	5				
				2000m<直线距离	1				
			与县级非封闭公路的距离	直线距离≤800m	10	0.05			
				800m<直线距离≤1500m	5				
				1500m<直线距离	1				
	耕地保护	耕地条件	可利用土壤质量等级	其他级别土种	10	0.15	0.15		
				3、4级耕地土种	5				
				2级耕地土种	1				
			限制利用土壤质量等级	1级耕地土种	不用于休闲游憩型乡村发展模式				
现代农业型	以上三种城郊乡村发展模式区域以外的城郊乡村地区为现代农业型乡村发展模式的区域								

（3）休闲游憩型城郊乡村发展模式空间评定体系

休闲游憩型城郊乡村的主要职能是承担都市区中的乡村休闲游憩活动，其乡村产业主要为乡村休闲旅游产业，其职能建立与产业发展需要依托的主要影响因素为旅游资源的优劣和交通条件便利程度，因此其一级评定因子为“旅游资源”与“交通条件”。同时，为了保护城郊优质耕地，避免被盲目开发，引入“耕地保护”作为一级评定因子。具体如下：

1）旅游资源

乡村旅游资源的范围涉及较广，可以为天然资源，也可为人工建立。根据实地调研，西安都市区的乡村旅游主要是依托天然旅游资源，乡村旅游产业主要集中在自然保护区、风景名胜区、有旅游价值的水域周边，或乡村有着奇特的地形地貌特征。因此，将“地形”“与旅游资源的位置关系”作为二级评定因子。“地形”因子中将“坡度”作为三级基础评定因子，而“与旅游资源的位置关系”中将“与自然保护区与风景名胜区距离”和“与较大水域距离”作为三级基础评定因子。

2）交通条件

乡村旅游业的吸引对象为整个都市区人口，便利的交通条件是旅游资源实现价值，运输游客，发展乡村旅游业的必备条件。在西安都市区中，高速公路是中长距离交通的主要方式，其他的非封闭道路是中、短途交通的主要方式。高速公路的交通特征是通过出入口接收和疏散车流，其服务范围为高速公路收费站的周边，而非封闭道路服务范围为道路两侧。因此，交通条件中的二级评定因子为“封闭公路交通条件”与“非封闭公路交通条件”，其中“封闭公路交通条件”的三级基础评定因子为“与高速收费站距离”“非封闭公路交通条件”的三级基础评定因子为“与国家级非封闭公路的距离”“与省级非封闭公路的距离”“与县级非封闭公路的距离”。

3）耕地保护

前文对于城郊地区优质耕地的价值做出了评定，因此保护这些耕地有着重要的意义，为了避免过度地侵占这些耕地，在该类乡村模式区划的一级评定因子中引入“耕地保护”，其二级评定因子为“耕地条件”，即从农业生产价值角度对于耕地条件的认定，三级基础评定因子为“可利用土壤质量等级”与“限制利用土壤质量等级”，即从土壤质量对于土地条件的评价。本书对于“土壤质量评价等级”的评定标准是参照1992年陕西省土壤普查办公室对于陕西省耕地与林草地的土壤评价。该土壤评价中，通过考虑降水量、积温条件、土壤有效土层、土壤质地、土壤综合养分条件、土壤保肥性、障碍条件以及灌溉条件等诸多影响因素，采用评级指数与障碍因素综合评价法，以区分耕地与林草地的土壤生产能力为目的，将陕西省的耕地与林草地分别划分为8个等级[291]。

（4）现代农业型城郊乡村发展模式空间评定体系

西安都市区城郊乡村发展模式的分类共有4种，通过界定完成生态保育型、地区服务型以及休闲游憩型城郊乡村发展模式的空间范围，最终余下的区域即为现代农业型城郊乡村的空间范围。

5.5.4 西安都市区城郊乡村发展模式的四类空间区划

（1）生态保育型城郊乡村发展模式空间区划（图5–18）

（2）地区服务型城郊乡村发展模式空间区划（表5–3、图5–19）

（3）休闲游憩型城郊乡村发展模式空间区划（表5–4、图5–20）

（4）现代农业型城郊乡村发展模式空间区划（图5–21）

（5）局部调整后的四类城郊乡村发展模式空间区划（图5–22）

图5–18 生态保育型城郊乡村发展模式空间区划
（来源：自绘）

地区服务型城郊乡村发展模式空间区划因子评定表 表 5-3

一级评定因子	二级评定因子	三级评定因子	因子评定图
交通条件	非封闭公路交通条件	与国家级非封闭公路的距离	
		与省级非封闭公路的距离	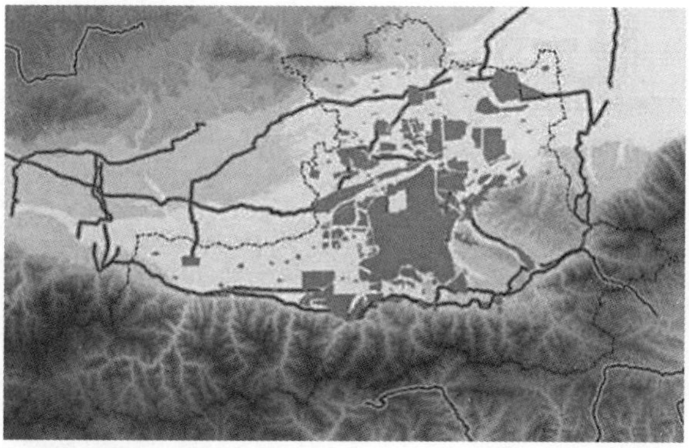
		与县级非封闭公路的距离	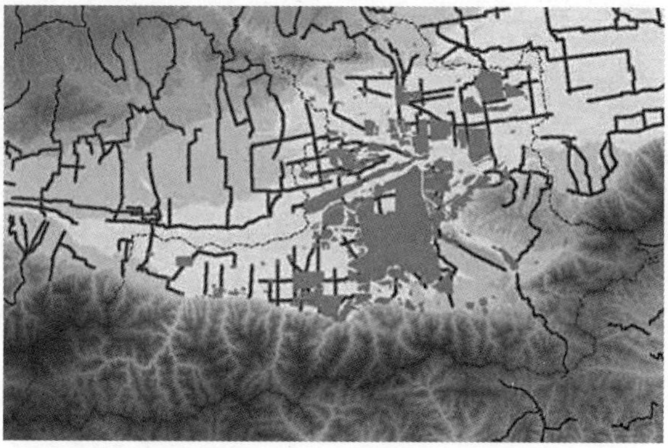

续表

一级评定因子	二级评定因子	三级评定因子	因子评定图
区位条件	与城镇的位置关系	与城镇距离	

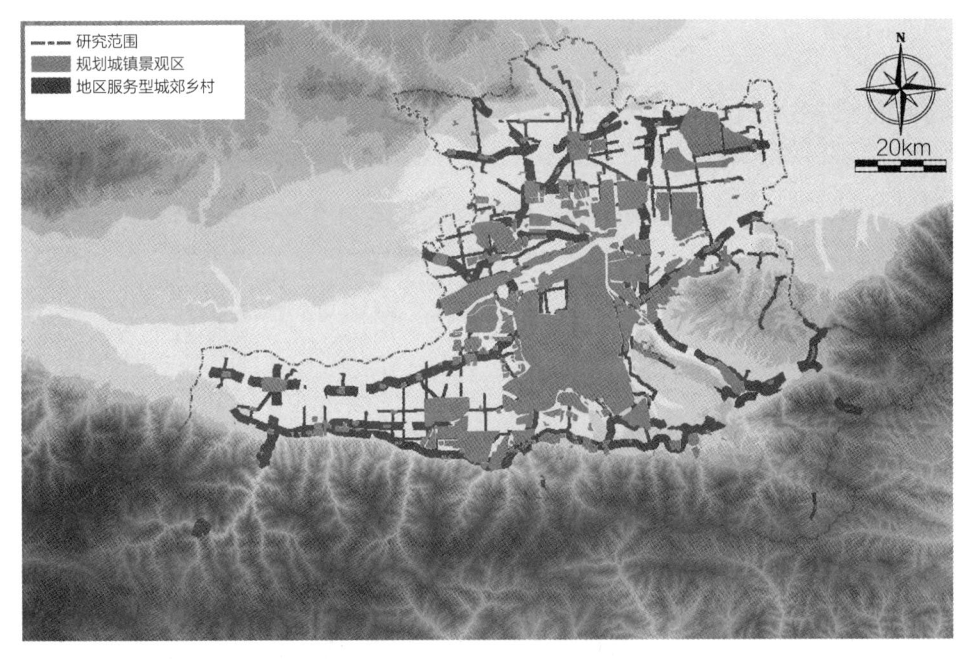

图5-19　服务型城郊乡村发展模式空间区划
（来源：自绘）

休闲游憩型城郊乡村发展模式空间区划因子评定　　表 5-4

一级评定因子	二级评定因子	三级评定因子	因子评定图
旅游资源	地形	坡度	
	与旅游资源的位置关系	与自然保护区和风景名胜区距离	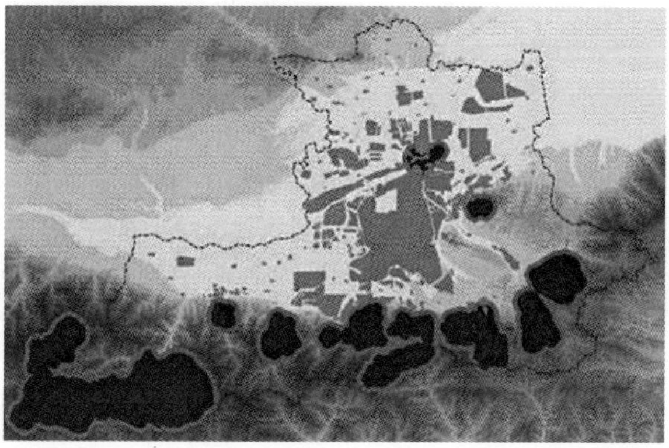
		与较大水域距离	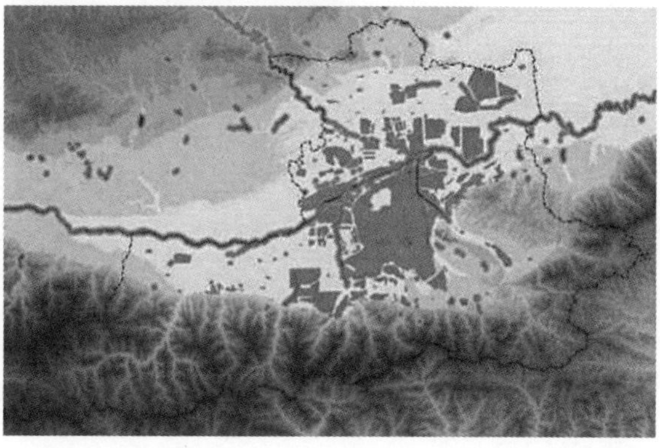

续表

一级评定因子	二级评定因子	三级评定因子	因子评定图
交通条件	封闭公路交通条件	与高速收费站距离	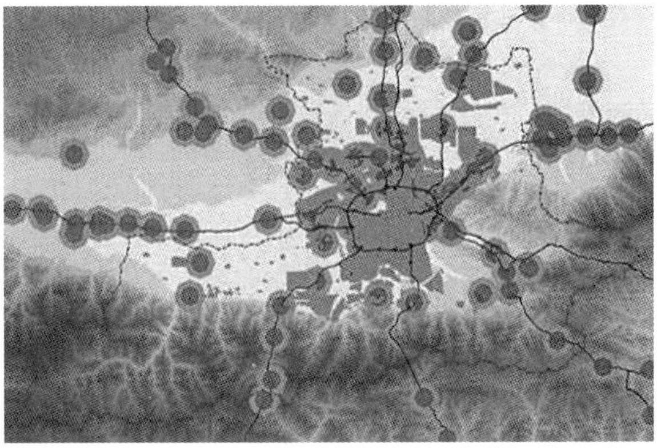
	非封闭公路交通条件	与国家级非封闭公路的距离	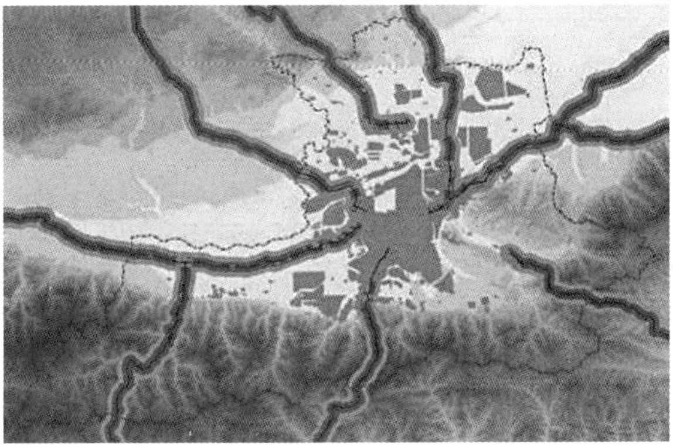
		与省级非封闭公路的距离	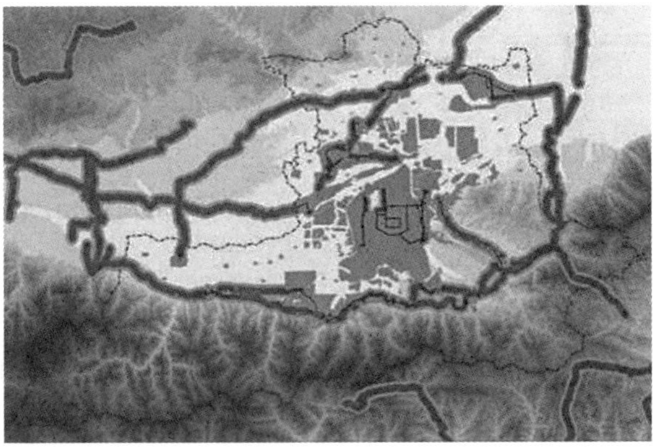

续表

一级评定因子	二级评定因子	三级评定因子	因子评定图
交通条件	非封闭公路交通条件	与县级非封闭公路的距离	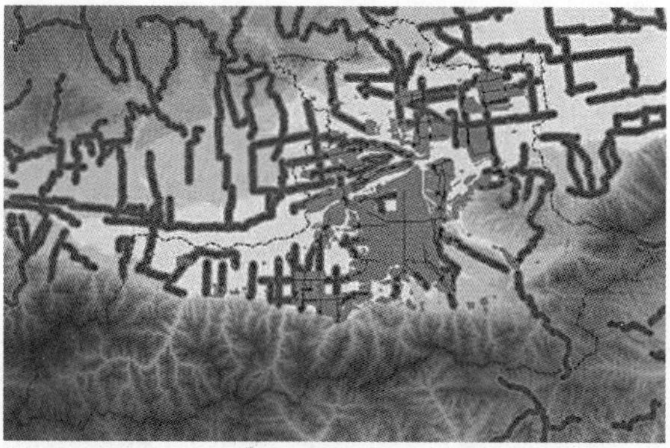
耕地保护	耕地条件	可利用土壤质量等级	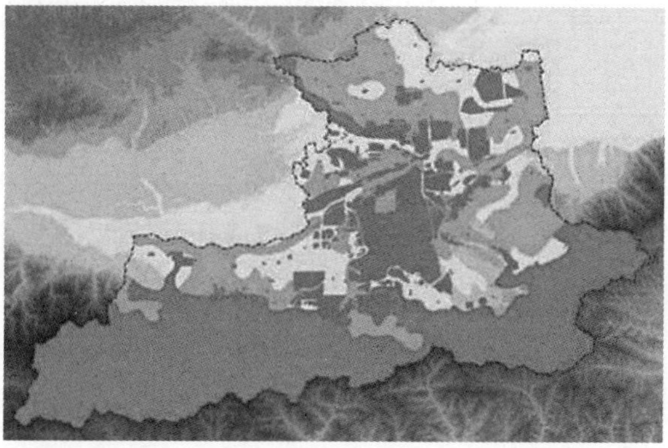
		限制利用土壤质量等级	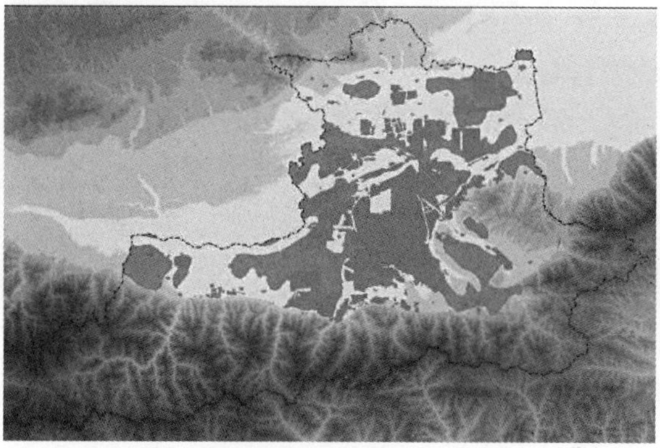

图5-20 休闲游憩型城郊乡村发展模式空间区划
（来源：自绘）

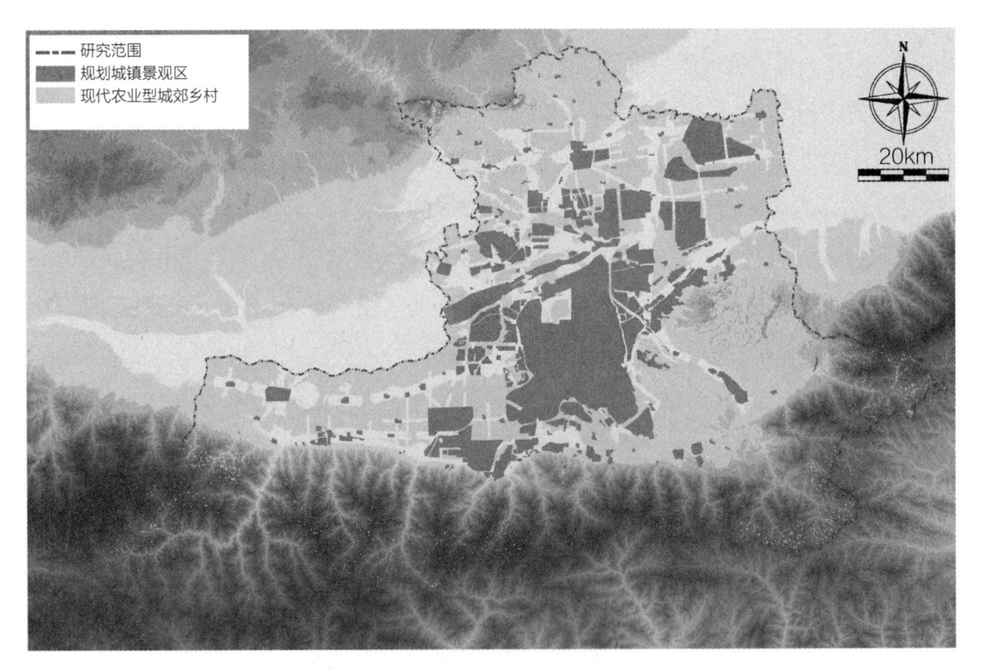

图5-21 现代农业型城郊乡村发展模式空间区划
（来源：自绘）

图5-22　局部调整后的四类城郊乡村发展模式空间区划

（来源：自绘）

5.5.5　城郊乡村发展模式空间区划与实际乡村发展的关系

首先，西安都市区城郊乡村实际发展的空间差异是由复杂的综合因素所决定的，在乡村发展模式空间区划中无法做到所有因素的全面综合考虑，尤其是难以引入随机性因素的考虑，如：随机出现的资本介入、乡村管理变化、自然灾害等。因此，无法完全预测出今后乡村发展模式在空间中的分布。

其次，西安都市区城郊乡村发展模式空间区划的方法是立足于多因子综合评价的空间区划，其因子选取是对影响乡村实际发展主要空间要素的简要化总结，因子的综合影响分析基本符合乡村实际规律。乡村发展模式的空间区划对于整个西安都市区城郊乡村的本底空间发展条件，基于不同的乡村发展模式做出了较为准确的评价。换句话说，经过西安都市区城郊乡村发展模式空间区划所得到的某类模式分区，在今后的乡村实际发展中，由于有着独特的本底条件，更易出现该类模式的特征。亦或是对于西安都市区城郊某类乡村发展模式分区中的乡村，选择本模式，更易在实际发展中实现经济增长、产业发展、人居环境良好。

5.6 本章小结

第一，通过理论架构，指出城郊乡村转型是实现城郊乡村发展战略的途径，而城郊乡村发展模式是乡村转型的可行性方法，并分析了城郊乡村发展模式提出的现实需求。

第二，总结国内外城郊乡村发展的先进经验，指出：利用城郊乡村来限制主城区无序扩展、改善乡村人居环境与公共服务水平、延续乡村自然与田园风貌、开拓乡村多样化的产业、修复乡村生态环境是城郊乡村发展的普遍做法。

第三，从供需角度，分析西安都市区对城郊乡村的需求与城郊乡村的价值，指出城郊乡村转型的主要动力。

第四，遵循符合未来趋势、优先满足关键需求、侧重乡村产业发展、概括主要模式特征的原则；采取定性的手段，以都市区对于城郊乡村的关键需求为引导，耦合乡村职能；提出：生态保育型、地区服务型、休闲游憩型、现代农业型，四种类型的西安都市区城郊乡村发展模式，以及对各个模式的总体路径、区域职能、乡村人口、乡村产业、人居环境做出定位。

第五，在西安都市区城郊乡村发展模式的空间区划研究中，应遵循现状乡村职能空间分布规律，保护重要的自然环境与优质农业耕地，促进乡村产业发展，实现效益最大化；利用空间影响因子，建立城郊乡村发展模式的空间区划评定体系，基于西安都市区数据库，借助ArcGIS软件，采取栅格空间分析功能与地图叠加技术，按照不同类型的城郊乡村发展模式，逐个进行综合条件的初步区划，再运用概括的方法进行分区的整理，以得到最终的西安都市区城郊乡村发展模式的区划。

第6章 乡村发展模式下的西安都市区城郊乡村景观转型策略

本章将乡村发展模式与典型乡村景观相结合，提出差异化的西安都市区城郊乡村景观转型策略。

6.1 西安都市区城郊乡村景观转型策略

6.1.1 西安都市区城郊乡村景观转型策略的含义

西安都市区城郊乡村景观转型策略，是面向未来乡村景观规划设计、空间规划与治理的，融合乡村发展模式与典型乡村景观类型的，实现西安都市区城郊乡村景观重构的方案集合。根据景观生态学“尺度–过程–格局”的理论，在村域尺度下，不同的景观演变驱动力，将引起不同的景观过程，进而形成不同的景观格局。通过人工的科学引导，产生正向的驱动力，可令未来乡村景观出现有序的演变，反之亦然。基于本书的研究，差异化的乡村发展模式是作用于不同类型的城郊乡村景观上，从而产生差异化的驱动力与景观过程，进而令典型城郊乡村景观的格局形成差异化演变。这种乡村景观差异化演变属于有序的人工引导，也需要在西安都市区城郊乡村的各种空间规划与建设中区别对待，这便是乡村景观转型策略的内涵（图6–1）。

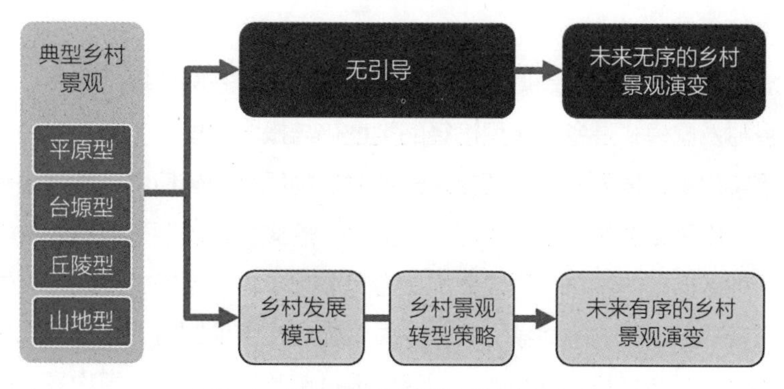

图6–1 城郊乡村景观转型策略的解读
（来源：自绘）

6.1.2 西安都市区城郊乡村发展模式与典型乡村景观的关系

根据前文的概念解释，乡村发展模式是以乡村在都市区中主要职能为主导的综合乡村发展标准形式，典型乡村景观是典型乡村经营景观、人工景观、自然景观的综合体。以上两者，在西安都市区城郊乡村景观转型中，有着密切的关系。这种关系可以类比为：城市规划中城市性质与城市空间形态的关系，即不同城市性质指导不同地理格局下的城市，会产生不同的城市空间形态。具体可从以下方面理解（图6–2）：

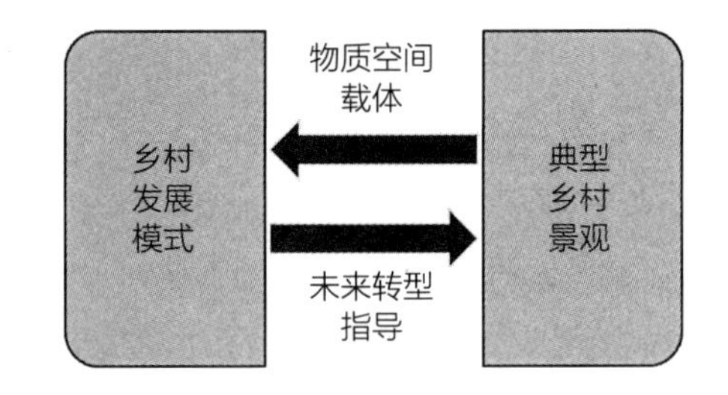

图6–2 乡村发展模式与典型乡村景观的关系
（来源：自绘）

（1）城郊乡村发展模式是典型乡村景观未来演变的指导

城郊乡村发展模式对乡村景观演变起着指导的作用。不同的城郊乡村发展模式将会引导西安都市区城郊乡村朝着不同的转型发展方向发展，从而形成不同的乡村职能、乡村产业、乡村人口变动和乡村人居环境的基本形式。从前文的西安都市区城郊乡村景观典型变化的动因研究中可以看出，乡村发展模式所确定的诸多方面，正是引起乡村景观变化的动力因素。如果按照本书所确定的西安都市区城郊乡村发展模式去发展乡村，也必然将会引起乡村景观的差异化演进，例如：生态保育型乡村引导下的各类乡村景观，将会出现人工景观与经营景观减少，自然景观增大，乡村景观感知也逐渐趋于自然野趣。因此乡村景观在演化与规划中，无法回避乡村职能、产业、人口、人居环境等因素与问题。为了更好地进行后续的乡村景观规划，切实指导乡村景观要素的合理安排，城郊乡村发展模式必须准确地为乡村景观演变提出乡村在都市区中承担的主要职能、乡村产业发展的方向、人口流动的预测、人居环境建设等方面的要求。

（2）城郊典型乡村景观是城郊乡村发展模式的物质空间环境落实

城郊乡村发展模式是乡村转型途径的类型化与概念化模式，属于乡村发展策略范畴。要想实现乡村发展模式必须立足于乡村的物质空间环境中，通过调整乡村的物质与空间，以承载乡村产业、人口以及文化，落实乡村职能。典型乡村景观代表着西安城郊地区典型的乡村物质与空间综合是城郊乡村发展模式实现的载体，也是被乡村发展模式直接影响的对象。典型乡村景观应在因地制宜，在景观规划设计与空间规划中深刻领会乡村发展模式的内涵，通过调整景观过程，重构景观要素的格局与感知等，从而实现乡村发展模式的策略意图。

6.1.3 西安都市区城郊乡村景观转型类型及策略

根据前文研究成果，确定了西安都市区城郊乡村发展模式有：生态保育型、地区服务型、休闲游憩型、现代农业型四种模式。西安都市区城郊典型乡村景观类型有：平原型、台塬型、丘陵型、山地型四种类型。在西安都市区城郊乡村发展模式引导下，选择不同的乡村发展道路，不同的城郊乡村景观将会出现差异化的演进方向。面对这些多种的乡村景观演进方向，需要有区别的乡村景观规划来构建乡村中各种物质与空间。本书提出不同的西安都市区城郊乡村发展模式引导下的乡村景观转型策略，即通过四种城郊乡村发展模式与四类城郊典型乡村景观进行组合，形成如下16种乡村景观转型类型及其策略：（图6–3、图6–4、表6–1）。

生态保育型平原乡村景观、生态保育型台塬乡村景观、生态保育型丘陵乡村景观、生态保育型山地乡村景观；

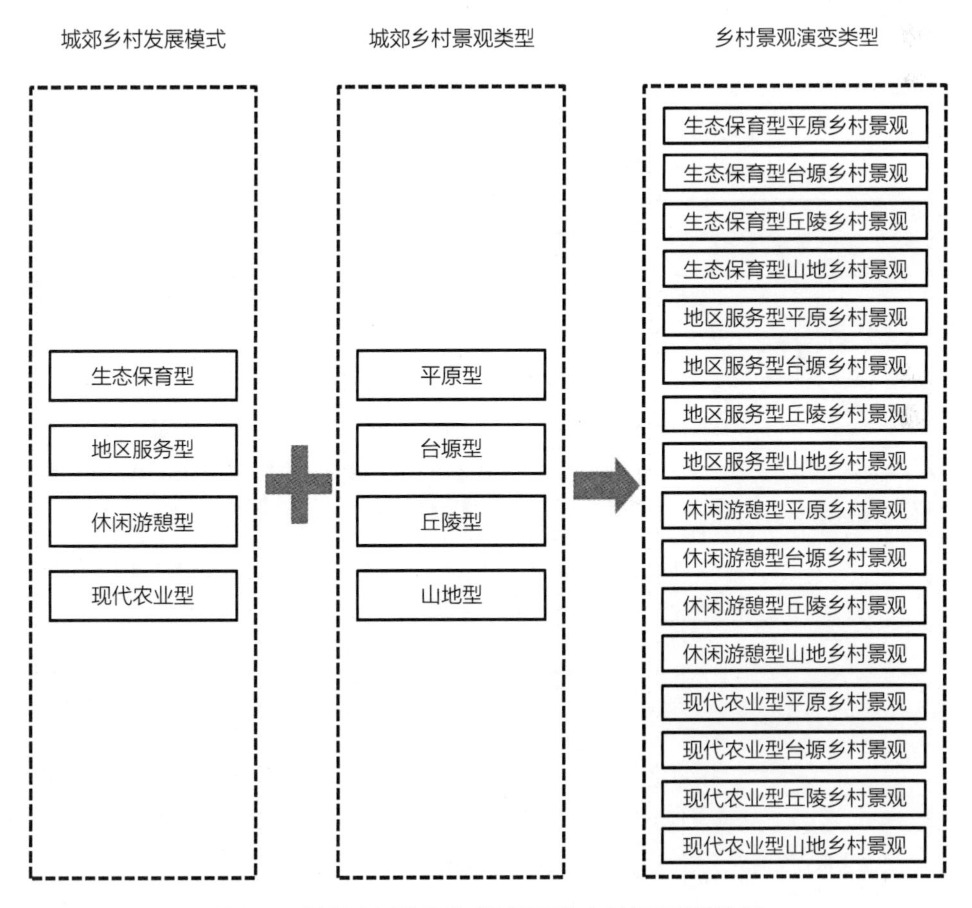

图6–3 城郊乡村发展模式引导下的乡村景观转型类型
（来源：自绘）

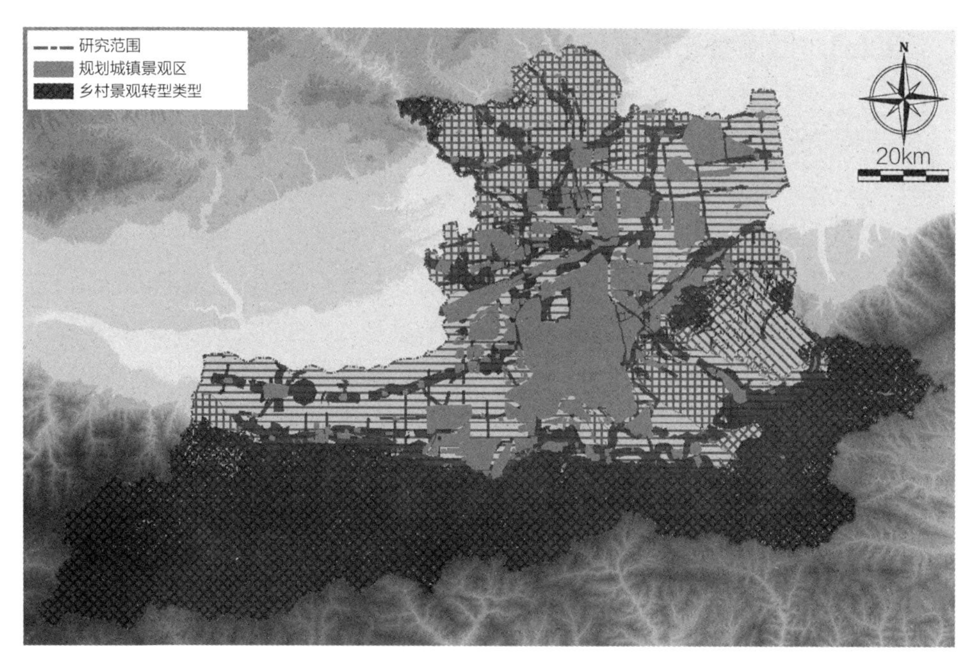

图6-4 西安都市区城郊乡村景观转型类型分布
（来源：自绘）

城郊乡村发展模式引导下乡村景观转型策略一览表　表 6-1

序号	城郊乡村景观转型类型	城郊乡村发展模式引导下乡村景观转型策略
1	生态保育型平原乡村景观	主要位于平原中重要生态价值的湿地、河道周边；划定保护范围；通过自然做功，湿地、河道、林草地等自然生境进一步恢复，生态系统良性发展，自然斑块与廊道扩大；人工干扰减少，人工与经营景观斑块缩小，逐渐迁出人口；部分斑块与廊道打破规整现状，尊重自然曲线；现有人工堤岸恢复为自然堤岸；避免修建大型基础设施，维护整体景观感知的自然野趣
2	生态保育型台塬乡村景观	主要位于台塬中具有重要生态价值的沟壑区；划定保护范围；通过自然做功，自然林草地、河道等生境维持并发展，生态功能进一步提升，退耕还林还草持续，自然斑块与廊道扩大；人工干扰减少，人工与经营景观斑块缩小，梯田恢复自然坡地，路网密度与等级降低，逐渐迁出人口，生存条件较差地区的人口首先搬离；避免修建大型设施，维持整体景观意向的自然野趣
3	生态保育型丘陵乡村景观	主要位于丘陵中具有重要生态价值的区域；划定保护范围；通过自然做功，自然林草地维持并发展，生态功能进一步提升，持续退耕还林还草，自然斑块与廊道扩大；人工干扰减少，人工与经营景观斑块缩小，路网密度与等级降低，梯田恢复自然坡地，逐渐迁出人口，生存条件较差地区的人口首先搬离；避免修建大型设施，维持整体景观意向的自然野趣
4	生态保育型山地乡村景观	主要位于秦岭山中具有重要生态价值的区域；划定保护范围；通过自然做功，自然林草地维持并发展，生态功能进一步提升，退耕还林还草持续，自然斑块与廊道扩大；人工干扰减少，人工与经营景观斑块缩小，生存条件较差地区的人口逐渐搬离；避免修建避免大量新建道路、桥梁、涵洞、高压线等设施，维持整体景观意向的自然野趣

续表

序号	城郊乡村景观转型类型	城郊乡村发展模式引导下乡村景观转型策略
5	地区服务型平原乡村景观	扩大人工景观斑块的面积，提高彼此之间的连通度，在现有规整的乡村聚落上扩大规模，提高人工建设强度，改善基础设施，延续方格路网，提高路网密度与等级，发展新式民居建筑，构建新型乡土聚落风貌；发展多种用途的经营景观，形成多变的景观感知；恢复重要生态价值区域的自然景观，提高自然植被面积
6	地区服务型台塬乡村景观	根据现状聚落斑块分布与形状，因地制宜地提高规模与人工建设强度，改善基础设施，提高内外路网的密度与等级，发展新式民居建筑，构建新型乡土聚落风貌；发展多种产业用途的经营景观，形成多变的景观感知；恢复重要生态价值区域、不易耕种、不易建设区域的自然景观，提高自然植被面积
7	地区服务型丘陵乡村景观	因地制宜地扩大人工景观斑块的面积，提高彼此之间的连通度，改善基础设施，发展新式民居建筑，构建新型乡土聚落风貌；发展多种产业用途的经营景观，形成多变的景观感知；恢复重要生态价值、不易耕种、不易建设等区域的自然景观，提高自然植被面积
8	地区服务型山地乡村景观	扩大主要交通线路两侧地势开阔区域的人工景观斑块面积，改善基础设施，发展新式民居建筑，构建新型乡土聚落风貌；退耕还林还草，形成以经济林业为主的经营景观，继续恢复自然景观，提高植被面积
9	休闲游憩型平原乡村景观	人工景观斑块仍呈规整形状，聚落与建筑风貌体现关中地域乡土特征，民居注重装饰并且体量增大，采用规整组合，路网延续方格网；经营景观注重感知效果，体现人工力；恢复自然景观，改善生境，增加植被；整体乡村景观注重感知美感塑造
10	休闲游憩型台塬乡村景观	恢复植被，退耕还林还草，提高自然景观比例；改善聚落与建筑风格体现关中地域乡土特征，民居注重装饰并且体量增大；塬面民居采用规整组合，考虑整体景观感知塑造；塬缘民居因地制宜，考虑与环境结合，与通视；延续现有路网形态；整体乡村景观注重感知美感塑造
11	休闲游憩型丘陵乡村景观	恢复植被，退耕还林还草，提高自然景观比例；聚落与建筑风貌体现关中地域乡土特征，民居注重装饰并且体量增大；依托起伏地形，因地制宜地进行民居建筑组合，强调与环境融合，并考虑通视；延续现有路网形态；整体乡村景观注重感知美感塑造
12	休闲游憩型山地乡村景观	聚落与建筑风貌体现关中地域乡土特征，民居注重装饰并且体量增大；依托起伏地形，因地制宜地进行民居建筑组合，强调与环境融合，并考虑通视；减少经营景观斑块，扩大自然景观
13	现代农业型平原乡村景观	缩小人工景观斑块，贯通经营景观斑块，保护重要的自然景观斑块；建筑体现地域特色与生产功能，增加生产建筑体量；形成开阔平坦的大规模农用地，缩小路网密度，提高道路等级，便于大型机械化作业；恢复农业所处的生态环境
14	现代农业型台塬乡村景观	缩小人工景观斑块，贯通经营景观斑块，保护重要的自然景观斑块；建筑体现地域特色与生产功能，增加生产建筑体量；塬面处形成开阔平坦的大规模农用地，缩小路网密度，提高道路等级，便于大型机械化作业；塬缘处退耕还林还草，恢复农业所处的生态环境

续表

序号	城郊乡村景观转型类型	城郊乡村发展模式引导下乡村景观转型策略
15	现代农业型丘陵乡村景观	缩小人工景观斑块，贯通经营景观斑块，保护重要的自然景观斑块；建筑体现地域特色与生产功能，增加生产建筑体量；坡度较缓地区种植农作物，较陡区域种植本土经济林或恢复自然植被
16	现代农业型山地乡村景观	缩小人工景观斑块，贯通经营景观斑块，保护重要的自然景观斑块；建筑体现地域特色与生产功能；经营景观种植经济林与经济农作物；扩大和恢复原有自然植被

地区服务型平原乡村景观、地区服务型台塬乡村景观、地区服务型丘陵乡村景观、地区服务型山地乡村景观；

休闲游憩型平原乡村景观、休闲游憩型台塬乡村景观、休闲游憩型丘陵乡村景观、休闲游憩型山地乡村景观；

现代农业型平原乡村景观、现代农业型台塬乡村景观、现代农业型丘陵乡村景观、现代农业型山地乡村景观。

6.2 实证案例－西安市蓝田县黄沟村

选择西安市蓝田县黄沟村进行实证案例研究，在城郊乡村景观转型策略指导下实现乡村景观的重构。

6.2.1 黄沟村概况

（1）行政区位

黄沟村隶属于陕西省西安市蓝田县蓝关街道办事处。该村距西安市中心的车行时空距离约为1小时，距蓝田县县城车行时空距离约为15min，紧邻陕西107省道，与G40沪陕高速蓝关收费站的路程仅为4km（图6–5）。

（2）社会人口

截至2014年，全村共有5个村民小组，总人口336人，共82户。随着城镇化的进程，经济发展缓慢，全村人口流失严重，外出务工人口达到了近七成，且主要为青壮年劳动力与其子女。

（3）自然地理

黄沟村总面积为3.68km^2，该村地处秦岭山区与关中平原的交界处，东临灞河支流辋峪河。全村在海拔519～902m之间，地势南高北低，北部为平原，南部为山区，北部平原约占村域面积的三成，南部平原约占村域面积七成（图6-6、图6-7）。

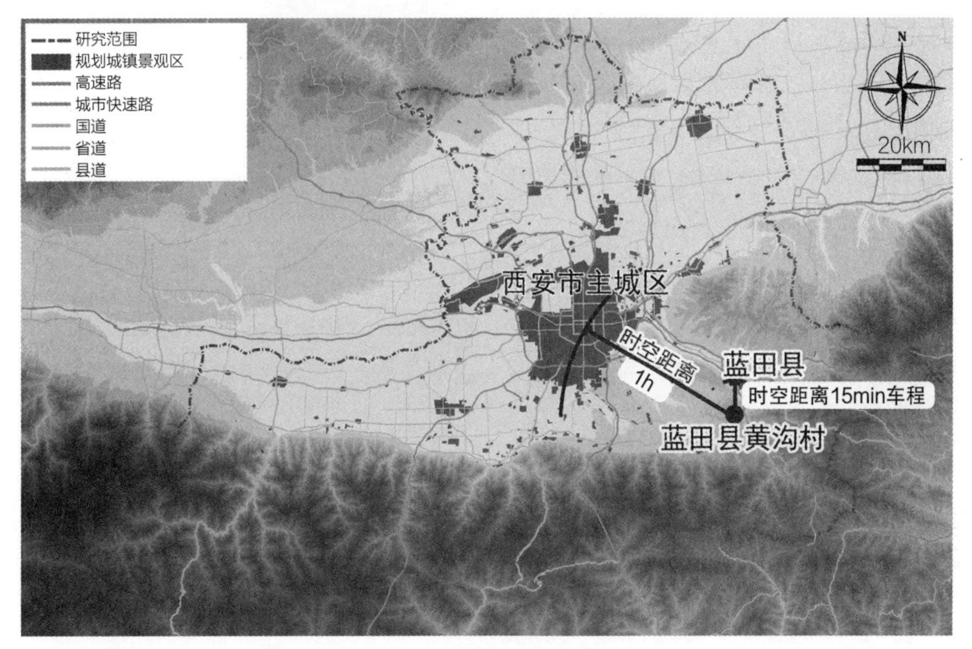

图6-5　黄沟村区位图
（来源：自绘）

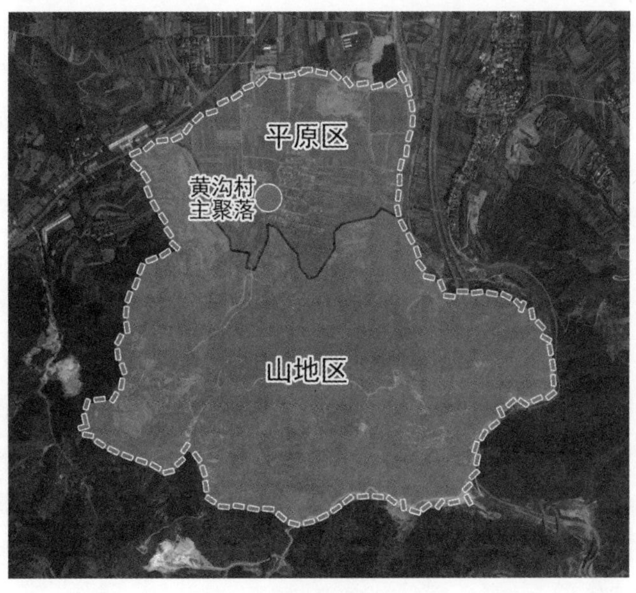

图6-6　黄沟村地貌分区
（来源：自绘）

图6-7 黄沟村数字高程模型
（来源：自绘）

村域北部的平原属于山前洪积扇平原，地势平坦，上层土壤肥沃，下层土壤为沙土，地下水丰富，分布着该村主要的农用地。平原北部为沙河，该河宽度为10～20m，常年流水，由西向东汇入东侧的辋峪河。平原中部有一条发源于南部秦岭山区的冲沟，该冲沟宽为10～50m，由南自北，侵蚀地表，将平原地区分割为东西两片，在暴雨季节，该冲沟会倾泻南部的山洪。平原区东北部有一处采砂遗留下来的废弃地，面积较大，地形破碎。平原区东部有一处面积较大的鱼塘，紧邻辋峪河。平原区植被主要为农业作物，以及冲沟中、河滩边的自然植被。

村域南部为秦岭山区，与东部辋川河，呈半环形包围平原区。西部山区的突出部，地势较为平缓，有较厚的土层覆盖，有少量梯田。南部山区地势崎岖，山高谷深，峡谷中有多处小型的泉水与溪流，植被茂密，主要为次生天然林与次生人工林。

（4）产业经济

黄沟村本地的现状产业包括采矿业与农业。农业作为该村的支柱差异，具体包括小麦、玉米、白皮松、核桃种植。粮食的种植对水肥、地形平整度要求较高，主要分布在村中的平原地区，白皮松与核桃分布在山区与平原区坡度较大的耕地、林地中。粮食种植是乡村中的传统产业，虽然种植面积较大，但经济效益较差。白皮松种植为新兴产业，因周边地区种植量较大与随着城市建设与绿化量的萎缩，产业发展前景不好。核桃产业发展稳定，树木已经进入盛果期，但因经济效益一般，种植面积基本稳定。

（5）历史遗存

黄沟村有着悠久的历史，有兴建于明代的竹篑寺遗址。竹篑寺又名中圭寺、祝国寺，属于千年古刹，古属蓝田八景之一，位于黄沟村山区的海拔900m的主峰之上。由于该山峰位于辋川峪口西侧，扼守秦楚通道，因此自古在此建佛塔，现存的七层六边形佛塔是2005年修建，虽然采用现代技术建造，但保留了古朴的造型。由于海拔较高，地势突出，又位于辋川峪口，北部平原开阔，该塔具有极佳的景观感知，在晴朗的时节，可远远观之。

（6）聚落现状

黄沟村现有80余处民居，分布在南部山地区与北部平原区。其中山地区的聚落成散点分布，建造年代较久，随着移民搬迁政策的实施，现已基本废弃，原有居民移居到平原区。目前，乡村中的主聚落位于北部平原区，靠近山脚下，聚落成团块状结构，距107省道约为800m，由冲沟分割成东、西两个组团。另有两处新建的小型民居组团位于村域北界处，为山区移民搬迁居民所兴建的。该村主聚落中的民居建筑布局基本规整，聚落中的植被较好。民居由院落和建筑构成，院落普遍较小，建筑多为1～3层的砖混结构，并在主体建筑上加盖瓦砌坡屋顶（图6-8）。

图6-8 黄沟村实景
（来源：自绘）

6.2.2 黄沟村乡村景观转型类型

根据黄沟村在西安都市区城郊乡村发展模式区划与城郊乡村景观类型区划中的定位，黄沟村属于休闲游憩型平原乡村景观。

（1）黄沟村所属的城郊乡村发展模式

该村目前为缓慢演进型适应性自发展模式城郊乡村，乡村发展模式的区划，该村属于休闲游憩型城郊乡村发展模式（图6-9）。休闲游憩型城郊乡村依托周边或村域内的优美自然风光、特殊人文景观以及丰富历史遗存等旅游资源，通过建设旅游服务设施，重塑乡村人居环境，改善乡村的旅游接待能力，重点发展乡村休闲旅游产业，以承接都市区人口日益增加的乡村休闲游憩活动需求。

该村作为休闲游憩型乡村发展模式所拥有的具体发展条件如下：

第一，便利的区位与交通条件。该村距离西安主城区的中心只有1h车程，能够半日往返，不但可以作为周末旅游的目的地，还能够成为日常休闲游憩的地点。该村紧邻的107省道，是省、市两级重点打造的旅游公路，能够为该村带来大量客源。

第二，优质的旅游资源。由于位于山地、峪口、平原的交界处，该村具有丰富的地形地貌特征，开阔的平原、高耸的山峰、流淌的河水、清澈的鱼塘、层叠的梯田有机地结合在一起，形成独特优美的乡村景观；作为“古蓝田八景之一”的竹篑

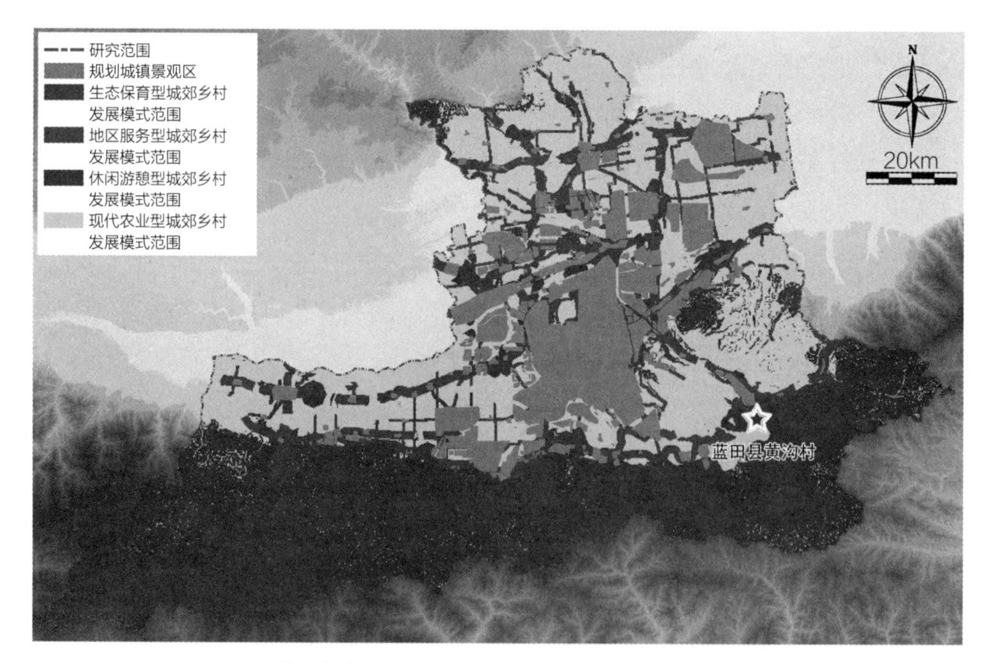

图6-9 黄沟村在西安都市区城郊乡村发展模式区划中的归属
（来源：自绘）

寺有着悠久的历史文化，新建的竹篑寺塔高居山顶，扼守秦楚要道，远眺关中平原。

以上便利的区域交通条件与优质的旅游资源，能够作为该村发展休闲游憩型乡村发展模式的本底条件，承接都市区休闲游憩活动应是该村今后的主要功能。落后的经济基础、外流的优势人口也成为制约其发展的重要门槛。因此，在实现休闲游憩型乡村发展模式的过程中，应积极引入外来资本，吸引人口回流。

（2）黄沟村是典型的山地型乡村景观

黄沟村地处秦岭山区与关中平原的交界处，村域范围内既有秦岭山地又有平原。一方面，该村的人类活动的聚落、农用地、道路等，主要集中在北部平原区；另一方面，该村的人工景观与经营景观有着典型平原型乡村景观特征，如：平坦开阔的农用地、规整的聚落、笔直的村路等。因此本书将其划定为平原型城郊乡村景观类型。

6.2.3 黄沟村景观格局历史演变与现状分析

比对2003年与2015年黄沟村的乡村景观格局与景观指数（图6–10、图6–11、表6–2），从而得到乡村景观演变的特征与规律：

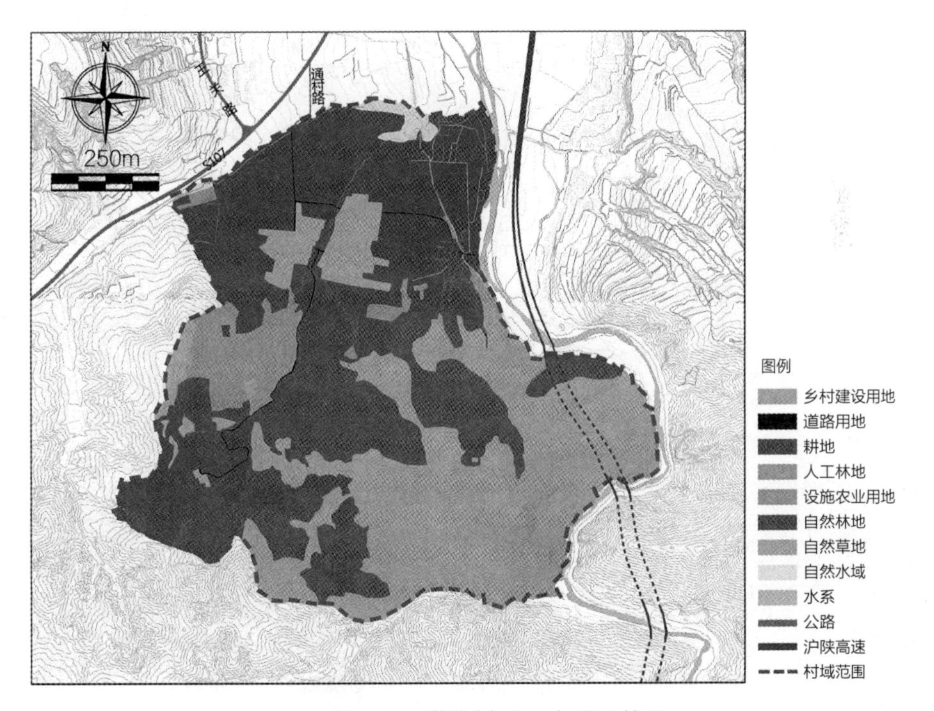

图6–10　黄沟村2003年景观格局

（来源：自绘）

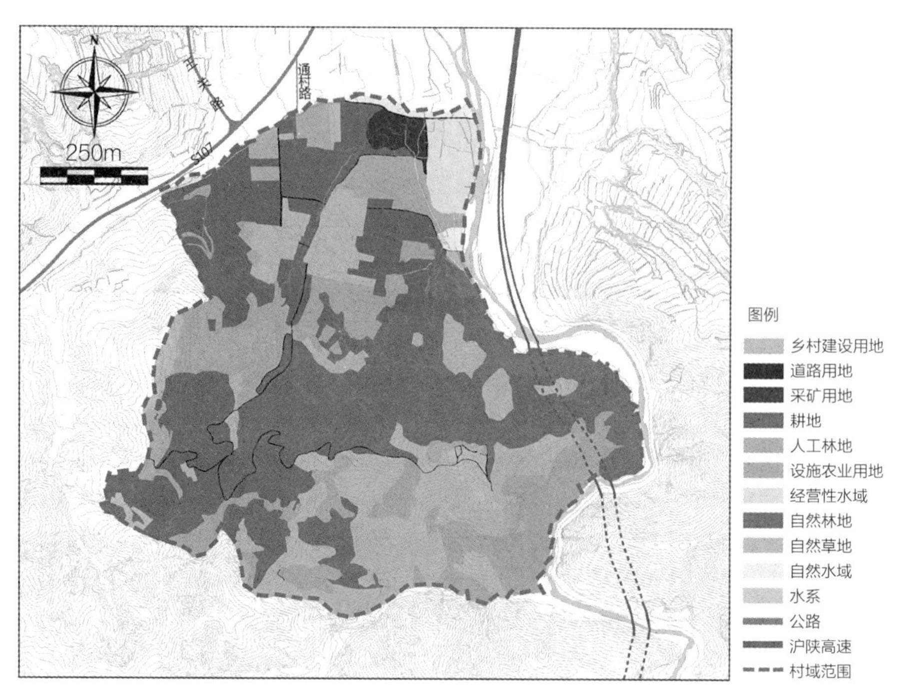

图6-11 黄沟村2015年景观格局
（来源：自绘）

2003 年与 2015 年黄沟村景观格局指数比对　　表 6-2

用地类型	2003年					
	面积百分比(*PLAND*)(%)	斑块数量(*NP*)(个)	斑块密度(*PD*)(个/km^2)	景观形状指数(*LSI*)	聚合度(*AI*)(%)	申农多样性指数(*SHDI*)
乡村建设用地	4.1609	5	1.3582	2.707	97.7846	—
道路用地	0.3851	4	1.0866	14.1042	42.081	—
采矿用地	—	—	—	—	—	—
耕地	30.1736	9	2.448	7.0379	97.119	—
人工林地	5.5837	5	1.3582	3.1264	97.6202	—
设施农业用地	0.26008	1	0.1234	1.9744	94.4848	—
经营性水域	—	—	—	—	—	—
自然林地	24.1363	17	4.618	8.2116	96.1445	—
自然草地	34.6008	7	1.9015	4.6903	98.3558	—
自然水域	0.9596	2	0.5433	2.8026	95.0182	—
总体	100	49	13.3106	7.3132	97.1353	1.4312

续表

用地类型	2015年					
	面积百分比（*PLAND*）（%）	斑块数量（*NP*）（个）	斑块密度（*PD*）（个/km^2）	景观形状指数（*LSI*）	聚合度（*AI*）（%）	申农多样性指数（*SHDI*）
乡村建设用地	4.5036	8	2.1733	3.1595	97.3128	—
道路用地	1.1641	56	15.2134	22.8916	45.6801	—
采矿用地	1.2048	1	0.2717	1.4235	98.9604	—
耕地	15.1679	23	6.2483	7.2007	95.8212	—
人工林地	22.8499	24	6.52	8.1035	96.1044	—
设施农业用地	0.235	1	0.2717	1.0526	99.6942	—
经营性水域	2.4423	1	0.2717	1.1417	99.7596	—
自然林地	36.0849	10	2.7167	6.461	97.6153	—
自然草地	15.4599	10	2.7167	6.8974	96.0618	—
自然水域	0.8877	3	0.815	3.4932	92.8375	—
总体	100	137	37.2184	9.3268	96.1706	1.6713

第一，乡村景观的斑块类型增加。在十余年的发展中，黄沟村的乡村景观增加了新的类型，出现了经营性水域与采矿用地，即鱼塘与采砂场。

第二，乡村景观的斑块数量快速增长。乡村中的斑块总数量与密度增加了近两倍，说明乡村中用地斑块在变小，景观破碎化的趋势严重。

第三，乡村中耕地面积的占比锐减，并转换为人工林地、自然林地与草地。

第四，道路用地比重增加较快，形状指数增加，说明新修道路增加较多，并且路网密度增加。

6.2.4 黄沟村乡村景观转型策略

根据黄沟村乡村景观转型类型，提出黄沟村未来乡村景观转型策略，并进行景观格局的重构（图6-12、图6-13、表6-3）。

第一，将南部山区作为生态保育区与游览区，禁止进行耕作与乡村建设。除保留寺院、佛塔、道路外，不规划其他乡村建设用地；将现有耕地全部退耕还林还草。

第二，鉴于人工林地的植物群落单一，需要人工维护，难以建立稳定的动植物

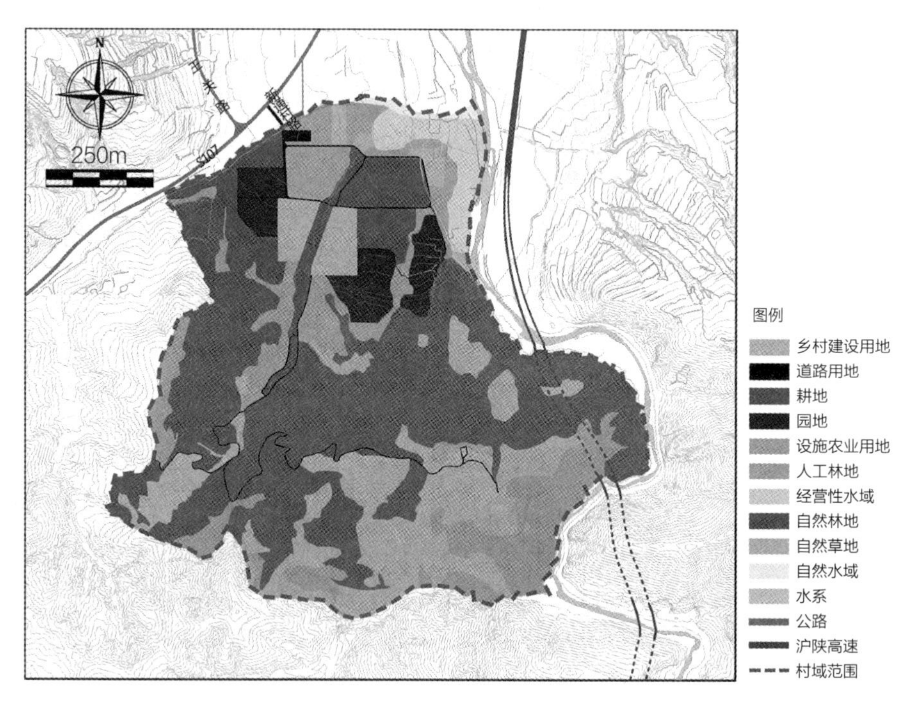

图6-12 城郊乡村景观转型策略指导下的黄沟村乡村景观格局规划
（来源：自绘）

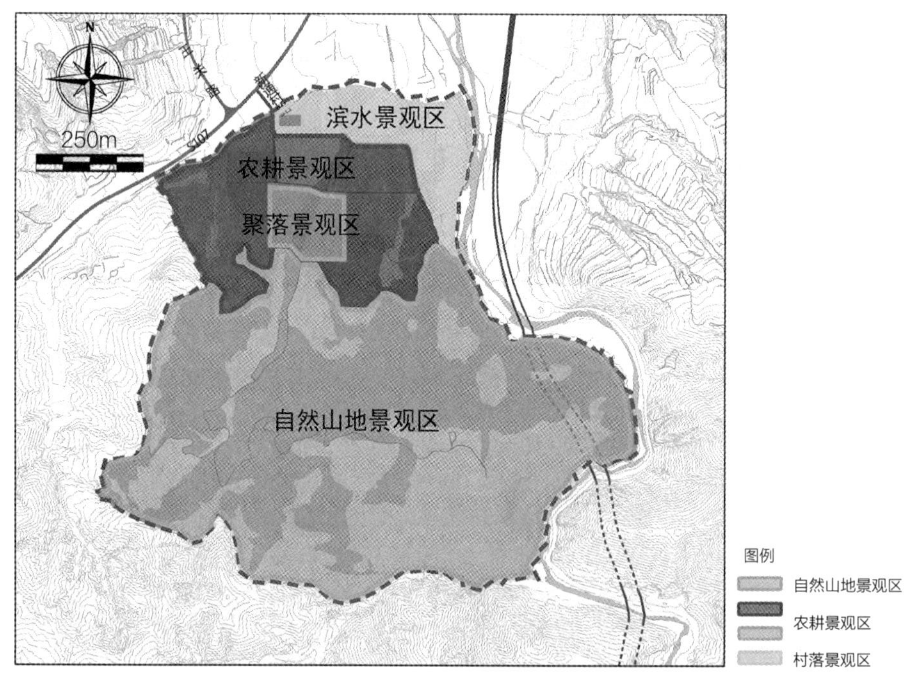

图6-13 城郊乡村景观转型策略指导下的黄沟村乡村景观功能分区规划
（来源：自绘）

黄沟村景观分区与功能规划一览表 表 6-3

功能分区	各分区整体景观特征	功能	功能图示	功能类型
聚落景观区		村民居住		生活
		小型农业		生产
		旅游商贸		生产
		农家乐		生产、生活
农耕景观区		粮食生产		生产、生态
		果业生产		生产、生态

续表

功能分区	各分区整体景观特征	功能	功能图示	功能类型
农耕景观区		设施农业		生产
		农业观光		生产、生活
		农业体验		生产、生活
滨水景观区		垂钓休闲		生产、生态
		滨水农家		生产、生态
		湿地恢复		生态

续表

功能分区	各分区整体景观特征	功能	功能图示	功能类型
自然山地景观区		生境保护		生态
		低强度旅游		生产、生态
		林业生产		生产、生态

栖息地，因此联通现已破碎化的自然林地与自然草地，将人工林地恢复成自然林草地，使其形成较大的斑块。

第三，未来为了适应乡村农业旅游的开展，开展休闲农业活动，在平原区中部与东南部，增加园地，以便种植花卉、蔬菜与水果等新型农作物。

第四，根据景观总体感知分析，调整现有设施农业用地的位置，避免设施农业大棚阻挡通向南部山区的视线。将现有设施农业用地布置在平原区中部的低洼处。

第五，按照基本粮食生产的需求，保留村域中的耕地，同时按照用地适宜性评价与景观感知的需求调整耕地布局，在耕地布置在平原区中东部与山地区的西北部，其中前者营建出平地耕地景观，适应种植小麦与玉米，后者为梯田型耕地景观，适宜种植油菜与小麦。

第六，将采矿用地恢复为经营性水域，与现有鱼塘连为一体，形成较大的水面。同时改变现有生硬的岸线，形成优美的驳岸曲线。

第七，改变现有乡村建设用地形状，提高建设用地利用率，避免形成过多的破碎用地。

第八，重新调整村域现状路网，形成环形的主路与连接各个地块的支路所共同构成的交通系统（图6-14）。

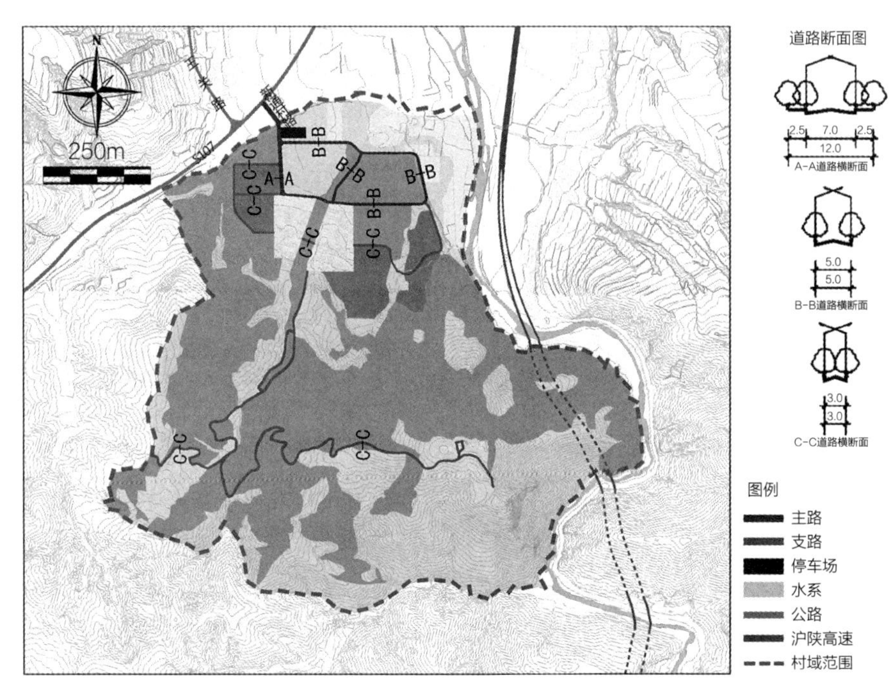

图6-14　城郊乡村景观转型策略指导下的黄沟村交通系统规划
（来源：自绘）

第7章 研究结论与展望

7.1 研究结论

如今的我们正处在文明阶段的变革时期，亲历着中国的改革开放、经济腾飞、社会进步，同时也目睹着西安都市区的城乡变化。

近代以来，由工业化推动的城镇化发展逐渐在西安都市区中出现。自20世纪90年代以来，西安进入了快速城镇化发展阶段，飞速的城乡变革开始出现，延续几千年的城乡空间格局与结构关系被打破。城镇急速膨胀，不断地从城郊乡村中“吞噬”着资源、人口与土地，“丢弃”着废弃物、污染物，转移着低端产业、低附加值功能，城乡的差距日益加大。农耕社会中，西安城郊乡村作为精神家园，被赋予的“明月松间照，清泉石上流”“采菊东篱下，悠然见南山”的美丽意象，在如今的时代中，已经荡然无存。乡村成为了衰败、落后、贫穷的代名词。

任何实物发展都不是一成不变的，城乡之间的关系亦是如此。从西方都市区的发展轨迹可以看出，城镇的扩展并非无止境，乡村也一定会作为都市区中重要的组成部分，与城镇共同存在下去。推至西安都市区，当城镇化发展到一定规模时，城乡空间格局演变将趋于缓慢，此时的城郊乡村将长期地存在。然而那时城郊乡村所面临的城乡关系不同于现在，都市区对于乡村的各种需求将增加，城郊乡村的价值将凸显，城乡之间将形成真正的平等与共生。

面对今后城乡空间格局演变趋势与城郊关系的结构转变，本书提出采取乡村发展模式与乡村景观类型相结合的方式，寻求西安都市区城郊乡村景观转型策略，并取得了以下的结论：

第一，总结工业革命以来，西方都市区城乡空间格局演变，提出都市区中的城镇空间扩张分为：主城区单核扩展、主城区与外围城镇共同扩展、主城区扩展被限制而外围城镇扩展持续、城乡空间格局稳定，这四个发展阶段；通过梳理近代以来西安都市区城乡空间格局演变，分析影响西安都市区城乡空间格局演变的主要因子，结合2030年西安都市区的各项城乡规划，对比西安都市区与西方都市区城乡空间格局演变的阶段，指出2030年以后，西安都市区城乡空间格局将进入稳定阶段；此时的城乡关系将出现转型，乡村发展将依托都市区城镇人口的巨大需求，而乡村景观将成为稀缺资源，各种乡村价值将凸显；提出城乡空间格局演变中出现的四类乡村，指出其中的城郊乡村将作为西安都市区中乡村的最后存在，采取“多样化主动适应”的发展战略，实现乡村转型，以应对未来都市区城乡大环境的改变。

第二，城镇化以来，西安都市区城郊乡村为了适应都市区城乡环境的改变，发展自身，出现了自主调整乡村子系统的乡村适应性自发展；本书利用归类法，按照演进的程度，将其划分为缓慢演进型城郊乡村与剧烈演进型城郊乡村，其中剧烈演进型城郊乡村又按照演进的方向，划分为传统产业更新型、城镇职能承担型、乡村旅游承接型；通过典型案例，梳理出各种城郊乡村适应性自发展模式的演变，总结每种乡村在发展中的经验以及存在的瓶颈。

第三，从最新的风景园林学、景观生态学理论视角，重新理解乡村景观；按照西安都市区城郊地区的地形地貌分区，可将西安都市区城郊乡村景观划分为平原型、台塬型、丘陵型与山地型四种；对这四种西安都市区城郊典型乡村景观进行类型与特征研究，并运用景观指数与景观感知比对的方法，找寻出各类城郊典型乡村景观在历经快速城镇化前后，所出现的典型变化，进而可以通过变化分析景观演变的动力，存在问题及存在问题的根源。

第四，对今后西安都市区城乡关系的转型，而当前城郊乡村所产生的适应性自发展存在着诸多局限，本书提出今后的城郊乡村也必须进行转型，以适应城乡环境的改变，突破当前适应性自发展的瓶颈；然而鉴于西安都市区城郊乡村数量众多，难以针对每个乡村制定转型策略，因此可以采用乡村发展模式这种可行性办法，来确定不同类乡村的主要发展方向；在总结国内外城郊乡村发展先进案例的经验，分析城乡之间的供需关系，以主要乡村职能为导向，本书提出生态保育型、地区服务型、休闲游憩型与现代农业型的四种城郊乡村发展模式；利用综合的评价体系与GIS技术，对以上四种城郊乡村发展模式，在西安都市区城郊地区中区划出空间位置。

第五，在今后的城郊乡村转型与乡村发展模式实施的过程中，城郊典型的乡村景观必将会出现差异化的演变，因此将城郊乡村发展模式与城郊乡村典型景观进行关联，提出16种城郊乡村景观转型类型，进而确定各类的乡村景观转型策略；同时选择西安市蓝田县黄沟村进行实践案例的研究。

7.2 研究展望

本书的研究所运用乡村发展模式与乡村景观典型类型相结合，破解西安都市区城郊乡村景观转型策略，虽然建立了基本的思路与体系，取得了一定的成果。但是由于笔者的个人精力与能力所限，面对城乡关系转变过程中，西安都市区城郊乡村转型的重大的、复杂的问题，所进行的研究尚且存在不足，仍需要各个领域的专家学者进行深入的探索，构建起更为完善的理论、原理、方法体系，更好地指导西安都市区及其他都市区城乡关系转型中的城郊乡村发展之路。展望未来的研究方向，主要有以下几个方面：

第一，本书虽然建立了西安都市区乡村发展模式，但模式的内涵仍需丰富，模式中所涉及各项内容，还需要各个领域的专家、学者进行细化与修正，以准确界定每个乡村发展模式的内涵。

第二，关于乡村发展模式的空间区划，其空间区划评定体系中的因子的选取、评定方法、权重，也需要联合各领域的专家，进行更为精确的界定，以区划出更为精准的西安都市区城郊地区乡村空间发展战略及发展措施。

第三，乡村景观规划还是一个新兴交叉学科研究领域，本书虽然对其内容与方法进行了建构，但形成成熟的规划体系并落实到实际中，仍需要多方的不懈努力，同时处理好乡村景观转型策略与其他乡村规划、上位规划以及各种发展计划的关系，也是需要深入探讨的，并面向当下的“国土空间规划”，以最直接有效的方式指导城郊乡村的综合发展。

第四，一些新思想、新理论、新技术、新方法正在涌现，必将会对西安都市区城郊乡村的发展产生影响，更会对人居环境学科造成巨大的冲击。因此，在实际中运用这些新思想、新理论、新技术、新方法，将是未来研究的重点。

第五，城郊乡村发展模式与乡村景观转型策略的实施，也是一个重要的拓展领域，该领域研究能够为保证乡村转型与乡村景观演变朝着预定方式发展、为各种相关的政策措施的建立，提供重要的研究基础。

附录A 图目录

[59] 图3-8　西安都市区城郊乡村第一产业现状

[60] 图3-9　西安都市区城郊乡村第二产业现状

[61] 图3-10　西安都市区城郊乡村第三产业现状

[62] 图3-11　西安都市区城郊乡村餐饮服务点的分布密度

[63] 图3-12　西安都市区城郊乡村休闲娱乐服务点的分布密度

[64] 图3-13　西安都市区城郊乡村住宿服务点的分布密度

[65] 图3-14　西安都市区城郊乡村人居环境现状

[66] 图3-15　西安都市区城郊乡村适应性自发展模式体系

[67] 图3-16　50个实地调研的西安都市区城郊乡村中不同适应性自发展模式比例

[68] 图3-17　缓慢演进型城郊乡村示例-咸阳市三原县西阳镇高贺村

[69] 图3-18　传统产业更新型城郊乡村示例-咸阳市渭城区正阳街道办事处兴隆村

[70] 图3-19　城镇功能承担型城郊乡村示例-西安市周至县终南镇豆村

[71] 图3-20　乡村旅游接待型城郊乡村示例-西安市灞桥区狄寨镇南大康村

[72] 图3-21　显落村区位

[73] 图3-22　显落村古貌图

[74] 图3-23　显落村乡村适应性自发展演变

[75] 图3-24　显落村发展现状

[76] 图3-25　下三屯村区位

[77] 图3-26　下三屯村适应性自发展演变

[78] 图3-27　下三屯村适应性自发展演变示意

[79] 图3-28　下三屯村发展现状

[80] 图3-29　西查村区位

[81] 图3-30　西查村适应性自发展演变

[82] 图3-31　西查村适应性自发展演变示意

[83] 图3-32　西查村发展现状

[84] 图3-33　上王村区位

[85] 图3-34　上王村适应性自发展演变

[86] 图3-35　上王村适应性自发展演变示意

[87] 图3-36　上王村发展现状

[88] 图3-37　上王村现代农业园平面图

[89] 图4-1　乡村景观与城镇景观构成示意

附录 B　表目录

参考文献

[1] 陈佑启. 试论城乡交错带及其特征与功能［J］. 经济地理，1996，3：27-31.

[2] 史念海. 中国国家历史地理 史念海全集 第5卷［M］. 北京：人民出版社. 2013：205.

[3] 王巍著. 中国考古学大辞典［M］. 上海：上海辞书出版社. 2014：158.

[4] 国家文物局. 中国重要考古发现 2006 中英文本［M］. 北京：文物出版社. 2007：15.

[5] 任云英. 西安城市空间结构的近代化表征及其成因［J］. 唐都学刊，2010，4：83-87.

[6] 李建伟，刘科伟，刘林. 城市空间扩张转型与新区形成时机——西安实证分析与讨论［J］. 城市规划，2015，4：58-64.

[7] 西安布局“一城多心”四级城镇体系［J］. 城市规划通讯，2011，16：8.

[8] 宫敏燕. 新农村建设中新型农民培育问题研究［M］. 西安：西北农林科技大学出版社. 2013：79.

[9] 刘百稳. 陕西葡萄今年价格暴跌［EB/OL］. http://hsb.hsw.cn/system/2015/0926/18146.shtml, 2015-09-26.

[10] 陕西省统计局. 探索缺失的“农家乐”消费统计［EB/OL］. http://www.shaanxitj.gov.cn/site/1/html/126/111/10635.htm，2015-03-17/2015-03-17.

[11] 西安市人民政府. 西安市农村村级社会事业公共设施统筹建设实施方案［Z］. 2008-0-17.

[12] 惠中. 人类与社会［M］. 上海：华东师范大学出版社. 2002：61.

[13] 袁毛毛. 国庆这七天：神奇袁家村PK疯狂马嵬驿［EB/OL］. http://news.hsw.cn/system/2015/1008/311500_3.shtml, 2015-10-08.

[14] 王宪礼，肖笃宁，布仁仓，胡远满. 辽河三角洲湿地的景观格局分析［J］. 生态学报，1997，3：317-323.

[15] 马强，魏宗财. 基于RS/GIS的城市景观格局时空演变研究——以西安都市圈为例［J］. 规划师，2009，3：70-74.

[16] 西安市地图集编纂委员会编. 西安市地图集［M］. 西安：西安地图出版

社. 1989.

[17] 史念海. 西安历史地图集 [M]. 西安: 西安地图出版社. 1996.

[18] 任云英. 近代西安城市空间结构演变研究 (1840 ~ 1949) [D]. 陕西师范大学, 2005.

[19] 杨彦龙. 西安城市地域结构探源及演化特征分析 [D]. 西安建筑科技大学, 2006.

[20] 杨敏. 基于地域文化视角的西安市城市空间结构演变研究 [D]. 东北师范大学, 2009.

[21] 史红帅. 近代西方人视野中的西安城乡景观研究 1840-1949 [M]. 北京: 科学出版社. 2014.

[22] 骆华松. 大城市郊区乡村经济类型分析——以上海市为例 [J]. 云南教育学院学报, 1992, 3: 78-85.

[23] 杜一馨, 宋占利, 孙晓宁. 浅析首都农业产业化与乡镇企业结构调整 [J]. 北京市农业管理干部学院学报, 2000, 1: 32-33.

[24] 裴博. 西安大都市圈环城游憩景观格局研究 [D]. 陕西师范大学, 2008.

[25] 李翅, 刘佳燕. 旧村改造的动力机制与发展模式研究——以北京市平谷区为例 [J]. 小城镇建设, 2004, 5: 74-77.

[26] 秦砚瑶. 区域要素作用下的乡土聚落发展动力机制研究 [D]. 昆明理工大学, 2007.

[27] 黄秋燕, 林坚福, 邹勇. 城市边缘区农用地转换特征遥感监测及其驱动因素分析——以南宁市西乡塘片区为例 [J]. 云南地理环境研究, 2008, 6: 35-40.

[28] 黄秋燕, 林坚福, 邹勇. 城市边缘区农用地转换特征遥感监测及其驱动因素分析——以南宁市西乡塘片区为例 [J]. 云南地理环境研究, 2008, 6: 35-40.

[29] 李阳, 夏显力, 廖允成. 陕西省村域经济发展的特征和制约因素及政策建议 [J]. 农业现代化研究, 2011, 3: 311-314.

[30] 高更和, 石磊. 专业村形成历程及影响因素研究——以豫西南3个专业村为例 [J]. 经济地理, 2011, 7: 1165-1170.

[31] 周嫚. 村庄发展差异性影响因素探析 [D]. 安徽大学, 2012.

[32] 雷娟. 浅议陕西省村域经济的演进动力和制度约束 [J]. 陕西水利, 2012, 6: 27-28.

[33] 尚盼盼. 城乡统筹下的乡动力机制与规划编制研究 [D]. 重庆大学,

2013.
[34] 吴国清. 市场导向与上海郊区旅游开发初探 [J]. 人文地理，1996，3: 69-71.
[35] 傅桦，安维亮. 北京郊区村级旅游资源的开发——以怀柔县孙栅子村为例 [J]. 首都师范大学学报（自然科学版），1998，2: 68-74.
[36] 何景明. 成都市“农家乐”演变的案例研究——兼论我国城市郊区乡村旅游发展 [J]. 旅游学刊，2005，6: 71-74.
[37] 刘彦随. 中国新农村建设地理论 [M]. 北京: 科学出版社. 2011: 207.
[38] 余侃华. 西安大都市周边地区乡村聚落发展模式及规划策略研究 [D]. 西安建筑科技大学，2011.
[39] 金锡顺. 在郊区建立生态养老村 [J]. 北京观察，2013，4: 40.
[40] 刘海斌. 黄土高原中南部村级生态经济评价与土地生态规划设计 [D]. 西北农林科技大学，2004.
[41] 翟媛. 乡村度假发展条件评价指标体系研究 [D]. 浙江工商大学，2008.
[42] 刘海斌. 黄土高原中南部村级生态经济评价与土地生态规划设计 [D]. 西北农林科技大学，2004.
[43] 蔚霖，孟庆香，朱槐文. 基于村庄综合发展潜力评价的中心村确定 [J]. 湖北农业科学，2012，12: 2636-2640.
[44] 王云才，郭焕成. 略论大都市效区游憩地的配置——以北京市为例 [J]. 旅游学刊，2000，2: 54-58.
[45] 吴遗成. 村镇居民点的绿化设计 [J]. 小城镇建设，1988，1: 13+12.
[46] 董新. 乡村景观类型划分的意义、原则及指标体系 [J]. 人文地理，1990，2: 49-52+78.
[47] 张润武，张建华. 旅游风景区村落特色规划初探——樵岭前村规划 [J]. 建筑学报，1991，1: 55-58.
[48] 俞孔坚. 盆地经验与中国农业文化的生态节制景观 [J]. 北京林业大学学报，1992，(4): 37-44.
[49] 高建华. 边缘效应对农村景观的影响及其调控 [J]. 地域研究与开发，1993，4: 16-19+63.
[50] 杨德育. 村镇建设与生态平衡 [J]. 小城镇建设，1994，4: 17-18.
[51] 赵雪. 坝上草地旅游业的效益及对脆弱生态环境的影响——以大滩地区为例 [J]. 中国沙漠，1994，4: 86-91.
[52] 纪瑞琪，周凤杰，鲁小波. 盘锦市西安镇休闲农业开发研究 [J]. 安徽农

业科学，2014，29：10223-10225.
[53] 金姝兰，宋君武，侯立春. 鄱阳湖流域乡村景观旅游规划设计 [J]. 经济研究导刊，2014，29：131-132.
[54] 李贞，刘静艳，张宝春，李海燕. 广州市城郊景观的生态演化分析 [J]. 应用生态学报，1997，6：633-638.
[55] 周武忠，黄满忠，金飚，张海军，刘蔚荣，施达. 农村园林化探索 [J]. 中国园林，1998，5：6-9.
[56] 段致辉，韩丽. 关于乡村旅游开发的研究 [J]. 资源开发与市场，2000，5：314-315.
[57] 刘滨谊，陈威. 中国乡村景观园林初探 [J]. 城市规划汇刊，2000，6：66-68+80.
[58] 刘黎明. 乡村景观规划的发展历史及其在我国的发展前景 [J]. 农村生态环境，2001，1：52-55.
[59] 刘黎明，曾磊，郭文华. 北京市近郊区乡村景观规划方法初探 [J]. 农村生态环境，2001，3：55-58.
[60] 王云才，刘滨谊. 论中国乡村景观及乡村景观规划 [J]. 中国园林，2003，1：56-59.
[61] 粟驰，吴文良，于兴海. 北京郊区北宅生态村规划研究 [J]. 北京农学院学报，2004，4：51-54.
[62] 张晋石. 乡村景观在风景园林规划与设计中的意义 [D]. 北京林业大学，2006.
[63] 刘黎明，李振鹏，马俊伟. 城市边缘区乡村景观生态特征与景观生态建设探讨 [J]. 中国人口. 资源与环境，2006，3：76-81.
[64] 朱良文. 从箐口村旅游开发谈传统村落的发展与保护 [J]. 新建筑，2006，4：4-8.
[65] 齐增湘，龙岳林. 乡村景观规划研究进展 [J]. 湖南科技学院学报，2007，4：192-196.
[66] 李金苹，张玉钧，刘克锋，胡宝贵. 中国乡村景观规划的思考 [J]. 北京农学院学报，2007，3：52-56.
[67] 于真真. 山地型乡村景观规划研究 [D]. 山东农业大学，2008.
[68] 许慧，彭重华，周之灿. 试论新农村建设下的乡村景观规划 [J]. 现代农业科学，2008，9：39-40+42.
[69] 黄春华，王玮. 中国生态型乡村景观规划的理论与模式初探 [J]. 福建建

筑，2010，4：4-6.
[70] 邱磊. 城市近郊区乡村景观规划研究 [D]. 西南大学，2010.
[71] 崔丽丽. 陕北地区新农村景观规划初探 [D]. 西安建筑科技大学，2010.
[72] 陈英瑾. 乡村景观特征评估与规划 [D]. 清华大学，2012.
[73] 吴国清. 市场导向与上海郊区旅游开发初探 [J]. 人文地理，1996，3：69-71.
[74] 倪文岩，刘智勇. 英国绿环政策及其启示 [J]. 城市规划，2006，2：64-67.
[75] UK Parliament，The Green Belt (London and Home Counties) Act 1938，London：UK Parliament，1938.
[76] 陈爽，张皓. 国外现代城市规划理论中的绿色思考 [J]. 规划师，2003，4：71-74.
[77] 温全平，杨辛. 环城绿带详细规划指标体系探讨 以上海市宝山区生态专项建设管理示范基地规划为例 [J]. 风景园林，2010，1：86-92.
[78] 张振龙，于淼. 国外城市限制政策的模式及其对城市发展的影响 [J]. 现代城市研究，2010，1：61-68.
[79] 闫水玉，赵柯，邢忠. 美国、欧洲、中国都市区生态廊道规划方法比较研究 [J]. 国际城市规划，2010，2：91-96.
[80] 闫水玉，赵柯，邢忠. 都市地区生态廊道规划方法探索——以广州番禺片区生态廊道规划为例 [J]. 规划师，2010，6：24-29.
[81] 汪永华. 环城绿带理论及基于城市生态恢复的环城绿带规划 [J]. 风景园林，2004，53：20-25.
[82] 杨玲. 环城绿带游憩开发及游憩规划相关内容研究 [D]. 北京林业大学，2010.
[83] 张卓林. 城市环城绿带的建设策略及景观策略研究 [D]. 西安建筑科技大学，2011.
[84] 全面建设小康社会开创中国特色社会主义事业新局面 [M]. 北京：人民出版社. 2002：25.
[85] 中共中央关于完善社会主义市场经济体制若干问题的决定 [M]. 北京：人民出版社. 2003：10.
[86] 田洁，刘晓虹，贾进，崔毅. 都市农业与城市绿色空间的有机契合——城乡空间统筹的规划探索 [J]. 城市规划，2006，10：32-35+73.
[87] 安慧，魏皓严. 城乡统筹背景下对休闲旅游农业发展的思考——以成渝为

例［J］. 小城镇建设，2008，11：78-83.
［88］孟亚凡. 城乡统筹背景下的乡村旅游规划［J］. 小城镇建设，2013，2：39-41.
［89］林坚，楚建群，张书海，苗春蕾，田刚. 城乡统筹视角下的规划用地分类探讨［J］. 城市规划，2012，4：49-53.
［90］田莉. 城乡统筹规划实施的二元土地困境：基于产权创新的破解之道［J］. 城市规划学刊，2013，1：18-22.
［91］周林洁. 城乡统筹视角下的农村环境基础设施建设［J］. 城市发展研究，2009，7：127-129.
［92］倪嵩卉，李国庆，倪嵩. 城乡统筹下农村公共服务设施规划的思考［J］. 小城镇建设，2011，12：84-86.
［93］马璇，王红扬，冯建喜，冯圆圆，周扬. 城乡统筹背景下农村居民基本诉求调查分析——以南京市江宁区为例［J］. 城市规划，2011，3：77-83+93.
［94］石峭，刘正平，王耀南. 城乡统筹背景下农村特色资源普查方法探讨——以南京市江宁区横溪街道为试点［J］. 规划师，2013，9：89-93.
［95］陈轶，吕斌，张雪，谭肖红. 城乡统筹背景下县域农村居民城镇化迁移意愿特征研究［J］. 小城镇建设，2013，8：79-83+104.
［96］仇保兴. 城乡统筹规划的原则、方法和途径——在城乡统筹规划高层论坛上的讲话［J］. 城市规划，2005，10：9-13.
［97］赵英丽. 城乡统筹规划的理论基础与内容分析［J］. 城市规划学刊，2006，1：32-38.
［98］陶德凯，彭阳，杨纯顺，黄亚平. 城乡统筹背景下新农村规划工作思考［J］. 小城镇建设，2010，7：50-54.
［99］叶裕民，焦永利. 中国统筹城乡发展的系统架构与实施路径 以成都实践的观察与思考［M］. 北京：中国建筑工业出版社. 2013.
［100］丁国华. 村庄建设与城乡统筹——江苏村庄如何建设?［J］. 小城镇建设，2005，4：100-25.
［101］李祥龙，刘钊军. 城乡统筹发展，创建海南新型农村居民点体系［J］. 城市规划，2009，S1：92-97.
［102］李欢. 城乡统筹下重庆市乡村规划的探讨［J］. 小城镇建设，2010，8：34-38.
［103］杜白操. 城乡统筹背景下的村镇建设与发展［J］. 小城镇建设，2012，

11: 61-63.
[104] 官卫华，王耀南. 城乡统筹视野下的农村规划实施管理创新——以南京为例 [J]. 城市规划，2013，10: 39-46.
[105] 孙建欣，吕斌，陈睿，和朝东. 城乡统筹发展背景下的村庄体系空间重构策略——以怀柔区九渡河镇为例 [J]. 城市发展研究，2009，12: 75-81+107.
[106] 荣丽华，冯艳，陈晨. 城乡统筹视角下呼和浩特市周边乡村聚落空间发展模式研究 [J]. 现代城市研究，2013，1: 61-67.
[107] 刘继，李磊. 新农村建设中知识服务网络模式分析 [J]. 科技管理研究，2008，9: 31-33.
[108] 顾哲，夏南凯. 以增强“造血功能”为主导的新农村规划设计探索——以云和县大坪村规划为例 [J]. 城市规划，2008，4: 78-81.
[109] 吴锋，李祥平，谢莉莉. “造血”与“输血”——西北地区新农村规划方法的探求 [J]. 城市规划，2009，3: 79-82.
[110] 吴怀静，王峰玉. 新农村规划调研中房屋建筑质量分类探讨——以河南省汤阴县大江窑为例 [J]. 小城镇建设，2007，2: 36-37+52.
[111] 徐建光. 楠溪江流域新农村建设中的乡土建筑保护 [J]. 小城镇建设，2007，6: 81-85.
[112] 宣亚强. 新农村建设规划设计应注重建筑节能 [J]. 城乡建设，2008，4: 62.
[113] 赵全儒，刘浩. 城市化进程中新农村建筑景观的更新与发展研究 [J]. 城市发展研究，2009，11: 152-156.
[114] 潘发如. 新农村建设 附属设施先行规划 [J]. 小城镇建设，2007，2: 32.
[115] 张晓凤，张静. 当前新农村基础设施和公共设施建设存在的问题及其对策——以浙江省温州市为例 [J]. 小城镇建设，2007，9: 47-49.
[116] 司马文卉，刘明喆. 社会主义新农村基础设施规划的实践和探索 [J]. 小城镇建设，2011，8: 54-57.
[117] 李春涛，汪兴毅. 基于“嫁接”理念的皖南古村落景观整治规划研究——以绩溪县仁里村新农村建设景观整治规划为例 [J]. 城市规划，2007，10: 93-96.
[118] 刘静霞，卢素英，安增强. 社会主义新农村园林景观建设浅析——以河南省汤阴县社会主义新农村规划为例 [J]. 小城镇建设，2007，11:

33-35.
[119] 麻欣瑶，丁绍刚．徽州古村落公共空间的景观特质对现代新农村集聚区公共空间建设的启示 [J]．小城镇建设，2009，4：59-62+65.
[120] 潘渤文，王芳龙．城乡建设中的新农村景观规划设计研究 [J]．城市建筑，2012，11：1-2.
[121] 周捷．大城市边缘区理论及对策研究 [D]．同济大学，2007.
[122] 裴丹，李迪华，俞孔坚．城市边缘区农村城市化和谐发展的模式研究——以佛山市顺德区马岗片区为例 [J]．城市发展研究，2006，3：111-116.
[123] 张正芬．上海郊区农村居民点拆并和整理的实践与评价 [D]．同济大学，2008.
[124] 彭建，蒋一军，张清春，廖蓉．城市近郊农村居民点土地整理研究——以北京市大兴区黄村镇狼垡村为例 [J]．资源 · 产业，2004，5：19-22.
[125] 张磊，鲍培培．如何在城市规划中体现边缘区的利益——从杭州市转塘镇概念性规划谈起 [J]．城乡建设，2004，2：25-26.
[126] 马鹏．城市规划对大城市近郊社区空间影响的研究 [D]．同济大学，2008.
[127] 王莉霞．城市边缘区村落空间变动研究 [D]．西北师范大学，2008.
[128] 李传喜．边缘化与边缘效应：近郊村落城市化的境遇及路径——以台州市F村为例 [J]．南都学坛，2013，6：91-97.
[129] 单德启，赵之枫．城效视野中的乡村——芜湖市鲁港镇龙华中心村规划设计 [J]．建筑学报，1999，11：4-8.
[130] 何鸿鹄．大城市边缘区村庄更新策略研究 [D]．华中科技大学，2005.
[131] 李辉．大都市边缘农业旅游地区控规探索 [J]．小城镇建设，2009，11：30-32.
[132] 程芳欣，田涛．城市近郊风景旅游区中城中村环境整治研究 [J]．小城镇建设，2011，6：41-46.
[133] 李沛锋．区（镇）域村庄布点规划与迁村并点建设初探 [J]．规划师，2006，2：35-36.
[134] 章建明，王宁．县（市）域村庄布点规划初探 [J]．规划师，2005，3：23-25.
[135] 吕谨益，王波．桐庐：村庄布点规划的编制与实施 [J]．城乡建设，2006，8：48-50.

[136] 田洁，贾进．城乡统筹下的村庄布点规划方法探索——以济南市为例[J]．城市规划，2007，4：78-81.
[137] 邓勇．宁波市鄞州区村庄布局规划探讨[J]．规划师，2007，4：60-62.
[138] 王操．新农村建设之村庄布局探索——以湖北省当阳市新农村建设规划为例[J]．安徽建筑，2008，6：134-135+150.
[139] 刘科伟，南晓娜．西部地区县域村庄布局研究——以陕西省凤翔县为例[J]．开发研究，2008，6：134-137.
[140] 石会娟，雷鸣，宋永欣．陕南地区村庄布点规划研究[J]．广西城镇建设，2010，10：34-37.
[141] 宋小冬，吕迪．村庄布点规划方法探讨[J]．城市规划学刊，2010，5：65-71.
[142] 王瑾．陕南山区村庄布点及空间布局问题研究[D]．西安建筑科技大学，2010.
[143] 黎智辉，张一凡，袁娟．圩区村庄布局规划新思考[J]．规划师，2013，8：56-60.
[144] 张强．村庄布局调整中的集体经济组织制度问题[A]．中国农业经济学会．2005年中国农业经济学会年会论文集[C]．中国农业经济学会，2005：6.
[145] 唐燕．村庄布点规划中的文化反思——以嘉兴凤桥镇村庄布点规划为例[J]．规划师，2006，4：49-52.
[146] 丁琼，丁爱顺．村庄布局规划中“迁村并点”实施困境的探讨——以江苏省句容市为例[J]．小城镇建设，2008，10：51-55.
[147] 吕谨益，王波．桐庐：村庄布点规划的编制与实施[J]．城乡建设，2006，8：48-50.
[148] 唐厚明．沿淮地区村庄布点规划几个问题的思考以淮南市平圩镇为例[J]．安徽建筑工业学院学报（自然科学版），2007，4：48-51.
[149] 李沛锋．区（镇）域村庄布点规划与迁村并点建设初探[J]．规划师，2006，2：35-36.
[150] 梅红霞．农村村庄布点规划工作现状与对策[J]．广东农业科学，2008，1：102-104.
[151] 王恒山，徐福缘，浦志华，张琪．村庄布局优化DSS与GIS的系统集成[J]．计算机工程，1999，9：71-72+105.
[152] 闫健康．GIS支持的平原地区乡（镇）域村庄布点规划研究[D]．河南大学，2007.

[153] 曹志纯．基于GIS的金华市金东区村庄布点研究［D］．浙江师范大学，2007.
[154] 陈晓莹．基于GIS的宝鸡市金台区村庄布点研究［D］．长安大学，2009.
[155] 吴必虎．区域旅游规划原理［M］．北京：中国旅游出版社．2001：333.
[156] 赵媛，徐玮．近10年来我国环城游憩带（ReBAM）研究进展［J］．经济地理，2008，3：492-496.
[157] Conzen，Alnwick，Norhuhmherland. a Study in Town-plan analysis［M］．Institute of British Geographers Publication N0.27.London. GeorgePhilip，1960：231.
[158] Gay Lieber，Fesenmiainer D R. Recreation planning and management［M］．Londan：E&F.N.Spon Ltd，1972：68.
[159] 普列奥布拉曾斯基，克列沃谢耶夫;吴必虎，蒋文莉等译．苏联游憩系统地理［M］．广州：华东师范大学旅游教育专业印行，1989：146.
[160] 李志飞，田志龙．基于市场导向的环城游憩市场开发研究——对武汉市的调查［J］．理论月刊，2005，8：69-71.
[161] 吴必虎．大城市环城游憩带（ReBAM）研究——以上海市为例［J］．地理科学，2001，4：354-359.
[162] 石艳，何佳梅．环城游憩带形成机制分析及市场开发探讨［J］．山东省农业管理干部学院学报，2001，4：86-87.
[163] 王淑华．大城市环城游憩带发展态势研究［J］．城市问题，2006，1：31-33.
[164] 李连璞，付修勇．从“时空缩减”视角看环城游憩带发展［J］．地理与地理信息科学，2006，2：97-99+109.
[165] 李仁杰，杨紫英，孙桂平，郭风华．大城市环城游憩带成熟度评价体系与北京市实证分析［J］．地理研究，2010，8：1416-1426.
[166] 冯晓华，虞敬峰，孟晓敏．中国典型内陆城市环城游憩带的形成机制及可持续发展研究——以乌鲁木齐市为例［J］．生态经济，2013，2：131-136.
[167] 苏平，党宁，吴必虎．北京环城游憩带旅游地类型与空间结构特征［J］．地理研究，2004，3：403-410.
[168] 李江敏，张立明．基于环城游憩带建设的城郊土地利用研究［J］．理论月刊，2005，5：82-83.
[169] 赵明．北京环城游憩带度假地空间结构研究［D］．哈尔滨师范大学，2005.

[170] 乔海燕，杨丹艳. 环城游憩带（ReBAM）的开发模式研究——以西安市为例 [J]. 乐山师范学院学报，2006，12：63-65.

[171] 李燕燕，王璐，文燕茹，樊冀琳. 福州环城游憩带旅游地类型与空间结构特征 [J]. 环境科学与管理，2008，9：6-9.

[172] 李江敏，李志飞，郑姿. “两型社会”土地优化利用：环城游憩带的路径 [J]. 理论月刊，2009，10：39-41.

[173] 张红. 大城市环城游憩带旅游开发与土地利用研究——以西安市为例 [D]. 陕西师范大学，2004.

[174] 胡勇. 南京市环城游憩带旅游开发研究 [D]. 南京师范大学，2005.

[175] 李红超. 环城游憩带旅游开发研究 [D]. 山东大学，2006.

[176] 周杰. 济南市发展环城游憩带的SWOT分析 [J]. 山东社会科学，2006，12：115-118.

[177] 王铁，张宪玉. 基于概率模型的环城游憩带乡村旅游开发决策路径研究 [J]. 旅游学刊，2009，11：30-35.

[178] 王红兰，李平，窦蕾. 基于层次分析法的济南市环城游憩带旅游资源的评价 [J]. 青岛科技大学学报（自然科学版），2007，3：279-282.

[179] 李仁杰，杨紫英，孙桂平，郭风华. 大城市环城游憩带成熟度评价体系与北京市实证分析 [J]. 地理研究，2010，8：1416-1426.

[180] 张述林，田万顷. 基于AHP的旅游资源评价与发展对策研究——以重庆环城游憩带为例 [J]. 重庆师范大学学报（自然科学版），2011，2：70-74.

[181] 陈华荣，王晓鸣. 大城市环城游憩带市场需求特征研究——以武汉市为例 [J]. 东南大学学报（哲学社会科学版），2012，2：107-111+128.

[182] 肖英，刘思华. 长沙环城游憩带旅游开发研究 [J]. 经济地理，2012，6：173-176.

[183] Clark，J.R.A. et al. Conceptualising the evolution of the European Union's agri-enviroment policy：a discourse approach. Environment and Planning，a 29，1997，1869-1885.

[184] Delors，J. En quete d 'Europe; les carrefours de la science et de la culture（Rennes：Editions Apogée）1994.

[185] European Commission.The Cork Declaration：A living countryside. Report of the European Conference on Rural Development，Cork，1996.

[186] Depoele, L. van.European rural development policy. W. Heijman, H, 1996: 7-14.

[187] Countryside Council (Raad voor het Landelijk Gebied) . Ten points for the future. Advice on the policy agenda for the rural area in the twenty-first century (Amersfoort: rlg) Publication 97/2a, 1997.

[188] Knickel, K. Agricultural structural change: Impact on the rural environment. Journal of Rural Studies 6 (4), 1990: 383-393.

[189] Meyer, H. von.The environment and sustainable development in Rural Europe. Paper presented at the European Conference on Rural Development, Cork, Ireland, 7-9 November, 1996.

[190] Roep, D. Vernieuwend werken. Sporen van vermogen en onvermogen (PhD Thesis, Wageningen University), 2000.

[191] Ploeg, J.D. van der and J. Frouws. On power and weakness, capacity and impotence: rigidity and flexibility in food chains. International Planning Studies 4 (3), 1999: 333-347.

[192] Broekhuizen R. van and J.D. van Der Ploeg eds.Over de kwaliteit van plattelandsontwikkeling: Opstellen over doeleinden, sociaal-economische impact en mechanismen. Studies vanLandbouw en Platteland 24.1997.

[193] Jimenez E, F. Barreiro and J.E. Sanchez .Los nuevos yacimientos de empleo: los retos de la creacion de empleo desde el territorio (Barcelona: Fundacion cirem), 1998.

[194] Department for Environment, Food and Rural Affairs. The Rural Strategy [R]. Department for Environment, Food and Rural Affairs, 2004.

[195] Committee on Countryside Development. Report of the Committee on Land Utilisation in Rural Areas [R]. Committee on Countryside Development, 1942.

[196] UK Parliament, Countryside Act 1967, London: UK Parliament, 1947.

[197] UK Parliament, Local Government and Housing Act 1989, London: UK Parliament, 1947.

[198] Countryside Commission, Design in Countryside, [S], London: Countryside Commission, 1993.

[199] Countryside Commission，Design in Countryside，[S]，London：Countryside Commission，1993.

[200] UK Parliament，Town and Country Planning Act 1947，London：UK Parliament，1947.

[201] 叶齐茂. 发达国家郊区建设案例与政策研究 [M]. 北京：中国建筑工业出版社. 2010：74.

[202] INSEE. “Estimation de population au 1er janvier，par région，sexe et grande classe d'âge-Année 2014”（ in French ）. Retrieved，2015-03-29.

[203] 建设部村镇建设办公室. 发达国家乡村建设考察与政策研究 [M]. 北京：中国建筑工业出版社. 2008：172-178.

[204] 刘卫东，等. 城市化地区土地非农开发 [M]. 北京市：科学出版社. 1999：4.

[205] 徐复，等. 古代汉语大词典 [M]. 上海：上海辞书出版社. 2007：114.

[206] 倪文杰，等. 现代汉语辞海 注音、释义、词性、构词、连语 [M]. 北京：人民中国出版社. 1994.

[207] 夏征农，陈至立. 辞海 上 第6版普及本 [M]. 上海：上海辞书出版社. 2010：594.

[208] 刘冠生. 城市、城镇、农村、乡村概念的理解与使用问题 [J]. 山东理工大学学报（社会科学版），2005，1：54-57.

[209] 孟小峰，慈祥. 大数据管理：概念、技术与挑战 [J]. 计算机研究与发展，2013，1：146-169.

[210] 孙衔，等. 简明新技术革命知识辞典 [M]. 长春：吉林科学技术出版社. 1985：128.

[211] 谭纵波. 城市规划 [M]. 北京：清华大学出版社. 2005：32.

[212] 彼得 · 霍尔著. 城市和区域规划 原著第4版 [M]. 北京：中国建筑工业出版社. 2008.

[213] 张德华；西安市地方志编纂委员会编. 西安年鉴 1999 总第7卷 [M]. 西安：西安出版社. 1999.

[214] 孙亚伟；西安市地方志办公室编. 西安年鉴 2005 [M]. 西安：西安出版社. 2005：32.

[215] 陕西省统计局，国家统计局陕西调查总队编. 陕西统计年鉴 2013 [M/CD]. 北京：中国统计出版社，北京数通电子出版社. 2013.

[216] 乔志强. 中国近代社会史 [M]. 北京: 人民出版社. 1992: 45.
[217] 马长寿. 西北大学历史系民族研究室调查整编. 陕西文史资料 第26辑 同治年间陕西回民起义历史调查记录 [M]. 西安: 陕西人民出版社. 1993: 1.
[218] (钦定) 平定七省方略 [M]. 北京: 北京中国书店出版社: 685.
[219] 中国地理学会历史地理专业委员会,《历史地理》编辑委员会. 历史地理 [M]. 上海: 上海人民出版社. 2003: 357.
[220] 吴宏岐. 西安历史地理研究 [M]. 西安: 西安地图出版社. 2006: 352.
[221] 柳随年, 吴群敢. 中国社会主义经济简史 1949~1983 [M]. 哈尔滨: 黑龙江人民出版社. 1985: 12-15.
[222] 朱建华, 朱阳. 中华人民共和国史稿 [M]. 哈尔滨: 黑龙江人民出版社. 1989: 266-268.
[223] 中共中央党史研究室. 执政中国 第5卷 [M]. 北京: 中共党史出版社. 2009: 246-251.
[224]《当代中国的城市建设》编辑委员会. 当代中国的城市建设 [M]. 北京: 当代中国出版社; 香港祖国出版社. 2009: 419-420.
[225] 西安市地方志馆, 西安市档案局编. 西安通览 [M]. 西安: 陕西人民出版社. 1993.
[226] 和红星. 城建纪事 [M]. 天津: 天津大学出版社. 2010: 247.
[227] 李德华. 城市规划原理 [M]. 北京: 中国建筑工业出版社. 2001: 62.
[228] Zhendong Lei, Yang Yu, Jingheng CHen and Jiaping Liu. The Development Strategy and Planning Method of Xi'an Metropolis' Modern Urban-Villages [C]. The 9th International Symposium on City Planning and Envionmental Management in Asian Countries, 2014: 1.
[229] 西安科技统计分析中心. 2012年西安与国内副省级城市经济运行情况简析 [EB/OL]. 西安科技网, 2013-04-24.
[230] 迟福林, 常青. 增长主义的终结与发展方式转型——专访中国 (海南) 改革发展研究院院长 迟福林 [J]. 人民论坛, 2009, 24: 60-61.
[231] 蔡昉. 中国经济如何跨越"低中等收入陷阱"? [J]. 中国社会科学院研究生院学报, 2008, 1: 13-18.
[232] 张京祥, 赵丹, 陈浩. 增长主义的终结与中国城市规划的转型 [J]. 城市规划, 2013, 1: 45-50+55.

[233] 张兵，林永新，刘宛，孙建欣．“城市开发边界”政策与国家的空间治理[J]．城市规划学刊，2014，3：20-27.
[234] 中共中央国务院关于加快推进生态文明建设的意见[N]．人民日报，2015-05-06001.
[235] 中央城镇化工作会议提出推进城镇化六大任务[J]．城市问题，2013，12：102.
[236] 人民出版社．国家新型城镇化规划 2014~2020年[M]．北京：人民出版社．2014.
[237] 林宪斋，王建国．河南蓝皮书 河南城市发展报告 2012 推进新型城镇化的实践与探索[M]．北京：社会科学文献出版社．2012：196.
[238] 邹先定，陈进红．现代农业导论[M]．成都：四川大学出版社．2005：10.
[239] 张忠根，田万获．中日韩农业现代化比较研究[M]．北京：中国农业出版社．2002：17.
[240] 张锦华，黄明亮．中国旅游地理[M]．长春：东北师范大学出版社，2008：2.
[241] (美)理查德·哈特向(Richard Hartshorne)；叶光庭译．地理学的性质 当前地理学思想述评[M]．北京：商务印书馆．1996：152.
[242] 白光润．地理科学导论[M]．北京：高等教育出版社．2006：294.
[243] Forman, R.T.T. and M. Godron 1986：Landscape ecology. Wiley, New York.
[244] 肖笃宁，李秀珍．当代景观生态学的进展和展望[J]．地理科学，1997，4：69-77.
[245] 刘晖．景观设计[M]．北京：中国建筑工业出版社．2013：4.
[246] 刘黎明．乡村景观规划[M]．北京：中国农业大学出版社．2003：2.
[247] 王云才，刘滨谊．论中国乡村景观及乡村景观规划[J]．中国园林，2003，1：56-59.
[248] 陈威．景观新农村：乡村景观规划理论与方法[M]．北京：中国电力出版社．2007：28.
[249] 全国科学技术名词审定委员会．地理学名词 2006 第2版[M]．北京：科学出版社．2007：138.
[250] 王云才．景观生态规划原理[M]．北京：中国建筑工业出版社．2007：229.
[251] 傅伯杰，陈利顶，等．景观生态学原理及应用 第2版[M]．北京：科学出

版社. 2011.

[252] 骆天庆，等. 现代生态规划设计的基本理论与方法 [M]. 北京：中国建筑工业出版社. 2008.

[253] 周志翔. 景观生态学基础 [M]. 北京：中国农业出版社. 2007：79.

[254] 菅利荣，李明阳. GIS分析方法在森林景观格局变化中的应用 [J]. 中南林学院学报，2002，1：86-89.

[255] 姜鹏，周盛君，徐坚. 香格里拉中心区景观格局演变研究 [J]. 华中建筑，2011，8：86-88.

[256] 肖禾，张茜，李良涛，郑博，宇振荣. 不同地区小尺度乡村景观变化的对比分析 [J]. 资源科学，2013，8：1685-1692.

[257] 谢跟踪，李鹏山，苏珊，孟相彩，李敏. 基于GIS和RS的海口市郊区乡村景观格局分析 [J]. 安徽农业科学，2013，8：3494-3497+3621.

[258] 章友德. 城市社会学案例教程 [M]. 上海：上海大学出版社. 2003：195.

[259] 国务院法制办公室. 中华人民共和国环境法典 [M]. 北京：中国法制出版社. 2012：306-310.

[260] 韩茂莉. 中国历史农业地理 上 [M]. 北京：北京大学出版社. 2012：2.

[261] 刘长龙. 经济学基础理论 [M]. 北京：北京出版社. 2006：90.

[262] 乌杰主. 系统哲学基本原理 [M]. 北京：人民出版社. 2014：81.

[263] 曾广容. 系统论、控制论、信息论概要 [M]. 长沙：中南工业大学出版社. 1986：81-86.

[264] 罗小龙，许骁. “十三五”时期乡村转型发展与规划应对 [J]. 城市规划，2015，3：15-23.

[265] 张泉，等. 城乡统筹下的乡村重构 [M]. 北京：中国建筑工业出版社. 2006：28.

[266] 刘彦随. 中国东部沿海地区乡村转型发展与新农村建设 [J]. 地理学报，2007，6：563-570.

[267] 龙花楼. 中国乡村转型发展与土地利用 [M]. 北京：科学出版社. 2012：2.

[268] 冯契. 哲学大辞典 [M]. 上海：上海辞书出版社. 2001：319.

[269] 孙小玲. 新编现代汉语词典 最新版 [M]. 昆明：云南人民出版社. 2008：442.

[270] 杨滔. 新区域主义在新大伦敦空间总体规划中的诠释 [J]. 城市规划，2007，2：19-23.

[271] Watson，Jo. Access to Nature Regional Targeting Plan-LONDON [EB]. Natural England.2009.
[272] Office for National Statistics. T-08：2011 Census-Population and Household Estimates for England and Wales，March 2011 [EB]. Office for National Statistics. 2012.
[273]（英）卡林沃斯，纳丁著. 英国城乡规划 原书第14版 [M]. 南京：东南大学出版社. 2011：95-97.
[274] 赵钢，朱直君. 成都城乡统筹规划与实践 [J]. 城市规划学刊，2009，6：12-17.
[275] 林晓珊. 空间生产的逻辑 [J]. 理论与现代化，2008，2：90-95.
[276] 张勇强. 城市空间发展自组织与城市规划 [M]. 南京：东南大学出版社. 2006：25.
[277] 伍光和，等. 自然地理学 [M]. 北京：高等教育出版社. 2000：342-343.
[278]（美）威廉·M. 马什（William M. Marsh）著；朱强，黄丽玲，俞孔坚等译. 景观规划的环境学途径 [M]. 北京：中国建筑工业出版社. 2006.
[279] 阎壮志，吕大州. 农业经济学 [M]. 长春：吉林人民出版社. 1987：302.
[280] 戴伯勋，沈宏达. 现代产业经济学 [M]. 北京：经济管理出版社. 2001：10.
[281] 冯云廷. 区域经济学 [M]. 大连：东北财经大学出版社. 2013：182.
[282] 史忠良. 产业经济学 [M]. 北京：经济管理出版社. 2005：18-22.
[283] 贺锡苹，刘继红. 农业经济学基础 [M]. 北京：农业出版社. 1992：2.
[284]《坚持和发展中国特色社会主义学习读本》编写组. 认真学习党的十八大精神 坚持和发展中国特色社会主义学习读本 [M]. 北京：人民日报出版社. 2012：37.
[285] 郭春丽，林勇明. 人均GDP超过1万美元后的世界城市发展问题 [J]. 中国经贸导刊，2011，12：22-23.
[286] 党耀国，等. 区域产业结构优化理论与实践 [M]. 北京市：科学出版社. 2011：37.
[287] GB/T 50280—1998. 城市规划基本术语标准 [S]. 北京：中国标准出版社，1998.
[288] 董光器. 城市总体规划 第3版 [M]. 南京：东南大学出版社. 2009：79.

[289] 刘婧媛．过去的秦岭面临六环境问题困扰 [EB/OL]．西安新闻网，2013-09-26.

[290] 郄建荣．国土资源部表示将划定永久基本农田 [N]．法制日报，2008-11-19007.

[291] 郭兆元；陕西省土壤普查办公室编.陕西土壤 [M]．北京：科学出版社．1992：529-550.

后 记

本书是基于笔者博士阶段的研究成果而著作的。该研究从选题到实地调研，从下笔写作到最后成稿，经历的彷徨、苦思、顿悟与收获，期间无不伴随导师的指导，家人的支持以及同学和朋友的帮助。

在此，首先要感谢我的导师，雷振东教授，感谢他多年来的悉心教导以及对我人生的启迪。雷振东教授为该研究开展与书稿编著，把握研究方向，梳理文章脉络，纠正各种谬误，传授新思想与新方法，保证了研究成果的取得与书稿的完成。雷振东教授严谨的治学，广博的知识，平易的性格，正直的人品，在弱势群体人居环境领域的远见卓识，都令我受益终身。使我坚信本学科对社会、人民、国家的重要价值，以及从事该领域教学与科研工作所应承担的义务与责任。

其次，要特别感谢我的父母与爱人，感谢他们无微不至的关怀，无私真心的奉献，使我了却后顾之忧，充满能量地全身心投入到教学与科研工作之中。

最后，我还要感谢西安建筑科技大学的于洋教授、陈景衡教授、岳邦瑞教授、刘晖教授、张沛教授、菅文娜博士、刘恺希博士、杨建辉博士、马琰、崔小平、屈雯、武艳文、侯瑞琪、李阳、蔡天然、曹晓腾等，以及上海大学的郝晋伟博士，感谢他们在课题研究与书稿写作过程中，与我深入探讨研究问题，交换研究思路，并帮助我整理基础资料。

本书获得的基金项目与经费资助：国家重点研发计划课题“适配于传统村落价值体系的保护利用监测体系与管理体制”（编号：2019YFD1100903）；西安建筑科技大学一流学科建设经费“风景园林学”（编号：001-1320118048）；西安建筑科技大学重点学科建设经费“风景园林学（西北脆弱生态修复）”（编号：001-1320118010）。